21 世纪高职高专计算机系列实用规划教材

ASP.NET 动态网页设计案例教程(C#版)
(第 2 版)

主　编　冯　涛　梅成才
副主编　白　萍　郭华峰
参　编　于晓荷　吴学会　陈兵国

北京大学出版社
PEKING UNIVERSITY PRESS

内 容 简 介

本书主要介绍 ASP.NET 4.0 动态网站建设的相关基础知识，涉及 ASP.NET 4.0 开发网站的基本技术、数据访问技术、网页风格一致性的设计以及网页安全保护等方面的问题。

本书的特点是运用案例讲解知识，贴近实际，在实际开发中遵循 2/8 定律。教学中采用课堂理论教学、学生动手实践、课后作业以及教学网站和论坛互动等多层次结合的教学方法。

本书适合作为高职高专、大中专院校计算机专业学生的教材，也适合作为 ASP.NET 开发人员的自学教程。对于广大从事信息技术的工作人员，初、中级网站开发者，动态网页设计者和业余爱好者也均适用。

图书在版编目(CIP)数据

ASP.NET 动态网页设计案例教程(C#版)/冯涛，梅成才主编. —2 版. —北京：北京大学出版社，2013.1
(21 世纪高职高专计算机系列实用规划教材)
ISBN 978-7-301-21777-1

Ⅰ. ①A… Ⅱ. ①冯… ②梅… Ⅲ. ①网页制作工具—程序设计—高等职业教育—教材②C 语言—程序设计—高等职业教育—教材 Ⅳ. ①TP393.092②TP312

中国版本图书馆 CIP 数据核字(2012)第 300953 号

书　　　名：	ASP.NET 动态网页设计案例教程(C#版)(第 2 版)
著作责任者：	冯　涛　梅成才　主编
策 划 编 辑：	李彦红　刘国明
责 任 编 辑：	刘国明
标 准 书 号：	ISBN 978-7-301-21777-1/TP·1265
出 版 发 行：	北京大学出版社
地　　　址：	北京市海淀区成府路 205 号　100871
网　　　址：	http://www.pup.cn　新浪官方微博：@北京大学出版社
电 子 邮 箱：	编辑部 pup6@pup.cn　总编室 zpup@pup.cn
电　　　话：	邮购部 010-62752015　发行部 010-62750672　编辑部 010-62750667
印 刷 者：	北京虎彩文化传播有限公司
经 销 者：	新华书店
	787 毫米×1092 毫米　16 开本　18 印张　414 千字
	2008 年 8 月第 1 版　2013 年 1 月第 2 版　2024 年 1 月第 7 次印刷
定　　　价：	45.00 元

未经许可，不得以任何方式复制或抄袭本书之部分或全部内容。
版权所有，侵权必究
举报电话：010-62752024　电子邮箱：fd@pup.cn

前　　言

近几年来，网络应用的广度和深度以人们预想不到的速度迅猛发展，网络应用程序的设计和开发已经成为各类应用软件中最主要的组成部分，网站开发平台的竞争也异常激烈。

由中国互联网络信息中心(CNNIC)2012年1月16日发布的《第29次中国互联网络发展状况统计报告》指出，截至2011年底，中国网民已达5.13亿，网络普及率为38.3%，网购使用率为37.8%，中国的网站数量已达183万个，这些网站基本都采用了动态网页的开发技术。

动态网页编写技术有多种，主流的包括ASP、PHP、JSP，其中ASP的最新版本是本书介绍的ASP .NET。

ASP .NET是在对以往同类技术扬弃的基础上开发的，对于一些既想提高网站开发速度又想降低成本的企业来说无疑是首选。ASP .NET 4.0与以往的版本相比，在许多方面都取得了突破性进展，具有功能强大、运行效率高、安全可靠、易学易用等特点。在Microsoft Visual Studio环境下编程，更简单易行。

本书的第1版自2008年出版以来，得到了全国相关职业技术院校的广泛使用，曾多次重印，此次修订在保持第1版的基本结构和编写特色基础上，注重知识更新和对学生职业能力的培养。同时，根据广大读者在使用中提出的一些建议，对部分内容进行了适当补充和改进，并对书中所涉及的软件进行了全面的更新。

本书的主要目的是使读者在尽可能短的时间内，掌握使用ASP .NET的方法，以创建功能强大的动态网站。在实际开发工作中，80%的技术往往只占整个知识中20%的比例(即2/8定律)。所以，作为初、中级网站开发者，最先掌握这20%的知识是提高网站开发技术和学习效率的捷径。

遵循2/8定律，运用案例讲解，从而便于学习和掌握，这是本书的主要特点。本书的第16章还提供了一个综合案例，只需对其稍作修改即可应用于实际工作中。

编者从多年网站开发和教学经验中体会到，要想真正掌握一个软件，学会相关的知识和理论，了解系统的基本设计思想是完全必要的。只有这样才能正确地使用系统，灵活地应用系统，并为进一步创造性地应用系统奠定基础。所以本书在突出实用性和可操作性的同时，也具有较强的系统性和理论性。

在ASP .NET中允许使用C#、VB .NET或J#等开发语言。本书采用的是C#语言，这是微软公司专为.NET系统量身定做的语言，越来越多的.NET开发者选择使用C#语言。采用其他语言开发时，功能也都相同，只是语法有些区别。对于已经掌握了VB、C/C++或Java的读者来说，学习C#将会容易得多。本书第4章将对C#语言予以介绍。

本课程适合在机房教学，学生人手一台计算机(能运行Windows操作系统和Microsift Visual Studio 2010版本以及Access、SQL Server 2000/2005数据库管理系统)。机房最好设置计算机投影设备或多媒体教学系统以便于教师操作演示。

本课程学时建议为90学时，如果可能，再增加课程设计30学时。这类与就业密切相关的实用课程应当阶梯性地开设，加大课时量，并安排充足的课程设计时间。学时分配参考如下。

第 1 章 动态网页概述	2 学时	第 9 章 数据库与 SQL 语言	6 学时
第 2 章 动态网站完整制作流程	2 学时	第 10 章 数据控件	8 学时
第 3 章 XHTML 基本语法	6 学时	第 11 章 数据高级处理	6 学时
第 4 章 C#语言基础	8 学时	第 12 章 应用程序配置	2 学时
第 5 章 网页标准控件的使用	10 学时	第 13 章 基于角色的安全技术	6 学时
第 6 章 验证控件	4 学时	第 14 章 常用内置对象	6 学时
第 7 章 XML 基础	4 学时	第 15 章 主题、用户控件和母版页	8 学时
第 8 章 导航控件	4 学时	第 16 章 综合实例："新闻发布系统"网站	8 学时

  教学中采用课堂理论教学、学生动手实践、课后作业以及教学网站和论坛互动等多维多层次结合的教学方法，其中学生动手实践的时间应不少于总学时的 50%。

  课程考核可以采用理论考核和课程设计相结合的考核方式。课程设计主要是通过让每位学生制作一个符合要求的 ASP .NET 动态网站，考核学生学习本课程后的程序设计综合能力。

  本书第 1、2、13、15 章由辽宁经济职业技术学院冯涛编写，第 11、16 章由浙江工贸职业技术学院梅成才编写，第 3、9 章由沈阳师范大学职业技术学院白萍编写，第 6、7、8 章由浙江工贸职业技术学院郭华峰编写，第 5、14 章由北京政法职业学院于晓荷编写，第 4、10 章由天津天狮学院吴学会编写，第 12 章由浙江工贸职业技术学院陈兵国编写。全书由冯涛统稿。

  本书的授课电子教案、案例源代码和习题答案等资源，均可在网站 http://www.pup6.cn 下载。

  国内著名互联网应用服务提供商北京新网数码信息技术有限公司为本书案例提供了练习用的虚拟主机，读者可通过本书的支持网站 http://www.qacn.net 免费获取，并可在该网站浏览书中各案例的实际演示效果。

  因编者水平与时间所限，书中难免存在不足之处，诚请相关专家和广大读者批评指正。

编　者
2012 年 7 月

目 录

第1章 动态网页概述 1
1.1 从静态网页发展到动态网页 2
1.2 "问候语"案例 3
本章小结 9
习题 10

第2章 动态网站完整制作流程 12
2.1 互联网动态网站的开发步骤 13
2.2 "欢迎来访者"案例 13
本章小结 24
习题 25

第3章 XHTML 基本语法 26
3.1 XHTML 概述 27
3.2 XHTML 文件的基本结构 28
3.3 "个人简历"案例 30
3.4 "网站导航条"案例 34
3.5 "用户注册(XHTML 版)"案例 37
3.6 框架结构 41
本章小结 42
习题 42

第4章 C#语言基础 44
4.1 为 .NET 量身打造的 C#语言 44
4.2 "加法器"案例 45
4.3 "身份证号码识别器"案例 50
4.4 常见的几个类及函数 56
本章小结 58
习题 58

第5章 网页标准控件的使用 60
5.1 ASP .NET 控件类型与结构 61
5.2 "学生基本信息登记表"案例 63
本章小结 82
习题 82

第6章 验证控件 84
6.1 服务器验证和客户端验证 85
6.2 "用户注册(服务器控件版)"案例 .. 86
本章小结 96
习题 96

第7章 XML 基础 98
7.1 XML 概述 99
7.2 "通讯录"案例 99
本章小结 104
习题 105

第8章 导航控件 106
8.1 导航控件概述 107
8.2 "电子书"案例 108
8.3 "新闻导航"案例 113
本章小结 119
习题 119

第9章 数据库与 SQL 语言 120
9.1 概述 121
9.2 "通讯录 Access 版"案例 121
9.3 "通讯录 SQL Server 版"案例 124
9.4 SQL 语言基础 129
9.5 "通讯录 SQL Server 2005 版"案例 136
本章小结 139
习题 140

第10章 数据控件 141
10.1 数据源控件与数据绑定控件概述 .. 142
10.2 "学籍管理"案例 142

10.3 "深化版学籍管理"案例 150
10.4 FormView 控件 157
本章小结 158
习题 158

第 11 章 数据高级处理 160
11.1 "学生成绩表"案例 160
11.2 "深化版学生成绩表"案例 165
11.3 对 SQL Server 进行操作 168
本章小结 169
习题 170

第 12 章 应用程序配置 171
12.1 概述 172
12.2 "一个简单的网页浏览计数器"
案例 176
本章小结 192
习题 192

第 13 章 基于角色的安全技术 193
13.1 概述 194
13.2 身份验证 194
13.3 用户授权与角色 197
13.4 ASP.NET 基于角色的安全技术
特点 198
13.5 "用户管理系统"案例 199
13.6 使用 SQL Server 2000 数据库的
方法 213
13.7 使用 Access 数据库的方法 215

13.8 直接调用 API 进行高级控制 217
本章小结 220
习题 220

第 14 章 常用内置对象 222
14.1 5 大对象功能概述 222
14.2 "计数器"案例 223
14.3 "深化版计数器"案例 228
14.4 服务器对象 Server 234
本章小结 236
习题 236

第 15 章 主题、用户控件和母版页 238
15.1 概述 239
15.2 "多变网页"案例 240
15.3 "网站版权"案例 244
15.4 "学习资源网页"案例 247
本章小结 251
习题 252

第 16 章 综合实例:"新闻发布系统"
网站 254
16.1 实训目的 254
16.2 实训内容 254
16.3 实训过程 256
本章小结 275
习题 276

参考文献 277

第 1 章 动态网页概述

教学目标：通过本章的学习,理解动态网页与静态网页的区别,对 ASP .NET 动态网页开发技术及 .NET 框架的体系结构有所了解。

教学要求：

知 识 要 点	能 力 要 求	关 联 知 识
静态网页和动态网页运行机制	(1) 理解静态网页访问过程 (2) 理解动态网页访问过程	(1) 从静态网页发展到动态网页 (2) 编写动态网页的几种技术
ASP .NET 动态网页开发	(1) 简单了解开发 ASP .NET 动态网页的基本步骤 (2) 了解 Microsoft Visual Studio 2010 中运行 ASP .NET 网页的方式	(1) 创建解决方案 (2) 编写代码 (3) 运行 ASP .NET 网页
.NET 框架的体系结构	(1) 了解 .NET 框架的体系结构 (2) 理解 .NET 语言运行机制	(1) .NET 开发平台和 ASP .NET (2) .NET 框架的体系结构

重点难点：

➢ 静态网页与动态网页的运行机制
➢ 动态网页开发的相关技术
➢ .NET 框架的体系结构

【引例】

什么是动态网页?一个网页是否精美并不是动态网页的范畴,动态网页主要体现在功能方面,如图 1.1 所示。

图 1.1 动态网页示例

网站首页包括"用户登录"、"全站搜索"等功能模块,当鼠标指针悬放到新闻标题的链接后,在浏览器的状态栏中可以看到网页扩展名为.aspx,网页名称之后则是 "?ID=996"之类的参数。以上所体现的信息足够表明这是一个动态网页,而且是用 ASP.NET 技术制作的。动态网页的最大特点是存在交互性,根据用户提交的内容、时间、方式等信息返回对应的结果。本章将通过一个简单的案例对动态网页的基础知识加以介绍。

1.1 从静态网页发展到动态网页

单纯使用静态网页技术建设网站,在早期较为流行,虽然网页中包括文字和图片,但是只要不改变设计,网页的显示信息是不会变化的。静态网页的访问过程如图1.2所示。

(1) 客户端通过浏览器访问 Web 服务器中的静态网页。
(2) 服务器向客户端送回被申请的静态网页。

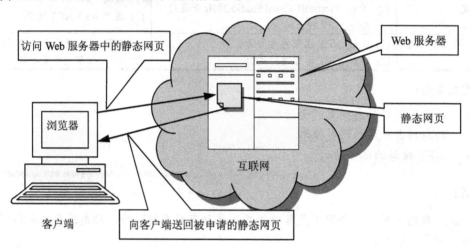

图 1.2 静态网页的访问过程

(3) 在客户端下载并在浏览器上显示页面。
(4) 断开客户端与服务器之间的联系。

整个过程比较简单,到客户端下载完页面时为止,整个过程就结束了。用于发布静态网页的网站设计比较简单,适用于发布信息量比较少,内容更新也比较缓慢,客户浏览的要求不高的网站。静态网页文件的扩展名一般为.htm 或.html。

随着 Internet 应用领域的扩展,各种不同类型的客户加入到网络中来,不少客户很快就提出了新的要求。例如,有的客户提出,能不能代理查阅一下其银行存款的情况?若满足类似这样的需求,服务器的工作就不那么简单了。它首先要查阅该用户的银行账户,进行必要的计算和统计,再将结果反馈给客户。这就是说,服务器上的网页要具有交互性,获取到该用户的需求后,先执行相关的程序,进行处理后再返回结果。

类似这种网页的输出内容将随程序执行的结果而有所不同,这样的网页被称为"动态网页",动态网页的访问过程如图1.3所示。

(1) 客户端通过浏览器访问 Web 服务器中的动态网页。
(2) 服务器接收请求,开始处理此动态网页上的程序代码。

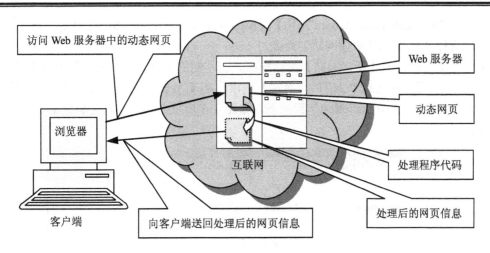

图 1.3 动态网页的访问过程

(3) 将代码的处理结果形成新的网页信息向客户端送出。
(4) 在客户端下载并在浏览器上显示网页。
(5) 服务器断开与客户的联系。

与静态网页相比，动态网页在处理上多了一个处理程序代码的过程。当前处理程序代码主要有 CGI、ASP、JSP、PHP、ASP .NET 这 5 种技术。

1.2 "问候语"案例

【案例说明】

本案例制作的 ASP .NET 动态网页，可以根据客户端浏览器访问 Web 服务器的时间，自动选择显示"上午好"或者"下午好"。

当 Windows 系统栏显示时间为  时，显示效果如图 1.4 所示。

双击时间处，将时间改为下午，如 14:00，然后单击浏览器窗口中的【刷新】按钮，虽然访问的网页仍是 "Default.aspx"，但显示内容变为如图 1.5 所示的"下午好"了。

图 1.4 上午时间显示效果　　　　图 1.5 下午时间显示效果

1.2.1 操作步骤

1. 创建解决方案

(1) 确保本机已经安装 "Microsoft Visual Studio 2010"，启动后，首先选择【开始】|【所

有程序】|【Microsoft Visual Studio 2010】|【Microsoft Visual Studio 2010】命令，启动 Visual Studio，选择【文件】|【新建网站】命令。

(2) 在随后弹出的【新建网站】对话框中，在左侧的【已安装的模板】中选择【Visual C#】子项，右侧选择【ASP.NET 空网站】选项，在【Web 位置】项选择"文件系统"方式保存在本机的"D:\Website\test"目录下，如图 1.6 所示，然后单击【确定】按钮开始建立网站。

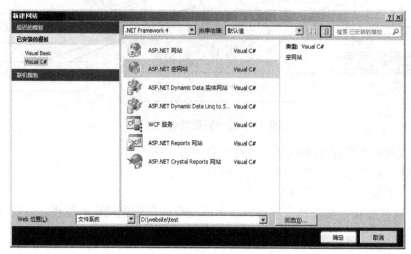

图 1.6 【新建网站】对话框

默认情况下，新网站中只包含了一个名为"web.config"的配置文件，这可通过右侧的【解决方案资源管理器】查看到，如图 1.7 所示。

创建一个网页，需要右击【解决方案资源管理器】中的网站名(此例中为 D:\WebSite\test)，选择【添加新项】命令，在弹出的【添加新项】对话框中选择【Web 窗体】。如图 1.8 所示。

图 1.7 【解决方案资源管理器】

图 1.8 【添加新项】对话框

单击【添加】按钮后，生成默认网页"Default.aspx"，并自动在主窗口打开。

2. 编写代码

(1) 单击位于主窗口左下侧的【设计】选项 设计 ，切换到设计视图。

(2) 双击中间空白区域，即可进入代码页"Default.aspx.cs"，在"protected void Page_Load(object sender, EventArgs e)"下的一对花括号{ }之间输入如下代码。

```
if (DateTime.Now.Hour <= 12)
{
    Response.Write("上午好");
}
else
{
    Response.Write("下午好");
}
```

代码页"Default.aspx.cs"如图 1.9 所示。

(3) 单击工具栏中的【运行】按钮 ▶ 启动应用程序。由于是首次创建，系统会弹出【未启用调试】对话框，保持默认选中项【修改 web.config 文件以启用调试】(web.config 的功能将在第 12 章介绍)，如图 1.10 所示。

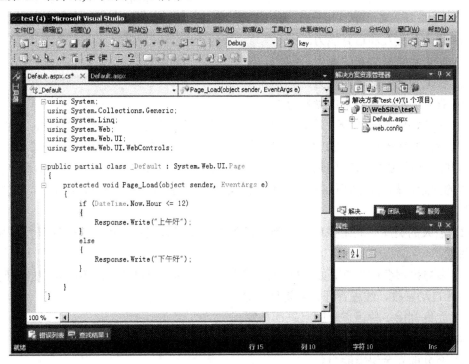

图 1.9　代码页"Default.aspx.cs"

(4) 单击【确定】按钮后，系统自动调用默认浏览器，显示 Default.aspx 网页，然后即可通过修改系统时间观察输出效果。

(5) 单击 Visual Studio 的停止调试按钮 ，或者关闭预览网页恢复原始调试状态。

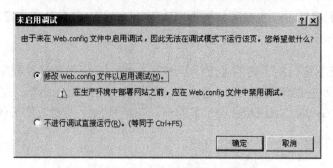

图 1.10 【未启用调试】对话框

1.2.2 本节知识点

1. .NET 开发平台和 ASP.NET

进入 21 世纪以来,微软公司明确地提出了 .NET 的发展战略,确定了创建下一代 Internet 平台的目标。下一代 Internet 的主要特征之一就是它将无处不在,世界上任何一台智能数字设备都有可能通过宽带连接到 Internet 上。因此,作为下一代 Internet 的平台应该实现以下要求。

(1) 为各种类型的客户服务。不仅能为现有的计算机、手提式计算机、移动电话等客户服务,还要能为未来可能加入 Internet 的智能设备(如电视机、电冰箱、洗衣机等)提供服务。

(2) 强大的交互和运算能力。

(3) 跨平台交换数据的能力。

(4) 快速设计和部署的能力。

(5) 强有力的信息安全保障能力。

在这些思想的指导之下,微软公司于 2000 年推出了基于 .NET 框架的 ASP.NET。

ASP.NET 是建立在 .NET 框架平台上的完全面向对象的系统。ASP.NET 与 .NET 框架平台紧密结合是 ASP.NET 的最大特点。有了 .NET 框架的支持,一些反靠应用程序设计很难解决的问题,都可以迎刃而解。.NET 框架平台为网站提供了全方位的支持,这些支持包括如下几点。

(1) 强大的类库。利用类库中的类可以生成对象组装程序,以实现快速开发、快速部署的目的。

(2) 多方面服务的支持。如智能输出(对不同类型的客户自动输出不同类型的代码)、内存的碎片自动回收、线程管理、异常处理等。

(3) 允许利用多种语言对应用进行开发。

(4) 跨平台的能力。

(5) 充分的安全保障能力。

2. .NET 框架的体系结构

在 .NET 框架中使用了很多先进技术,为 Internet 构筑了一个理想的工作环境。.NET 框架的层次结构如图 1.11 所示。

图 1.11 .NET 框架的层次结构

1) .NET 框架使用的语言

在 .NET 框架上可以运行多种程序设计语言,这是 .NET 的一大优点,目前已经有 C#、VB .NET、C++ .NET、J#、F#、JScript .NET 等。

由于多种语言都运行在 .NET 框架之中,因此尽管语法有区别,但它们的功能都基本相同。程序开发者可以选择自己习惯或爱好的语言进行开发。

C#是为 .NET 框架"量体裁衣"新开发的语言,非常简练和安全,最适于在 .NET 框架中使用。本书的示例都是利用 C#编写的,第 4 章将对 C#的常用语法进行必要的讲解。

2) 类库

.NET 框架的另一个主要组成部分是类库,包括数千个可重用的类。各种不同的开发语言都可以调用它来开发应用程序功能。为了便于调用,将类按照功能分组,划分为各个命名空间。

3) 公共语言运行库

公共语言运行库(Common Language Runtime,CLR)也称公共语言运行环境,相当于 Java 体系中的"虚拟机",它是 .NET 框架的核心,提供了程序运行时的内存管理、垃圾自动回收、线程管理和远程处理以及其他系统服务项目。同时,它还能监视程序的运行,进行严格的安全检查和维护工作,以确保程序运行的安全、可靠以及其他形式的代码的准确性。

任何一个平台,只要能被 CLR 支持(目前仅支持 Windows 平台),则意味着 .NET 程序就可以在此平台上运行,实现跨平台运行。

4) .NET 语言运行的机制

一直以来,在某平台上"编译"的应用程序虽然执行效率高,但只能被本平台识别运行,不能在其他平台上运行。而采用"解释"执行,虽然容易做到跨平台使用,但是效率又变低了。如何能够做到既能跨平台,又能执行效率高?.NET 通过"二次编译"的方式解决了这个问题,即源代码先经过"预编译"转换为中间语言代码(Intermediate Language,IL 或 MSIL),直到在某平台执行时再通过安装在该平台的转换引擎"实时编译"为本平台的机器代码运行。

这样,各类平台只要安装对应的能提供"实时编译"的转换引擎(CLR 提供此功能),就可以将其转换为本平台需要的机器代码运行,实现跨平台效果。

由于经预编译后的中间代码已经与二进制代码非常接近,因此,"实时编译"的速度也很快。

.NET 语言转换的过程如图 1.12 所示。

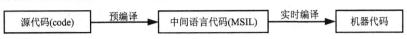

图 1.12 从源代码到机器代码的转换过程

"二次编译"实际上是以牺牲第一次执行的效率为代价来换取程序整体执行效率的提高。所以,当一个 ASP.NET 程序首次执行时,它的执行速度会很慢,但以后的运行速度就非常快了。

5) Visual Studio 2010 的安装

开发 ASP.NET 网站功能最强大的工具是 Microsoft Visual Studio。

(1) 软件版本。可到微软网站免费下载 Visual Studio,网址是 http://www.microsoft.com/visualstudio/zh-cn/download。共提供了 4 种版本,按功能从强至弱分别是 Ultimate (旗舰版)、Premium (高级版)、Professional (专业版)、Test Professional (测试专业版),本书演示使用的是 Ultimate 版。

各版本的试用期限有所不同,详情可查看下载页说明。

(2) 安装准备。可以采用以下 3 种方式之一进行安装。

① 选择文件类型为"WEB 安装程序"进行安装最方便,适合上网速度快、稳定的环境。

② 选择文件类型为"ISO (DVD-5)"进行安装。下载得到扩展名为 ISO 的映像文件,然后使用 DVD 刻录机结合 Nero 或 CDBurnerXP 等软件将其刻录成 DVD 光盘,再从光盘进行安装。其优点是方便多次、多机安装,适合有 DVD 刻录机并对计算机操作比较熟练的使用者。

③ 按②方式下载 ISO 映像文件后,使用 DAEMON 或 VirtualCloneDrive 等虚拟光驱软件模拟出一个物理光驱,载入该 ISO 映像文件,然后再从虚拟光驱安装。优点同②,适合没有 DVD 刻录机并对计算机操作比较熟练的使用者。

推荐使用②或③方式。

(3) 安装。步骤很简单,基本是"接受许可协议"并不断进行【下一步】,主要修改的地方有两处。

① 在【选择要安装的功能(S)】界面,选择【自定义】,如图 1.13 所示。

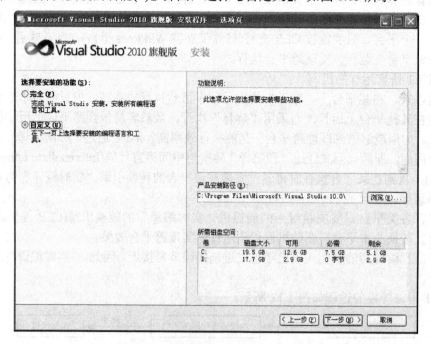

图 1.13 【选择要安装的功能(S)】界面

② 在随后的详单界面,只选择安装"Vidual C#"、"Visual Web Developer"、"Microsft SQL Server 2008 Express" 3 项,目的是在满足一般的学习、使用基础上,可以使安装的体积更精简一些,如图 1.14 所示。

图 1.14　【选择要安装的功能】详单界面

本 章 小 结

动态网页开发是今后网站建设的趋势,而 ASP .NET 是一个完全面向对象的强大的动态网页开发技术。与 .NET 框架完全结合是其最大的特点,借助 .NET 框架庞大的类库和完善的服务,可以快速创建出功能强大、运行可靠的网站。

ASP.NET 是提供动态网站运行的一种环境,在 ASP .NET 开发中可以使用多种高级编程语言,而其中的 C#是为 .NET 框架"量体裁衣"而新开发出来的高级编程语言,简练、安全,非常适合在 .NET 框架中使用;Visual Studio 则是开发使用的工具软件。

【资料阅读】

编写动态网页的几种技术

1. CGI

CGI 是英文 Common Gateway Interface(公共网关接口)的缩写,代表服务器端的一种通用(标准)接口。每当服务器接收到客户更新数据的要求以后,利用这个接口去启动外部应用程序来完成各类计算、处理或访问数据库的工作,处理完后将结果返回给 Web 服务器,再发送给浏览器。可以使用不同的编程语言编写外部应用程序,如 Visual Basic、Delphi 或

C/C++等。虽然 CGI 技术已经发展成熟而且功能强大，但由于编程困难、效率低下、移植性差、修改复杂，所以逐渐没落。

2. ASP

ASP 的全名是 Active Server Pages，由微软公司于 1996 年推出，采用脚本语言 VBScript 或 JavaScript 作为开发语言，简单易学。现今 ASP 仍在动态网页开发领域占据很高份额，该类网页文件的扩展名一般为.asp。

3. PHP

PHP 即 Hypertext Preprocessor(超文本预处理器)，由 Rasmus Lerdorf 于 1994 年提出，是一种开放的、跨平台的服务器端嵌入式脚本语言，其大量借用 C、Java 和 Perl 语言的语法，并且完全免费，可以直接从 PHP 官方站点自由下载。该类网页文件的扩展名一般为.php。

4. JSP

JSP(Java Server Page)是 Sun 公司于 1999 年推出的开发技术。借助在 Java 上的不凡造诣，JSP 在执行效率、安全性和跨平台性方面均有出色的表现。该类网页文件的扩展名一般为.jsp。

5. 新一代的 ASP .NET

虽然微软公司借助 ASP 获得了 Web 开发领域的巨大成功，但是受到了 PHP、JSP 的严峻挑战。2000 年，微软公司推出了全新的 ASP .NET 开发技术。

ASP .NET 是建立在 .NET 框架平台上的完全的面向对象系统，是在借鉴了 JSP 的诸多优点后推出的，这样 ASP .NET 就具有后发优势。

ASP .NET 不再采用解释型的脚本语言，而是采用编译型的程序语言，如 C#、VB .NET 等，执行速度加快了许多。并且 ASP .NET 可以把网页的内容与程序代码分开，即"Code-Behind(代码隐藏)"技术，这样可以使得页面的编码井井有条，便于协作开发和功能的重复使用等。一系列的新特性都使得 ASP .NET 获得了更高的开发效率、更优秀的使用效果，该类网页文件的扩展名一般为.aspx。

习 题

1. 填空题

(1) .NET 框架由_____、_____、_____和_____4 部分组成。

(2) .NET 框架中包括一个庞大的类库。为了便于调用，将其中的"类"按照_____进行逻辑分区。

(3) 实现交互式网页需要采用_____技术，至今已有多种实现交互式网页的方法，如_____、_____、_____等。

2. 选择题

(1) 静态网页文件的扩展名是(　　)。

  A．.asp   B．.aspx   C．.htm   D．.jsp

(2) 在 ASP.NET 中源代码先被生成中间语言代码，待执行时再转换为 CPU 所能识别的机器代码，其目的是(　　)的需要。

  A. 提高效率　　　　B. 保证安全　　　　C. 程序跨平台　　　　D. 易识别

3. 判断题

(1) 和 ASP 一样，ASP.NET 也是一种基于面向对象的系统。　　　　　　(　　)

(2) 在 ASP.NET 中能够运行的程序语言只有 C#。　　　　　　　　　　(　　)

4. 简答题

(1) 静态网页与动态网页在运行时的最大区别在哪里？

(2) 简述 .NET 框架中 CLR 的作用。

第 2 章　动态网站完整制作流程

教学目标：通过本章的学习，使学生了解一个简单的动态网站从策划、准备、建设到最终发布的基本流程，掌握相关工具软件的基本使用方法。

教学要求：

知识要点	能力要求	关联知识
申请网站空间	(1) 熟悉申请网站空间的步骤 (2) 正确理解网站空间对网页类型支持能力	(1) 虚拟主机提供商 (2) 虚拟主机
Visual Studio 2010 集成编程环境	(1) 熟悉 Visual Studio 2010 工作窗口 (2) 掌握 Visual Studio 2010 的基本使用方法	Visual Studio 2010 常用功能窗口介绍
预编译网站	(1) 理解 ASP.NET 中的预编译机制 (2) 掌握使用 Visual Studio 2010 预编译网站的方法	(1) 预编译的作用 (2) 利用 Visual Studio 2010 预编译网站
FTP 工具软件	(1) 了解 FTP 工具软件的功能 (2) 掌握使用 FTP 工具上传文件的方法	(1) 利用 FTP 工具发布网站 (2) FlashFXP 的基本使用方法
发布网站	(1) 了解发布网站的含义 (2) 能够使用 FTP 工具和 Visual Studio 2010 发布动态网站	利用 Visual Studio 2010 发布网站

重点难点：

- Visual Studio 2010 功能窗口的作用
- Visual Studio 2010 的基本使用方法
- FlashFXP 的基本使用方法
- 使用 Visual Studio 2010 预编译网站

【引例】

某公司随着业务的扩大，越来越感到传统方式在产品宣传、资料发放、客户服务等方面有诸多不便，迫切需要一个网站解决上述问题。公司决定由科研部李明负责，尽快自主开发一个公司网站。

经过分析，李明认为公司网站内容更新频繁，浏览用户数量众多，并需要为用户提供很多个性化服务等，决定建设一个动态网站，并采用 ASP.NET 技术开发。

首先要申请域名和网站空间，李明经搜索并比较各互联网应用服务提供商后，确定在新网 "http://www.xinnet.com" 购买域名 "qacn.net" 和 500MB 支持 ASP.NET4.0 的虚拟主机(即网站空间)。

紧张的网站开发工作开始了，经过一段时间的努力，李明终于制作完成。

接下来，他依照新网发来的 FTP 账户信息，将计算机中网站文件编译后，通过互联网传送到了已申请下来的虚拟主机中。

该公司现在可以通过域名 http://www.qacn.net 使用自己的网站了。

本章将通过一个案例对动态网站的完整开发步骤加以介绍。

2.1 互联网动态网站的开发步骤

ASP.NET 动态网站的开发，与普通的静态网站相比，除了在上传网站前增加了"预编译"的环节外，其他方面比较相近，步骤如图 2.1 所示。

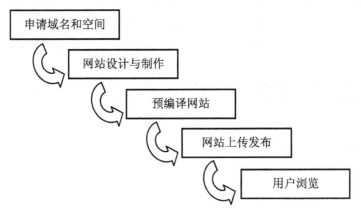

图 2.1 ASP.NET 动态网站开发步骤

"网站设计与制作"和"预编译网站"两个环节主要使用 Visual Studio 2010 集成化编程工具，"申请域名和空间"这一环节可以与互联网应用服务提供商联系购买，"网站上传发布"环节由 FTP 工具软件实现，之后，就可以进入"用户浏览"环节查看动态网站的效果了。

本章将通过一个"欢迎来访者"案例，实现以上各环节，以便读者从总体上了解一个简单的动态网站从设计制作到最终发布的基本流程，并学习掌握相关工具的基本使用方法。本案例的学习需要连接互联网。

2.2 "欢迎来访者"案例

【案例说明】

为便于理解，本示例网站只制作一个动态网页，最终发布后的浏览网址为"http://www.net100.kuanmen.com"，网页内部的文本框用于接收用户姓名，先填入姓名，如"李小莉"，单击【测试】按钮后，网页显示"李小莉你好，欢迎光临!"，效果如图 2.2 所示。

图 2.2 网页效果图

2.2.1 操作步骤

1. 创建一个简单的 ASP .NET 动态网站

1) 创建解决方案

启动 Visual Studio 2010，选择【文件】|【新建网站】命令，在弹出的【新建网站】对话框中，在左侧的【已安装的模板】中选择【Visual C#】子项，右侧选择【ASP .NET 空网站】选项，在【Web 位置】项选择"文件系统"方式保存在本机的"D:\Website\test"目录下，如图 2.3 所示，然后单击【确定】按钮开始建立网站。

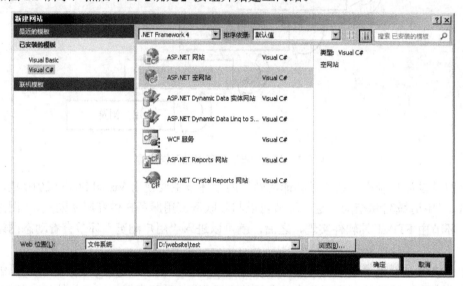

图 2.3 【新建网站】对话框

2) 界面设计

(1) 右击【解决方案资源管理器】中的网站名(此例中为 D:\WebSite\test\)，选择【添加新项】命令，在弹出的【添加新项】对话框中选择【Web 窗体】。单击【添加】按钮后，生成默认网页"Default.aspx"，并自动在主窗口打开。

(2) 单击【设计】选项，切换到设计视图。

(3) 从工具箱中拖动标签控件(或双击标签控件) A Label 到中心工作区。

(4) 从工具箱中拖动文本框控件(或双击文本框控件) abl TextBox 到中心工作区。

(5) 从工具箱中拖动按钮控件(或双击按钮控件) ab Button 到中心工作区。

3) 控件属性的设置

(1) 单击中心工作区中的标签控件 Label，在右下角的【属性】窗口找到 ID 属性，将"Label1"修改为"labMessage"，找到 Text 属性，将值"Label"清除。

(2) 单击中心工作区中的文本框控件，将【属性】窗口中的 ID 属性值"TextBox1"修改为"txtName"。

(3) 单击中心工作区中的按钮控件 Button，将【属性】窗口中的 ID 属性值"Button1"修改为"btnTest"，将 Text 属性值"Button"修改为"测试"。

最终 Default.aspx 页的设计效果如图 2.4 所示。

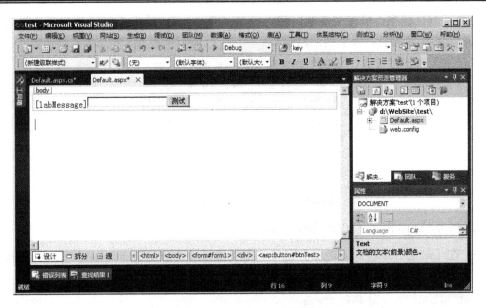

图 2.4　Default.aspx 页设计效果

4) 编写代码

(1) 双击【测试】按钮，进入代码页"Default.aspx.cs"，在"protected void btnTest_Click (object sender, EventArgs e)"下的一对花括号 { } 之间输入如下代码。

```
labMessage.Text = txtName.Text + "你好，欢迎光临！";
```

代码页"Default.aspx.cs"如图 2.5 所示。

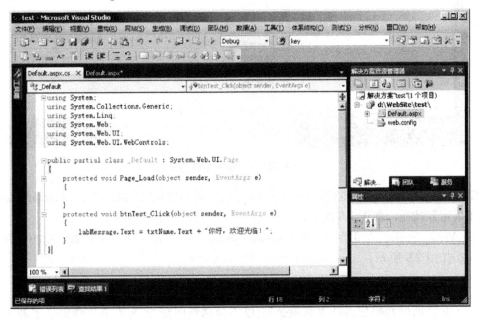

图 2.5　代码页"Default.aspx.cs"

(2) 单击工具栏中的【运行】按钮 ▶ 在本机启动应用程序。浏览器显示 Default.aspx

网页。为了测试程序，可在文本框内输入姓名"张小强"，单击【测试】按钮，即出现如图 2.6 所示的欢迎信息。最后关闭网页。

图 2.6 Default.aspx 网页测试效果

2. 利用 Visual Studio 2010 预编辑网站

(1) 在【解决方案资源管理器】窗口右击项目目录"D:\Website\test\"节点，选择【发布网站】命令，如图 2.7 所示。

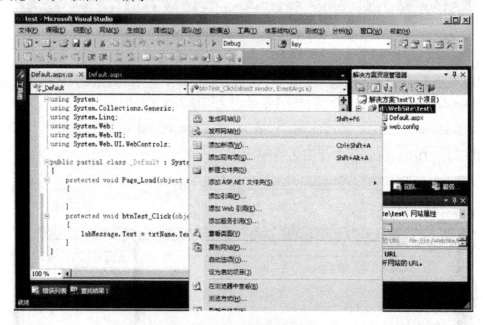

图 2.7 解决方案资源管理器

(2) 在【发布网站】对话框的【目标位置】文本框中输入保存的目录，如"D:\Website\upload\"，单击【确定】按钮，如图 2.8 所示。

(3) Visual Studio 2010 会在 "D:\Website\upload\" 节点目录下生成预编译后的网站，其文件结构如图 2.9 所示。

3. 申请、购买域名和支持 ASP.NET 的网站空间

由于北京新网数码信息技术有限公司(以下简称新网)已经为本书免费提供了若干测试用 ASP.NET 网站空间，可以直接练习使用，因此申请购买域名和空间这一步骤可以省略。

如果实际中，需要正式购买专属的虚拟主机，可参考如下操作流程(以新网为例)。

(1) 在浏览器内输入网址"http://www.xinnet.com"，进入新网首页，如图 2.10 所示。

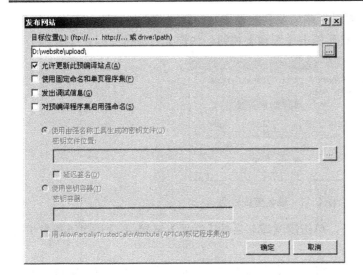

图 2.8 【发布网站】对话框　　　　图 2.9 预编译后网站文件结构

图 2.10 新网网站首页

(2) 单击网页上方的【免费注册】链接进入注册页面。填写"电子邮箱"、登录"密码"、"姓名"等信息，并选择"我已阅读并接受《新网会员注册协议》"后，单击【提交】按钮。

(3) 系统显示"确认信息"，验证无误后，单击【确认】按钮。提示注册成功后，系统会自动将注册信息发送到注册时所用信箱。

(4) 单击提示注册成功的【确认】按钮后，系统会返回新网首页并自动登录(也可登录自己注册用的信箱，查看并依照新网发送的"会员编号"和"登录密码"自行登录)。

(5) 如果还没有域名，首先要进行申请域名的操作。在新网首页的"域名查询"栏目，输入预申请的域名和验证码后，然后单击【查询】按钮，如图 2.11 所示。

图 2.11　域名查询栏目

然后在可以注册的域名列表下，单击满意域名后的【注册】链接(不合适可以重复进行查询)。

(6) 在"选择价格填写信息"步骤中，填写相关注册信息，并选择"我已阅读并接受《新网域名注册协议》"，然后单击【下一步】按钮，一直进行到"放入结算中心"步骤并单击【确认】按钮完成域名注册步骤。

(7) 下面开始购买虚拟主机。进入虚拟主机栏目，由于是使用 ASP.NET 技术开发的网站，所以要在 Windows 平台中选择一款适合自己的产品，如"W300"(单击产品名称可查看该产品详细配置，最重要的是确保该产品支持 ASP.NET 4.0 版本)，并单击下方的【购买】按钮。

(8) 首先在"价格"下拉列表中选择购买虚拟主机的年限，并选择"我已阅读并接受《新网虚拟主机购买协议》"，然后单击【下一步】按钮。之后便是充值及支付域名、虚拟主机费用的相关操作，在此不再赘述。

4. 用 FTP 工具发布网站

(1) 选择【开始】|【所有程序】|【FlashFXP】命令，启动 FTP 工具 FlashFXP (需要另行下载安装)，如图 2.12 所示。

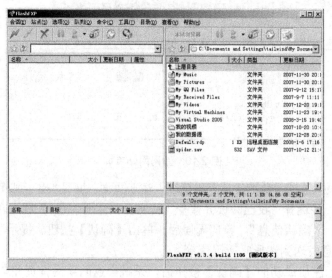

图 2.12　FlashFXP 程序界面

第 2 章 动态网站完整制作流程

(2) 单击左上角的【连接】按钮，选择下拉列表中的【快速连接】命令，在弹出的【快速连接】对话框中填写 FTP 的账户信息，主要是其中的【服务器】、【用户名】和【密码】三项，然后单击【连接】按钮，如图 2.13 所示。

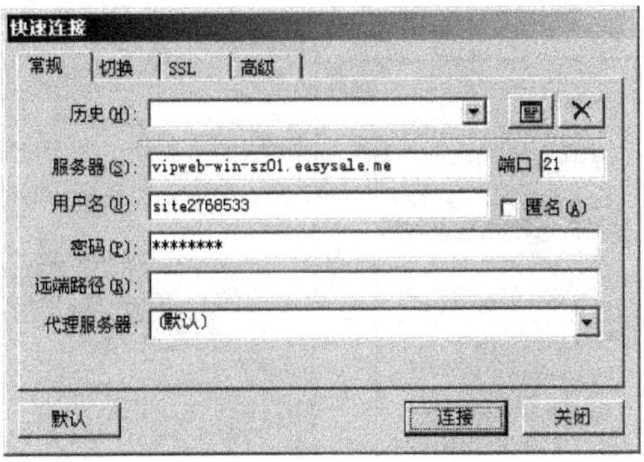

图 2.13 【快速连接】对话框

注：新网为本书提供了多个练习用网站空间，本例中，网站空间的 FTP 账户信息及浏览用域名如下所示。

服务器：vipweb-win-sz01.easysale.me

用户名：site2768533

密　码：u87wgq80

网站浏览用域名：www.net100.kuanmen.com

更多测试空间的 FTP 信息请登录"恰教程网(http://www.qacn.net)"进行免费注册后获取。

(3) FlashFXP 开始与虚拟主机建立连接，成功后在左侧窗口显示远程服务器文件列表，右侧为本地文件列表，切换本地文件目录为发布路径"D:\Website\upload"，如图 2.14 所示。

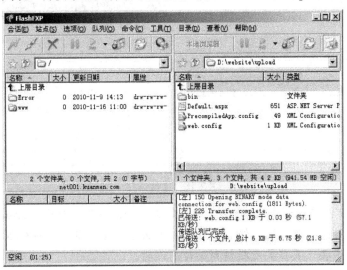

图 2.14 FlashFXP 连接后界面

(4) 双击远程服务器的"www"进入该子目录，如果子目录内不为空，则删除其内文件。如图 2.15 所示。

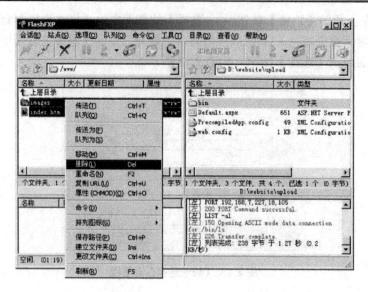

图 2.15 删除远程主机 wwwroot 子目录下的文件

(5) 选择本地所有文件，单击工具栏右侧的【传送所选】按钮，将"D:\Website\ upload"中所有文件上传到远程服务器中，如图 2.16 所示。完成后即可关闭 FlashFXP。

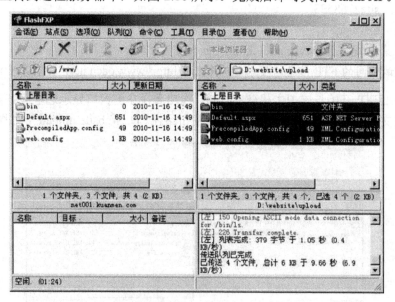

图 2.16 上传网站

注意：对于有些虚拟主机，连接后远程主机文件列表中若不包含"www"或"wwwroot"、"htmldoc"这类用于存放网站文件的子目录，那么直接传送到根目录位置就可以了。这与虚拟主机的设置有关，具体要看提供商的使用说明。

5. 网上浏览自己的作品

打开浏览器，浏览网站 http://www.net100.kuanmen.com，输入姓名，单击【测试】按钮，即可实现图 2.2 所示效果。

2.2.2 本节知识点

1. 控件常用属性的设置

案例中的 3 个标准控件——标签控件、文本框控件、按钮控件都设置了 ID 属性，也都拥有 Text 属性，前两个控件的 Text 属性是编程时调用的名字，相当于其他编程工具中的 Name 属性，按钮控件的 Text 属性的作用是显示或接收文本。

例如，案例中标签控件 ID 属性为 labMessage，文本框控件的 ID 属性为 txtName，则代码中，语句"labMessage.Text = txtName.Text + "你好，欢迎光临！";"的意思是取得用户在文本框中输入的文本，后面连接上"你好，欢迎光临！"这个字符串，合起来赋值到标签文本中显示出来。

还有其他几个属性，如 BackColor 属性用于设置控件背景色，Font 属性用于设置控件中显示文本的字体，Height 属性和 Width 属性分别用于设置控件的高度和宽度等，这些都是大部分控件共有的属性，掌握它们再学习其他控件可以事半功倍。

另外，单击某个属性的名字，下方会自动显示对应的提示信息，方便了学习，如图 2.17 所示是单击 BackColor 属性后的效果。

Visual Studio 2010 中的控件有几十个，功能很丰富，本书从第 5 章开始将陆续介绍。

图 2.17 BackColor 属性的提示信息

2. 预编译的作用

由于 ASP .NET 采用了二次编译的工作方式，所以先通过预编译后，再上传网站具有以下 4 点优势。

(1) 避免安全隐患。经预编译后的网站，全部.cs 代码文件已被编译到"/bin"目录下一个扩展名为.dll 的二进制程序集文件中，起到了隐藏应用程序源代码的作用。

(2) 精简文件数量。预编译后，不再包含.cs 代码文件，方便对网站文件的管理。

(3) 避免首次调用应用程序的延迟。

(4) 预编译能够捕捉在应用程序启动阶段发生的任何错误。

3. 虚拟主机

优良的网站空间大部分以虚拟主机的形式提供，虚拟主机是使用特殊的软硬件技术，把一台运行在 Interent 上的服务器主机分成多台"虚拟"的主机，每一台虚拟主机都具有独立的域名，具有完整的 Internet 服务器(WWW、FTP、E-mail 等)功能，虚拟主机之间完全独立，并可由用户自行管理，在外界看来，每一台虚拟主机都和独立的主机完全一样。

由于多台虚拟主机共享一台真实主机的资源，每个虚拟主机用户承受的硬件费用、网络维护费用、通信线路的费用均大幅度降低。

目前，许多企业建设网站采用了这种方式，这样不仅节省费用，同时也不必为维护服务器担心，更不必聘用专门的管理人员，因为这些工作都由虚拟主机提供商来处理了。

虚拟主机提供商非常多，而且购买虚拟主机也非常简单，一般只要登录到提供商的网站,注册成为合法用户,然后选择一款合适的虚拟主机,再根据提示选择付费方式就可以了。

虚拟主机购买成功后,如果也一同购买了域名,如 qacn.net,那么在做好域名解析(可以通过注册用户的后台进行域名管理,或者请求虚拟主机提供商设置)后,通过这个域名就可以访问到自己的网站了。

提供域名申请和虚拟主机业务的服务商还有很多,可以在搜索引擎中搜索到。

注意:由 ASP.NET 编写的动态网站正常运行,还需要申请的网站空间提供特殊支持,这一点与 HTML 静态网站不同,静态网站放在任何网站空间都可以。如图 2.18 所示为国内某虚拟主机提供商的产品列表,明确标识了所提供网站空间的容量和支持的网站类型。

01 静态空间 HTML WEBSITE

产品名称	系统空间	详细介绍	零售价
静态空间 基础型	100M	支持HTML	100元
静态空间 经济型	300M	支持HTML	200元
静态空间 标准型	500M	支持HTML	300元

02 企业型 COMPANY WEBSITE

产品名称	系统空间	详细介绍	零售价
Windows 基础型	150M(加倍送)	支持ASP ACCESS数据库	300元
windows 经济型	150M(加倍送)	支持ASP ASP.NET ACCESS数据库	400元
windows 标准型	500M	支持ASP ASP.NET MSSQL数据库	500元
LINUX 基础型	150M(加倍送)	支持PHP CGI MYSQL数据库	300元
LINUX 经济型	200M(加倍送)	支持PHP CGI MYSQL数据库	400元
LINUX 标准型	500M	支持PHP CGI MYSQL数据库	500元

03 商务型 BUSINESS WEBSITE

产品名称	系统空间	详细介绍	零售价
Windows 经济型	800M	支持ASP ASP.NET MSSQL数据库	800元
windows 标准型	1500M	支持ASP ASP.NET MSSQL数据库	1500元
windows 增强型	3000M	支持ASP ASP.NET MSSQL数据库	3000元
LINUX 经济型	800M	支持PHP CGI MYSQL数据库	800元
LINUX 标准型	1500M	支持PHP CGI MYSQL数据库	1500元
LINUX 增强型	3000M	支持PHP CGI MYSQL数据库	3000元

图 2.18 某虚拟主机提供商的产品列表

4. Visual Studio 2010 常用功能窗口介绍

Visual Studio 2010 的设计主窗口继承了微软公司软件的一贯风格,使用户很容易掌握,如图 2.19 所示。

下面简要介绍 Visual Studio 2010 设计主窗口的主要结构。

(1) 菜单栏,位于上方,和 VB、Office 等普通软件一样,几乎所有功能命令都可以在其中找到。

(2) 工具栏,位于菜单栏下方。中间的【运行】按钮 ▶ 用于测试运行 Web 应用程序。

(3) 工具箱,隐藏在左侧,鼠标指针悬放时自动弹出,提供开发 ASP.NET 程序所需的各种控件。

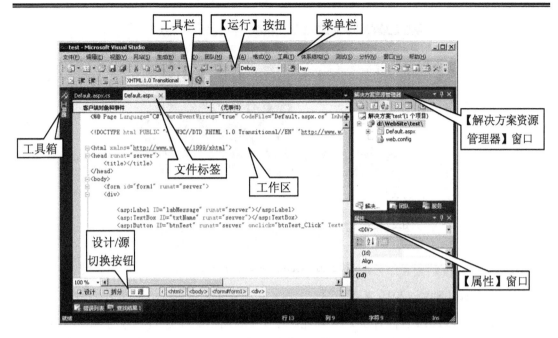

图 2.19 设计主窗口

(4) 解决方案资源管理器，位于右上方，用于管理本 Web 应用程序内的所有文件，不但可以从其他目录将已有文件拖放进来，也可以通过右击"D:\Website\test"节点，选择【添加新项】命令(参考图 2.7)，为网站添加 ASP.NET 网页(即 Web 窗体)、数据库、样式表等。

(5) 工作区，位于中央，用于设计内容页面和书写有关代码，是主要的操作窗口。所有打开的文件都会放在该窗口中，单击切换工作区上方的文件标签，就会显示相应的文件内容，单击右侧的【关闭】按钮，就可以关闭当前的文件。如果想重新打开文件，在解决方案资源管理器窗口中双击文件名即可。

(6)【属性】窗口，位于右下方，用于对所选控件设置属性和方法。例如，从工具箱中将 Label 控件拖放到工作区后，就可以在【属性】窗口设置该控件的显示文本(Text)、名称(ID)和背景颜色(BackColor)等属性。

(7)【设计/源】切换按钮，用于对工作区内编辑的内容页在设计视图(所见即所得)与源代码视图之间切换。这个功能类似 Dreamweaver 软件中的 切换按钮。

Visual Studio 2010 是一个强大的编程工具，使用中可随时按 F1 键获取更详细的帮助(部分帮助可能需要连接互联网)。

5. 用 FTP 工具发布网站

借助 FTP 工具软件，可以将本地网站上传到 Web 服务器中。支持 FTP 的工具软件有很多，其中包括 IE 浏览器，业界常用的是 FlashFXP 和 CuteFTP，需要单独下载安装。

FlashFXP 在前面已经介绍过，CuteFTP 的软件界面如图 2.20 所示。

单击【快速连接】按钮，填写 FTP 服务器地址、用户名、密码后连接远程服务器，连接成功后，左侧窗口显示本地文件列表，右侧窗口显示远程主机文件列表，操作方式与 FlashFXP 类似。

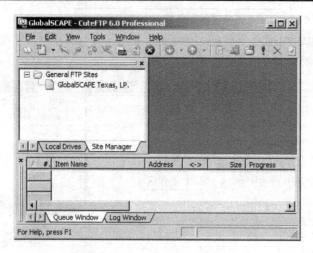

图 2.20　CuteFTP 软件界面

6. 用 Visual Studio 2010 发布网站

Visual Studio 2010 也内置了 FTP 功能。在【发布网站】对话框(参考图 2.8)中单击【浏览】按钮，在弹出的对话框中单击【FTP 站点】按钮，则可以填写相应信息，如图 2.21 所示。

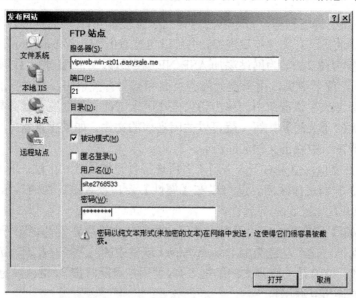

图 2.21　Visual Studio 2010 中的 FTP 站点功能

单击【打开】按钮返回到上级窗口(注意【目标位置】文本框中路径已经改变)，再单击【确定】按钮即可完成上传工作。

本 章 小 结

本章通过"欢迎来访者"案例，概括性地介绍了一个简单的动态网站从设计制作到最终发布的完整流程，学习了相关工具的基本使用方法。Visual Studio 2010 是编写 ASP .NET

动态网站最有利的工具,借助 C#语言,能够以面向对象的方式高效地编写出具有交互功能的动态网站,将网站预编译后,再通过 FlashFXP 上传到互联网的 Web 服务器中发布。

习　　题

1. 填空题

(1) 对于工作区内编辑的内容页,在设计视图与源视图之间切换的是_____按钮。
(2) Label 控件的 Text 属性用于_____。
(3) 开发 ASP.NET 网站最有利的工具是_____。
(4) 为了提高网站的安全性和初次访问速度,在使用 FTP 工具上传前,首先应对网站进行_____。

2. 选择题

(1) "/bin"目录用于放置(　　)。
　　A．专用数据库文件　　B．共享文件　　C．编译后的.dll 文件　　D．.cs 代码文件
(2) 使用 FTP 工具上传网站,不需要使用(　　)信息。
　　A．FTP 服务器地址　　B．用户名　　C．密码　　D．浏览网址
(3) 若内容页文件名为 view.aspx,则其对应的代码页文件名默认是(　　)。
　　A．view.cs　　B．view.cs.aspx　　C．view.aspx.cs　　D．view.aspx

3. 判断题

(1) web.config 是动态网站必需的配置文件。　　　　　　　　　　　　　(　　)
(2) 对于任意一款虚拟主机,网站都应存放在"wwwroot"目录下。　　　(　　)
(3) .cs 代码文件必须随网站一同上传到 Web 服务器。　　　　　　　　(　　)
(4) 并不是所有的虚拟主机都能够支持 ASP.NET 网页的运行。　　　　(　　)

4. 简答题

(1) 什么是虚拟目录?
(2) 仔细对比后回答,网站内.aspx 内容页文件在进行预编译前后有什么变化?

5. 操作题

(1) 在网上搜索虚拟主机提供商,并熟悉申请步骤。
(2) 实际创建一个 ASP.NET 网站。
(3) 发布创建的 ASP.NET 网站到虚拟主机并浏览效果。

第 3 章 XHTML 基本语法

教学目标：通过本章的学习，使学生了解 XHTML 文件的结构，掌握 XHTML 相关标记的使用方法和技巧。

教学要求：

知 识 要 点	能 力 要 求	关 联 知 识
XHTML 文件的结构	(1) 熟悉 XHTML 标记书写要求 (2) 正确编写 XHTML 文件	XHTML 文件的基本结构
文字、图片设计标记	(1) 正确使用文字标记设计文字 (2) 正确使用图片标记设计图片	(1) 文字标记 (2) 图片标记
表格设计标记	(1) 熟悉表格标记 (2) 正确使用表格标记设计表格	(1) 表格标记 (2) 超链接标记
表单设计标记	(1) 熟悉表单标记 (2) 正确使用表单标记设计表单	表单标记
框架结构设计标记	(1) 了解框架结构 (2) 正确使用框架标记设计框架	框架标记

重点难点：

> 文字标记
> 图片标记
> 表格标记
> 超链接标记
> 表单标记
> 框架标记

【引例】

用户通过浏览器所看到的网页效果，实际上都是由各种代码生成或调用的，例如，输入网址"www.sohu.com"，打开搜狐网站首页，如图 3.1 所示。

选择浏览器菜单【查看】|【源文件】命令，即可看到构成该网页的相关代码，如图 3.2 所示。

其中主要为 XHTML 代码，本章将对网页最基本的元素 XHTML 加以介绍。

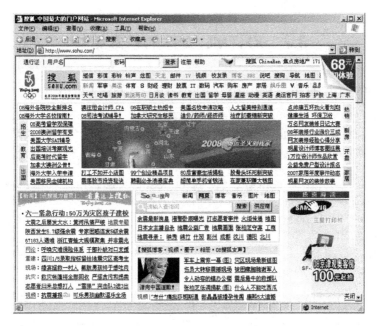

图 3.1 搜狐网站首页

图 3.2 组成网页的代码

3.1 XHTML 概述

XHTML(Extensible HyperText Markup Language，可扩展超文本标记语言)，目前推荐遵循的是 W3C 组织于 2000 年年底发布的 XHTML1.0 版本，这是一种在 HTML4.0 基础上优化和改进的新语言，目的是基于 XML 应用。

虽然 XML 数据转换能力强大，完全可以替代 HTML，但面对成千上万已有的站点，直接采用 XML 还为时过早。因此，在 HTML4.0 的基础上，用 XML 的规则对其进行扩展，得到了 XHTML。简单而言，建立 XHTML 的目的就是实现 HTML 向 XML 的过渡。

3.2 XHTML 文件的基本结构

使用 Dreamweaver 新建一个空白网页的 XHTML 代码如下所示。

```
<!DOCTYPE html PUBLIC "-//W3C//DTD XHTML 1.0 Transitional//EN"
"http://www.w3.org/TR/xhtml1/DTD/xhtml1-transitional.dtd">
<html xmlns="http://www.w3.org/1999/xhtml">
<head>
<meta http-equiv="Content-Type" content="text/html;charset=gb2312"/>
<title>无标题文档</title>
</head>
<body>
</body>
</html>
```

上述代码中，DOCTYPE 是 document type（文档类型）的简写，用来说明 XHTML 的版本。在 XHTML 中必须声明文档的类型，便于浏览器知道正在浏览的文档是什么类型，且声明部分要加在文档 head 之前。其中的 DTD（代码中的 "xhtml1-transitional.dtd"）表示文档类型定义，包含了文档的规则，浏览器就是根据定义的 DTD 来解释页面的标记并将其表现出来。

命名空间是声明元素类型和属性名称的一个详细 DTD，它允许通过一个 URL 地址指向来识别命名空间。XHTML 文档通过定义 xmlns 属性，为该网页文档指定一个 URL 地址。当浏览网页时，浏览器会首先找到这个指定地址，在这个文档中详细定义了每个标记的类型、属性和使用规范等。浏览器读取了这些信息后，逐条解析文档标记，最后把整个网页呈现出来。

尽管目前浏览器都兼容 HTML，但是为了使网页能够符合标准，应该尽量使用 XHTML 规范来编写代码。XHTML 与 HTML 的主要区别如下。

1. 在 XHTML 中标记名称和属性名称都必须小写

在 HTML 中，标记名称可以大写或者小写。XHTML 文档是 XML 文档的一种，而 XML 文档对大小写是敏感的，所以 XHTML 中标记的大小写也是有区别的，例如，
和
就是两种不同的标记。所有的 XHTML 标记和属性名称都必须使用小写字母。例如，下面的代码在 HTML 中是正确的。

```
<BODY>
    <P>这是一个段落</P>
    <IMG SRC="image001.jpg" WIDTH="100" HEIGHT="100">
</BODY>
```

但是在 XHTML 中，则必须写为

```
<body>
    <p>这是一个段落</p>
```

```
        <img src="image001.jpg" width="100" height="100"/>
</body>
```

2. 在XHTML中属性值必须用英文双引号括起来

在HTML中,属性值可以不必使用双引号,例如:

```
<p align=center>属性值没有使用双引号</p>
```

而在XHTML中,必须严格写为

```
<p align="center">属性值必须使用英文双引号</p>
```

3. 在XHTML中标记必须封闭

在HTML中,下列代码是正确的

```
<p>这是文字段落 1
<p>这是文字段落 2
```

上述代码中,第2个\<p\>标记就意味着第1个\<p\>标记的结束。而在XHTML中,这是不允许的,必须严格地使标记封闭,正确写法如下所示。

```
<p>这是文字段落 1</p>
<p>这是文字段落 2</p>
```

4. 在XHTML中单标记也必须封闭

单标记就是指那些\<img\>、\<br\>等不成对出现的标记,在标记尾部使用一个斜杠"/"来封闭。

在HTML中,下列代码是正确的

```
这是换行标记<br>
这是水平线标记<hr>
这是图片标记<img src="image001.jpg">
```

而在XHTML中,必须严格写为

```
这是换行标记<br/>
这是水平线标记<hr/>
这是图片标记<img src="image001.jpg"/>
```

5. 在XHTML中不允许简写属性

在HTML中,一些属性经常使用简写方式设定属性值,例如:

```
<input name="sex" type="radio" value="male" checked>
```

而在XHTML中,必须完整地写为

```
<input name="sex" type="radio" value="male" checked="checked">
```

6. 在 XHTML 中标记必须正确嵌套

在 HTML 中，即使标记没有被正确地嵌套也能正常显示，例如：

`<b><i>文字以粗体倾斜显示</b></i>`

而在 XHTML 中，必须写为

`<b><i>文字以粗体倾斜显示</i></b>`

3.3 "个人简历"案例

【案例说明】

本案例将制作一个"个人简历"的页面，预览的效果如图 3.3 所示。本章中所有的页面代码均使用记事本来编辑完成。其中，页面最下面一行文字是滚动字幕。

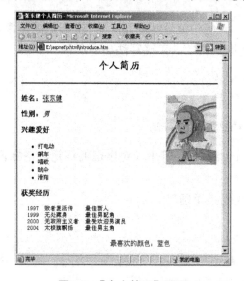

图 3.3 【个人简历】页面

3.3.1 操作步骤

1. 编辑页面代码

(1) 打开记事本，编写如下代码。

```
<html>
<head>
<title>张东健个人简历</title>
</head>
<body>
<h2 align="center"><font face="楷体_GB2312">个人简历</font></h2>
<hr color="black" noshade="noshade"/>
<p><img src="zdj.jpg" width="120" height="160" align="right"/>
```

```
    <font size="3">
    <b>姓名：</b><u>张东健</u>
    <br/><br/>
    <b>性别：</b><i>男</i></p>
    <b>兴趣爱好</b></font>
    <font size="2">
    <ul>
      <li>打电动</li>
      <li>飙车</li>
      <li>唱歌</li>
      <li>跳伞</li>
      <li>滑翔</li>
    </ul></font>
    <font size="3"><b>获奖经历</b>
    <pre>
      1997    败者复活传      最佳新人
      1999    无处藏身        最佳男配角
      2000    无政府主义者    最受欢迎男演员
      2004    太极旗飘扬      最佳男主角
    </pre>
    </font>
    <marquee direction="right" behavior="scroll">
      <font color="#0000FF">最喜欢的颜色：蓝色 </font>
      </marquee>
    </body>
    </html>
```

(2) 保存文件，选择【文件】|【保存】命令，在【保存类型】下拉列表框中选择【所有文件】选项，在【文件名】下拉列表框中输入文件名"introduce.htm"(注意扩展名)，选择相应的路径，单击【保存】按钮。

2. 浏览页面

在磁盘上找到保存的路径，再找到 introduce.htm 文件，双击打开，就可以看到图 3.3 所示的效果。

3.3.2 本节知识点

1. 字体<font>与标题<hn>

如果希望更改页面中的字体、字号和颜色，可以使用<font>标记，其属性见表 3-1。

表 3-1 <font>标记的属性

属 性	描 述
face	字体(如果有多个字体，则使用","分隔)
size	字号(范围为 1~7，默认字号为 3，也可以是+1~+7、-1~-7，表示比默认字号大几级或小几级)
color	颜色(其值可以使用英文颜色名称或十六进制的颜色值)

一般来说，不应该在网页中使用过于特殊的字体，因为浏览网页的计算机中不一定安装了这些特殊的字体，如果遇到特殊字体格式的字符，只能以默认字体来显示。

标题标记<hn>可以建立文件内容的主标题、次标题和小标题的文字效果。n 的范围是 1～6，其中值越小字体越大。<hn>标记的 align 对齐属性可以设置文字水平对齐方式为左、中、右的对齐。其基本语法结构如下。

```
<hn align=left/center/right>…</hn>，n=1~6
```

2. 段落<p>与换行

段落主要由标记<p>定义。段落标记可以使用 align 属性来实现段落的水平对齐方式为左、中、右的对齐，用法同<hn>标记。

在 XHTML 文件中要想实现换行效果，就要使用换行标记
，它的作用类似于平时处理文档时使用的 Enter 键。

3. 无序列表<ul>与有序列表<ol>

无序列表的列表符号可以通过<ul><li>来进行设定，语法结构如下。

```
<ul type=value>
<li type=value>…</li>
…
</ul>
```

其中，value 的值见表 3-2。

表 3-2 无序列表的类型

值	描述
disc	实心小圆点
circle	空心小圆点
square	实心小方块

有序列表使用数字或英文字母来记录项目的顺序。默认情况下，有序列表从数字 1 开始计数，可以通过 start 属性来修改起始值，语法结构如下。

```
<ol start=value>
<li>…</li>
…
</ol>
```

也可以通过 type 属性将有序列表的类型设置为英文或罗马数字，语法结构如下。

```
<ol type=value></ol>
```

其中，value 的值见表 3-3。

表 3-3 有序列表的类型

值	描述
1	数字 1、2、3…(此为默认值)
a	小写字母 a、b、c…
A	大写字母 A、B、C…
i	小写罗马数字 i、ii、iii…
I	大写罗马数字 I、II、III…

4. 预定格式<pre>

如果有一段已经编排好的段落内容,并且希望直接按照原编排格式显示于 XHTML 文件中,预定格式标记<pre>就会派上用场,它可以保留文字在源代码中的格式。

5. 加粗<b>、倾斜<i>与下划线<u>

对于需要强调的文字,可以用粗体来表现。在设计上使用<b>标记,也可以使用<strong>标记,这两个标记都可以表现文字粗体的效果。

在文字内容部分也可以选择斜体效果,不过通常使用英文字的效果比中文字要好。<i>标记或者<em>标记都可以表现文字斜体的效果。

对于中文来说,下划线文字强调的效果要比斜体有效而且明显,但是有时候可能会与超链接文字产生混淆。要实现下划线效果可以使用<u>标记。

6. <span>与<div>的区别

对象标记<span>与<div>所包围的网页元素,如文字、图片、表单或多媒体元素,都会被视为一个对象。<div>标记的对象在显示效果上,会独立成一行,如果旁边有其他的图文时,都会自动换行到下一行;<span>标记的对象在显示上则会和旁边的图文位于同一行上。这两个标记并不会产生任何的文件编排效果,其主要目的是配合 CSS 和脚本语言(如 JavaScript),使网页内容产生动态编排效果。

7. 水平线<hr>

水平线主要用于美化编排效果,水平线自身具有很多属性,如宽度、高度、颜色、排列对齐等,水平线标记<hr>的属性见表 3-4。

表 3-4 <hr>的属性

属性	描述
width	水平线的宽度(可以使用绝对像素,也可以使用百分比为单位)
size	水平线的高度
color	水平线的颜色
align	水平线的水平对齐方式(取值为 left、center、right)
noshade	去掉水平线阴影

8. 图片<img>

图片标记<img>需要配合其他属性来完成显示图片的功能,属性见表 3-5。

表 3-5 <img>的属性

属　　性	描　　述
src	指定图片的路径
alp	图片的提示文字
width、height	调整图片显示的大小
border	设置图片边框，默认为四边无框线
vspace、hspace	设置图片的垂直间距、水平间距
align	设置图片与文字之间的排列(取值为 top、middle、bottom、left、right、absbottom、absmiddle、baseline、texttop)

9. 滚动效果<marquee>

标记<marquee>可以实现文字的滚动效果，其属性见表 3-6。

表 3-6 <marquee>的属性

属　　性	描　　述
direction	设定文字滚动的方向(取值为 up、down、left、right)
behavior	设定文字滚动的方式(取值为 scroll、slide、alternate，分别为循环往复、只进行一次滚动、交替进行滚动)
scrollamount	设置文字滚动的速度
scrolldelay	设置每一次滚动时产生的时间延迟
loop	设置文字滚动的循环次数
width、height	设置文字滚动的区域
bgcolor	设置滚动文字的背景颜色

3.4 "网站导航条"案例

【案例说明】

本案例将制作一个"网站导航条"的页面，预览的效果如图 3.4 所示。其中，页面上的第一行也是表格结构，把表格的边框宽度设为 0，第二行表格通过设置表格的亮暗边框颜色来实现边框的细线效果。

图 3.4 【网站导航条】页面

3.4.1 操作步骤

1. 编辑页面代码

(1) 打开记事本，编写如下代码。

```html
<html>
<head>
<title>网站导航条</title>
</head>
<body>
<table width="300" border="0" align="center" cellpadding="0" cellspacing="0">
  <tr>
    <td align="center"><a href="introduce.htm" target="_blank">个人简历</a> </td>
    <td align="center"><a href="register.htm" target="_self">用户注册</a></td>
    <td align="center"><a href="mailto:zhangf@163.com">联系我们</a></td>
  </tr>
</table>
<br/>
<table width="300" border="1" align="center" cellpadding="0" cellspacing="0" bordercolorlight="#000000" bordercolordark="#FFFFFF">
  <tr>
    <td align="center"><a href="introduce.htm">个人简历</a></td>
    <td align="center"><a href="register.htm">用户注册</a></td>
    <td align="center"><a href="mailto:zhangf@163.com">联系我们</a></td>
  </tr>
</table>
</body>
</html>
```

(2) 保存文件，选择【文件】|【保存】命令，在【保存类型】下拉列表框中选择"所有文件"选项，在【文件名】下拉列表框中输入文件名"link.htm"，选择相应的路径，单击【保存】按钮。

2. 浏览页面

在磁盘上找到保存的路径，再找到 link.htm 文件，双击打开，就可以看到图 3.4 所示的效果。

3.4.2 本节知识点

1. 表格标记结构

表格标记结构如下。

```
<table>
<tr>
```

```
        <td>…</td>
        …
    </tr>
    <tr>
        <td>…</td>
        …
    </tr>
    …
</table>
```

其中，<table>标记表示表格的开始，<tr>标记表示行的开始，而<td>和</td>之间就是单元格的内容。

2. 表格的修饰

对表格进行修饰的常见属性见表3-7。

表3-7 <table>的属性

属 性	描 述
border	设置表格框线的宽度，如果为0，表格将不显示框线
width、height	设置表格的宽度、高度
bgcolor	设置表格的背景色
bordercolor	设置表格框线的颜色(上下左右框线)
bordercolorlight	设置表格亮边框颜色(左上框线)
bordercolordark	设置表格暗边框颜色(右下框线)
background	设置表格的背景图片
cellspacing	设置单元格间距(单元格与单元格之间的距离)
cellpadding	设置单元格边距(单元格内容和边框之间的距离)
align	设置表格的水平对齐方式

表格中的 align、bgcolor、bordercolor、bordercolorlight、bordercolordark、background 属性同样适用于<tr><td>，此外，还可以通过 valign 属性来设置行、单元格中内容的垂直对齐方式，其取值为 top、middle、bottom、baseline。

要实现水平方向上多个单元格的合并，可以通过行合并属性 rowspan，语法结构如下。

```
<td rowspan=value>…</td>
```

其中，value 代表单元格合并的行数。例如，需要合并下一行就是2，下两行就是3。

同样，要实现垂直方向上多个单元格的合并，可以通过列合并属性 colspan，语法结构如下。

```
<td colspan=value>…</td>
```

其中，value 代表单元格合并的列数。

3. 超链接<a>

超链接标记的属性见表3-8。

表 3-8 <a>的属性

属　性	描　述
href	指定链接地址
name	建立书签
target	指定链接的目标窗口

target 属性取值见表 3-9。

表 3-9 target 属性取值

属　性　值	描　述
_blank	在新窗口中显示文件内容
_self	在原窗口中显示文件内容
_top	在原窗口中显示，如果是框架页，则取消框架以全窗口显示
_parent	如果为框架页，则在父框架显示文件内容

在浏览器默认的情况下，链接文字的颜色为蓝色，访问过后的链接文字颜色为紫红色。在 XHTML 语言中，可以修改的链接状态共有 3 种，见表 3-10。

表 3-10 链接的不同状态

链　接　属　性	描　述
link	设定默认的没有单击过的链接文字颜色
alink	设定单击链接文字时的链接文字颜色
vlink	设定单击过后的链接文字颜色

在<body>标记中设置修改链接颜色的属性，其语法结构如下。

```
<body link="color_value" alink="color_value" vlink="color_value">
```

3.5 "用户注册(XHTML 版)"案例

【案例说明】

本案例将制作一个"用户注册"的页面，预览的效果如图 3.5 所示。利用此页面用户只能完成填写操作，而不能真正地提交给服务器。

图 3.5 【用户注册】界面

3.5.1 操作步骤

1. 编辑页面代码

(1) 打开记事本，编写如下代码。

```html
<html>
<head>
<title>用户注册(XHTML 版)</title>
</head>
<body>
<form>
  <h2><font face="楷体_GB2312">用户注册</font></h2>
  昵称:<input type="text" name="username" size="20"><br/>
  密码:<input type="password" name="pwd" size="20"><br/>
  性别:<input type="radio" name="sex" value="male" checked="checked">男
       <input type="radio" name="sex" value="female">女<br/>
  兴趣:<input type="checkbox" name="sport" value="sport">运动
       <input type="checkbox" name="book" value="book">读书
       <input type="checkbox" name="music" value="music">听音乐 <br/>
  城市:<select name="address">
        <option value="0" selected="selected">北京</option>
        <option value="1">上海</option>
        <option value="2">广州</option>
        <option value="3">南京</option>
        <option value="4">沈阳</option>
      </select> <br/>
  图片:<input type="file" name="file"><br/>
  备注:<textarea name="textarea"></textarea><br/> <br/>
       <input type="hidden" name="hiddenfield" value="register">
       <input type="submit" name="submit" value="提交">
       <input type="reset" name="reset" value="重置">
</form>
</body>
</html>
```

(2) 保存文件，选择【文件】|【保存】命令，在【保存类型】下拉列表框中选择"所有文件"选项，在【文件名】下拉列表框中输入文件名"register.htm"，选择相应的路径，单击【保存】按钮。

2. 浏览页面

在磁盘上找到保存的路径，再找到 register.htm 文件，双击打开，就可以看到图 3.5 所示的效果。

3.5.2 本节知识点

1. 表单的结构

表单的结构如下。

```
<form name="form_name" method="get/post" action="url">
<input>…</input>
<textarea></textarea>
<select>
    <option>…</option>
</select>
</form>
```

其中，<form>标记的属性见表 3-11。

表 3-11 <form>标记的属性

属 性	描 述
name	表单的名称
method	定义表单数据从浏览器传送到服务器的方法
action	定义表单处理程序的位置

<form>标记内的标记见表 3-12。

表 3-12 <form>标记内的标记

标 记	描 述
<input>	表单输入标记
<select>	菜单和列表标记，需要和<option>标记配合
<option>	菜单和列表项目标记
<textarea>	文字域标记

2. 文本框、密码框和文本区域

文本框的语法结构如下。

```
<input type="text" name="field_name" maxlength="value" size="value" value="string">
```

其属性见表 3-13。

表 3-13 文本框属性

属 性	描 述
name	文本框的名称
maxlength	文本框的最大输入字符数(默认为 0，不限宽度)
size	文本框的宽度
value	文本框的默认值

密码框的语法结构如下。

```
<input type="password" name="field_name" maxlength="value" size="value">
```

属性说明和文本框相同,文本区域的语法结构如下。

```
<textarea name="memo_name" rows="value" cols="value" value="string">
```

其属性见表 3-14。

表 3-14 文本区域属性

属　性	描　述
name	文本区域的名称
rows	文本区域的行数
cols	文本区域的列数
value	文本区域的默认值

3. 单选按钮与复选框

单选按钮的语法结构如下。

```
<input type="radio" name="field_name" checked="checked" value="string">
```

其中 checked 属性表示此项被默认选中,value 表示选中项目后传送到服务器端的值。复选框的语法结构如下。

```
<input type="checkbox" name="field_name" checked="checked" value="string">
```

属性与单选按钮相同。

4. 下拉列表

下拉列表的语法结构如下。

```
<select name="select_name" size="number" multiple="multiple">
<option value="select_name" selected="selected">选项名称
<option value="select_name">选项名称
</select>
```

其属性见表 3-15。

表 3-15 下拉列表属性

属　性	描　述
name	下拉列表的名称
size	显示的选项数目,1 为下拉列表框,大于 1 则是列表框
multiple	允许选项多选
value	选项的值
selected	默认选项

5. 文件框

文件框主要用来浏览客户端的文件列表,然后将选择的文件上传到 Web 服务器,其语法结构如下。

```
<input type="file" name="field_name" >
```

6. 隐藏框

隐藏框在页面中对用户是不可见的，用来向 Web 服务器中传送数据。浏览者提交表单时，隐藏框的信息也被一起发送到服务器。其语法结构如下。

```
<input type="hidden" name="field_name" value="string">
```

其中 value 值用于设定传送的值。

7. 按钮

表单中的按钮可以分为 4 种：普通按钮、提交按钮、重置按钮、图片按钮。普通按钮主要是配合 JScript 等客户端的 Script 脚本来进行表单的处理；单击提交按钮后，可以实现表单内容的提交；单击重置按钮后，可以清除表单的内容，恢复成默认值；图片按钮是用图片作为按钮，具有按钮的功能。其语法结构如下。

```
<input type="button/submit/reset" name="field_name" value="button_text">
```

其中 value 值代表显示在按钮上的文字。

图片按钮的语法结构如下。

```
<input type="image" name="field_name" src="image_url">
```

其中 src 属性代表图片的路径。

3.6 框架结构

3.6.1 框架集<frameset>

框架页是一种浏览器窗口的分割技巧，将原来只显示一份 XHTML 文件的浏览器窗口，分割成几个窗口，每一个窗口都可以显示一份 XHTML 文件，每一个窗口称为一个框架。其架构如下所示。

```
<html>
<head>
<title>基本框架分割</title>
</head>
<frameset>
<frame>
</frame>
<noframes>
...
</noframes>
</frameset>
</html>
```

在框架页中，页面的<body>标记被<frameset>标记所取代，然后通过<frame>标记定义每一个框架，<noframes>标记定义不支持框架时显示的内容。

浏览器窗口的分割方式有以下两种：左右分割窗口、上下分割窗口，其语法结构分别如下。

```
<frameset cols="value,value,…">
<frameset rows="value,value,…">
```

value定义各个框架的宽度值，单位可以是像素，也可以是百分比。

框架标记<frame>的主要属性如以下语法结构所示。

```
<frame src="file_name" name="framename">
```

其中，src属性设置框架显示的文件路径，name属性设定框架页面的名称，以配合超链接使用。

3.6.2 内嵌框架<iframe>

内嵌框架标记<iframe>不是分割窗口，而是如同图片和表格一样，可以和文字编排在一起，和其他XHTML标记一样放在<body>标记间。其语法结构如下。

```
<iframe src="file_name" name="iframe_name" align="left/center/right" width="value" height="value">
```

本 章 小 结

本章通过3个案例，概括性地回顾了XHTML语言。"个人简历"案例充分利用了文字、图片及段落的相关标记；"网站导航条"案例则利用了表格和超链接的相关标记；"用户注册(XHTML版)"案例则回顾了表单的相关标记。XHTML语言中的标记是网页的基本组成元素，无论多么复杂的网页，最终都能以标记的形式来展现。

习　　题

操作题

(1) 试制作如图3.6所示的页面book.htm。（提示：利用表格的单元格间距。）

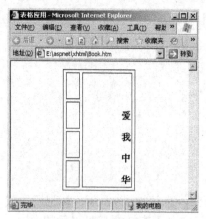

图3.6　book页面

(2) 试制作如图 3.7 所示的表格页面 page.htm。(提示：利用表格进行排版，上下两个表格，上表格 1 行 11 列，下表格 1 行 3 列，均设置边框为 0。)

图 3.7　page 页面

第 4 章 C#语言基础

教学目标：通过本章的学习，使学生了解 C#语言的优点以及 C#的主要数据类型，使用表达式进行数学运算，掌握不同数据类型的转换方法、条件及分支语句的使用。

教学要求：

知识要点	能力要求	关联知识
C#语言的优点	了解 C#语言的特点	(1) C 语言与 VB .NET 语言 (2) 公共语言运行时
C#语言的主要数值类型	掌握变量的声明与赋值	数据的生命周期
条件及分支语句	熟练掌握条件及分支语句	函数的定义
命名空间	(1) 掌握常用的时间函数 (2) 掌握常用的数据类型转换函数	(1) 包含文件、函数 (2) .NET Framework 类库
内建函数	了解常用命名空间	(1) 函数的定义 (2) 常见数据类型

重点难点：

> 数据类型转换
> 条件及分支语句的使用
> 常用的内建函数
> 命名空间的使用

【引例】

C#语言与 VB .NET 一样，本身是一门高级编程语言，ASP .NET 则是一个环境，是微软 .NET 计划中重要的组成部分。利用 C#语言结合 ASP .NET 提供的一些对象可以编写出功能强大的动态网站。

举例来说，.NET 是一家大公司，拥有一大批优秀人才，C#是其中的佼佼者，从 .NET 建立之日起就倾全力培养，精通了公司的全部业务。VB 是老公司的先进工作者，为了适应 .NET 这个新公司的技术需要，进行了再就业培训，成为 VB .NET。.NET 下面组建了一个重要的部门 ASP .NET，需要引进一位人才，C#和 VB .NET 都符合条件，到底引进哪一位呢？由用户来选择。本书选择的是 C#。

4.1 为 .NET 量身打造的 C#语言

.NET Framework 运行环境支持多种编程语言：C#、VB .NET、C++等。作为一名编程人员必须熟练掌握其中的一种。

C#和 .NET Framework 同时出现和发展。由于 C#出现较晚，吸取了许多其他语言的优点,解决了许多以往发现的问题。C#是专门为 .NET 开发的语言,并且成为 .NET 最好的开发语言,这是由C#的自身设计决定的。作为专门为 .NET 设计的语言,C#不但结合了C++的强大灵活性和Java语言的简洁特性,还吸取了Delphi和VB所具有的易用性。因此,C#是一种使用简单、功能强大、表达力丰富的语言。

C#语言在使用时应该注意以下两点。
(1) C#语言区分大小写。
(2) 每个语句由";"结束。

4.2 "加法器"案例

【案例说明】

本案例制作一个加法器实现两个数的加运算,如图 4.1 所示。

图 4.1 加法器界面

4.2.1 操作步骤

1) 创建解决方案

(1) 选择【开始】|【所有程序】|【Microsoft Visual Studio 2010】命令,启动 Visual Studio 2010,在起始页中选择【文件】|【新建网站】命令。

(2) 在随后弹出的【新建网站】对话框中的模板列表框内选择【ASP .NET 空网站】选项,编程语言采用 Visual C#,以文件系统方式保存在本机的"H:\Website\aspnet"目录下,然后单击【确定】按钮开始创建网站。

(3) 右击【解决方案资源管理器】中的网站名(此例中为 D:\WebSite\aspnet \),选择【添加新项】命令,在弹出的【添加新项】窗口中选择"Web 窗体"后,保持网页名称为"Default.aspx"不变,单击【添加】按钮。

2) 界面设计

(1) 单击【设计】按钮 切换到 Default2.aspx 设计视图。

(2) 从工具箱中拖动标签控件(或双击标签控件) A Label 到中心工作区,重复拖动3个标签控件。

(3) 从工具箱中拖动文本框控件(或双击文本框控件) TextBox 到中心工作区,重复拖动3个文本框控件。

(4) 从工具箱中拖动按钮控件(或双击按钮控件) Button 到中心工作区。

(5) 各个控件布局如图 4.2 所示。

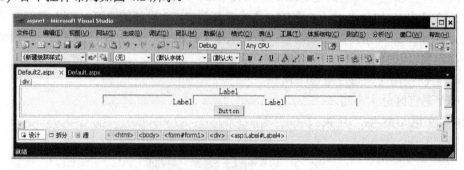

图 4.2 网页布局

3) 控件属性的设置

单击中心工作区中的第一个标签控件 Label，在右下角的【属性】窗口找到 ID 属性，将属性值"Label1"修改为"lblheader"，找到 Text 属性，输入"加法器"，其余控件属性设置见表 4-1。

表 4-1 控件属性设置

属性＼控件	Label	Textbox	Label	Textbox	Label	Textbox	Button
ID	lblheader	TxtAdd1	lbladd	TxtAdd2	txtequel	TxtResult	btnadd
Text	加法器	空	+	空	=	空	计算

显示效果如图 4.3 所示。

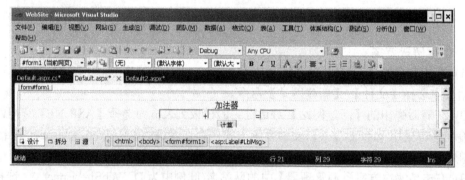

图 4.3 Default.aspx 页设计效果

4) 编写代码

(1) 双击【计算】按钮，进入代码页"Default.aspx.cs"，在"protected void btnTest_Click (object sender, EventArgs e)"下的一对花括号{ }之间输入如下代码。

```
float add1, add2, result;
    try
    {
        add1 = float.Parse(TxtAdd1.Text);
        add2 = float.Parse(TxtAdd2.Text);
        result = add1 + add2;
```

```
            TxtResult.Text = result.ToString();
        }
        catch
        {
            TxtResult.Text = "输入了非法数值";
        }
```

代码页"Default.aspx.cs"如图 4.4 所示。

图 4.4 代码页"Default.aspx.cs"

(2) 单击工具栏中的【运行】按钮▶在本机启动应用程序,如图 4.5 所示。

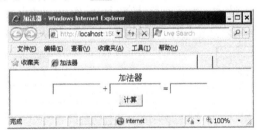

图 4.5 加法器运行结果

4.2.2 本节知识点

1. 常量与变量

1) 常量

常量就是值固定不变的量。例如,圆周率就是一个不变的常量。在程序的整个执行过程中其值一直保持不变,常量的声明就是声明它的名称和值。

声明格式如下。

```
const 数据类型 常量表达式;
```

例如,声明圆周率如下。

```
const float pi=3.1415927f;
```

声明后每次使用都可以直接引用 pi,可避免数字冗长出错。

2) 变量

程序要对数据进行读写等运算操作,当需要保存特定的值或计算结果时,就需要用到变量。变量是存储信息的基本单元,变量中可以存储各种类型的信息。当需要访问变量中的信息时,只需要访问变量的名称。

C#语言的变量命名规则如下。

(1) 变量名只能由字母、数字和下划线组成,而不能包含空格、标点符号、运算符等其他符号。

(2) 变量名不能与 C#中的关键字名称相同。

符合以上要求的变量名就可以使用,但还要提出以下建议。

(1) 变量名最好以小写字母开头。

(2) 变量名应具有描述性质。

(3) 在包含多个单词的变量名中,从第二个单词开始,每个单词都采取首字母大写的形式。

变量的使用原则:先声明,后使用。

变量声明的方法如下。

```
数据类型 变量名;
```

例如,需要声明一个变量用来保存学生的年龄,可以声明一个 int 类型的变量,格式如下。

```
int age;
```

2. 数据类型

数据类型定义了数据的性质、表示、存储空间和结构。C#数据类型可以分为值类型和引用类型:值类型用来存储实际值,引用类型用来存储对实际数值的引用。C#数据类型如图 4.6 所示。

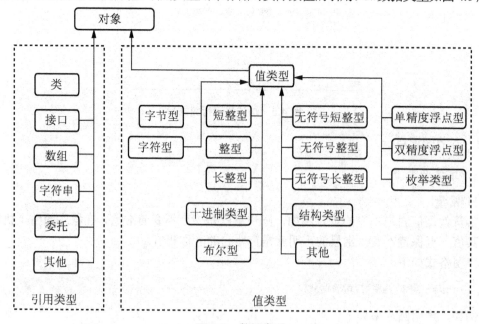

图 4.6 数据类型

引用类型包括类(class)、接口(interface)、数组(array)和字符串(string)。
本节重点介绍值类型，C#中常用的数值类型见表4-2。

表4-2 数值类型

类 型	描 述	取 值 范 围
bool	布尔型	True 或 False
sbyte	有符号整数	−128～127
short		−32 768～32 767
int		−2 147 483 648～2 147 483 647
long		−9 223 372 036 854 775 808～−9 223 372 036 854 775 807
float	单精度浮点型	$1.5*10^{-45}$～$3.4*10^{38}$
double	双精度浮点型	$5.0*10^{-324}$～$1.7*10^{308}$
char	字符型	0～65 535
decimal	十进制类型	约 $1.0*10^{-28}$ 到 $7.9*10^{28}$
byte	无符号整数	0～255
ushort		0～65 535
uint		0～4 294 967 295
ulong		0～18 446 744 073 709 551 615

3. 常用的运算符及优先级

C#语言中的表达式类似于数学中的运算表达式，由一系列的运算符和操作数构成。常用的运算符如加号(+)用于加法；减号(-)用于减法；当一个表达式有多个运算符时编译器就会按照默认的优先级别控制求值的顺序，表4-3列出了常用运算符及优先级。

表4-3 常用运算符及从高到低的优先顺序

运算符类型	运 算 符
初级运算符	x.y, f(x), a[x], x++, x--, new, typeof, checked, unchecked
一元运算符	!, ~, ++, --, (T)x
乘法、除法、取模运算符	*, /, %
增量运算符	+, -
移位运算符	<<, >>
关系运算符	<, >, <=, >=, is, as
等式运算符	==, !=
逻辑"与"运算符	&
逻辑"异或"运算符	^
逻辑"或"运算符	|
条件"与"运算符	&&
条件"或"运算符	||
条件运算符	?:
赋值运算符	=, *=, /=, %=, +=, -=, <<=, >>=, &=, ^=, |=

4. 异常处理

程序运行时出现的错误有两种：可预料的和不可预料的。对于可预料的错误，可以通过各种逻辑判断进行处理；对于不可预料的错误必须进行异常处理。C#语言的异常处理功能提供了处理程序运行时出现的任何意外情况，异常处理使用 try、catch 和 finally 关键字处理可能未成功的操作，处理失败并在事后清理资源。C#代码中处理可能的错误情况，一般要把程序的相关部分分成以下 3 种不同类型的代码块。

(1) try 块包含的代码组成了程序的正常操作部分，但可能遇到某些严重的错误情况。
(2) catch 块包含的代码处理各种错误情况，这些错误是 try 块中的代码执行时遇到的。
(3) finally 块包含的代码清理资源或执行要在 try 块或 catch 块末尾执行的其他操作。

异常处理语法如下。

```
try
{
    //可能出现异常错误的代码块
}
catch
{
    //错误捕捉处理
}
Finally
{
    //负责清理资源
}
```

4.3 "身份证号码识别器"案例

【案例说明】

本案例建立一个"身份证号码识别器"，依据以下规则对身份证号码进行验证，如图 4.7 所示。

(1) 号码长度 18 位。
(2) 18 位全是数字。
(3) 第 7~10 位是出生的年。
(4) 倒数第 2 位号码,奇数为男性，偶数为女性。

图 4.7 身份证号码识别器界面

4.3.1 操作步骤

1) 创建解决方案

(1) 选择【开始】|【所有程序】|【Microsoft Visual Studio 2010】命令，启动 Visual Studio 2010，

在起始页中选择【文件】|【新建网站】命令。

(2) 在随后弹出的【新建网站】对话框中的模板列表框内选择【ASP .NET 空网站】选项，编程语言采用 Visual C#，以文件系统方式保存在本机的 "D:\ aspnet" 目录下，然后单击【确定】按钮开始建立网站。

(3) 右击【解决方案资源管理器】中的网站名(此例中为 D:\ aspnet)，选择【添加新项】命令，在弹出的【添加新项】对话框中选择"Web 窗体"后，修改网页名称为"Default2.aspx"，单击【添加】按钮。

2) 界面设计

(1) 单击【设计】按钮 切换到设计视图。

(2) 从左侧的工具箱中拖动两个 Label 控件，一个 TextBox 控件和一个 Button 控件到中心工作区，布局如图 4.8 所示。

图 4.8　网页控件布局

3) 控件属性的设置

单击中心工作区中的第一个标签控件 Label，在右下角的【属性】窗口找到 ID 属性，将属性值"Label1"修改为"Lblheader"，找到 Text 属性，输入"身份证号码识别器"，其余控件的设置方法类似，全部属性设置见表 4-4。

表 4-4　控件属性设置

控件 属性	Label	TextBox	Button	Label
ID	LblHeader	TxtCard	BtnConfirm	LblMessage
Text	身份证号码识别器	空	提交	空

显示效果如图 4.9 所示。

图 4.9　Default2.aspx 页设计效果

4) 编写代码

双击【提交】按钮，进入代码页"Default2.aspx.cs"，在"protected void btnconfirm_Click (object sender, EventArgs e)"下的一对花括号{ }之间输入如下代码。

```csharp
//判断是否为18位
if (TxtCard.Text.Length != 18)
  {
      LblMessage.Text = "您应输入18位的号码;";
  }
  //判断是否含有非法字符
  System.Text.ASCIIEncoding ascii = new System.Text.ASCIIEncoding();
  byte[] bytestr = ascii.GetBytes(TxtCard.Text);
  foreach (byte c in bytestr)
  {
    if (c < 48 || c > 57)
      {
        LblMessage.Text = LblMessage.Text +"含有非法字符";
        return;
      }
  }

    string year;
    year = TxtCard.Text.Substring(6, 4);
    LblMessage.Text = "您生于" + year + "年";
    // 判断性别
    if (bytestr[16] % 2 == 1)
      {
        LblMessage.Text = LblMessage.Text + ",您的性别男";
      }
      else
      {
        LblMessage.Text = LblMessage.Text + ",您的性别女";
      }
```

5) 浏览网页

浏览网页，分别输入以下数据进行验证。

12051211979030768188、120512119790307681、1205121197903076a18、1205121197903076828

4.3.2 本节知识点

1. 条件语句

当程序中需要进行两个或两个以上的选择时，可以根据条件来判断选择要执行哪一组语句。C#中提供了 if 和 switch 语句。

1) if 语句

当在条件成立时执行指定的语句，不成立时执行另外的语句。

if…else…语句的语法如下。

```
if (布尔表达式)
{
执行操作的语句;
}
```

或

```
if (布尔表达式)
{
执行操作的语句;
}
else
{
执行操作的语句;
}
```

2) switch 语句

if 语句每次只能判断两个分支,如果要实现多种选择就可以使用 switch 语句。
switch 语句的语法如下。

```
switch(控制表达式)
{
    case    常量表达式1:语句组1;
[break;]
    case    常量表达式2:语句组2;
[break;]
    …
    case    常量表达式n:语句组n;
[break;]
    [default:语句组 n+1;[break;]]
}
```

2. 循环语句

许多复杂问题往往需要做大量的重复处理,因此循环结构是程序设计的基本结构。C# 提供了 4 种循环语句分别适用于不同的情况。

1) while 循环

while 循环的语法格式如下。

```
while (条件)
{
    需要循环执行的语句;
}
```

2) do…while 循环

do…while 循环的语法结构如下。

```
do
{
```

```
    需要循环执行的语句;
}
while (条件);
```

do…while 循环与 while 循环的区别在于前者先执行后判断,后者先判断后执行。

3) for 循环

for 循环必须具备以下条件。

(1) 条件一般需要进行一定的初始化操作。
(2) 有效的循环要能够在适当的时候结束。
(3) 在循环体中要能够改变循环条件的成立因素。

for 循环的语法格式如下。

```
for (条件初始化;循环条件;条件改变)
{
需要循环执行的语句;
}
```

例如,将 1 到 100 的整数累加,用 for 循环如下。

```
int sum =0;
for(int i =1; i < 100; i++ )
{
    sum += i ;
}
```

4) foreach 循环

foreach 语句用于循环访问集合中的每一项以获取所需的信息,但不应用于改变集合内容。例如,输出数组的每一项,用 foreach 循环如下。

```
string [] arr =new string[]{"one","two","three"}
foreach (string s in arr)
{
   Response.Write(s+"<br>");
}
```

得到的结果如下。

```
one
two
three
```

3. 怎样理解类和命名空间

1) 类

类就是具有相同或相似性质的对象的抽象。对象的抽象是类,类的具体化就是对象,也可以说类的实例就是对象。

以下给出了一个类定义的实例,这个实例定义了 Student 类,其中有两个属性 age、name,还有两个对应字段 age 和 name。

```csharp
public class Student
{
    private int age;
    private string name;

    public int Age
    {
        get { return age; }
        set { age = value; }
    }

    public string Name
    {
        get { return name; }
        set { name = value; }
    }

    public Student(int age, string name)
    {
        this.age = age;
        this.name = name;
    }

    public Student(Student student)
    {
        this.age = student.age;
        this.name = student.name;
    }
}
```

2) 命名空间

C#中的类是利用命名空间组织起来的。与文件或组件不同,命名空间是一种逻辑组合,而不是物理组合,从逻辑上组织类的方式,防止命名冲突。using 语句必须放在 C#文件的开头。

(1) 命名空间声明。namespace 关键字用于声明一个命名空间。此命名空间范围允许组织代码,并提供了创建全局唯一类型的方法。namespace 的语法格式如下。

```
namespace name
{
类型定义;
}
```

在命名空间中,可以声明类、接口、结构、枚举、委托。

(2) 命名空间的使用。在 C#中通过 using 指令来导入其他命名空间和类型的名称。

using 语句的语法如下。

```
using 指令;
```

例如，一个使用命名空间的实例如下。

```
using System.Data;
```

4.4 常见的几个类及函数

4.4.1 常用类

(1) System.math( )：在 C#中用到数学函数时会应用到该类。
(2) System.IO：对文件操作，包括文件的创建、删除、读写、更新等应用到该类。
(3) System.Data：ADO .NET 的基本类。
(4) System.Data.SqlClient：为 SQL Server 7.0 或更新版本的 SQL Server 数据库设计的数据存取类。
(5) System.Data.OleDb：为 OLE DB 数据源或 SQL Server 6.5 或更早版本数据库设计的数据存取类。
(6) System.Drawing：绘制图形时，需要使用的是 System.Drawing 名称空间下的类。

4.4.2 常用属性和方法

(1) DateTime 结构。例如：

```
System.DateTime currentTime=new System.DateTime();
```

取当前年月日时分秒：currentTime=System.DateTime.Now；
取当前年：int year=currentTime.Year；
取当前月：int month=currentTime.Month；
取当前日：int day=currentTime.Day；
取当前时：int hour=currentTime.Hour；
取当前分：int minute=currentTime.Minute；
取当前秒：int second=currentTime.Second；
取当前毫秒：int milisecong=currentTime.Millisecond；
取中文日期显示：年月日时分。

```
string strY=currentTime.ToString("f"); //不显示秒
```

取中文日期显示：年月。

```
string strYM=currentTime.ToString("y");
```

取中文日期显示：月日。

```
string strMD=currentTime.ToString("m");
```

取当前年月日,如 2012-10-22。

```
string strYMD=currentTime.ToString("d");
```

取当前时分,格式:14:24。

```
string strT=currentTime.ToString("t");
```

(2) Int32.Parse(变量) Int32.Parse("常量"):字符型转换,转为 32 位数字型。
(3) 变量.ToString( ):字符型转换为字符串。

例如:

```
12345.ToString("n");      //生成 12 345.00
12345.ToString("C");      //生成 ¥12 345.00
12345.ToString("e");      //生成 1.234 500e+004
12345.ToString("f4");     //生成 12 345.000 0
12345.ToString("x");      //生成 3 039(16 进制)
12345.ToString("p");      //生成 1 234 500.00%
```

(4) 变量.Length :求变量的长度,返回值为数字型。

例如:

```
string str="中国";
int Len = str.Length ;    //Len 是自定义变量,str 是求测的字串的变量名
```

(5) System.Text.Encoding.Default.GetBytes(变量):字码转换,转为比特码。

例如:

```
byte[] bytStr = System.Text.Encoding.Default.GetBytes(str);
```

然后可得到比特长度如下。

```
len = bytStr.Length;
```

(6) System.Text.StringBuilder(""):字符串相加。

例如:

```
System.Text.StringBuilder sb = new System.Text.StringBuilder("");
sb.Append("中华");
sb.Append("人民");
sb.Append("共和国");
```

此时 sb 的值为"中华人民共和国"。

(7) 变量.Substring(参数 1,参数 2):截取字串的一部分,参数 1 为左起始位数,参数 2 为截取几位。

例如:

```
string s1 = str.Substring(0,2);
```

(8) (char)变量:把数字转为字符,查代码代表的字符。

例如：

```
Response.Write((char)22269);//返回"国"字。
```

(9) Trim( )：清除字串前后空格。

(10) 字串变量.Replace("子字串","替换为")：字串替换。

例如：

```
string str="中国";
str=str.Replace("国","央");    //将国字换为央字
Response.Write(str);           //输出结果为"中央"
```

(11) Math.Max(i,j)：取 i 与 j 中的较大值。

例如：

```
int x=Math.Max(5,10);          //x 将取值 10
```

本 章 小 结

熟练掌握 C#语言是高效利用 ASP.NET 开发强大的动态网站的基础。本章通过"加法器"案例介绍了 C#语言的基本语法结构，变量的声明、数据类型定义方法，数据类型的转换函数和对程序异常的处理。通过"身份证号码识别器"案例，介绍了变量的声明、数据类型的定义方法和一些常见的判断语句的结构。

习   题

1. 填空题

(1) 如果 int xs 的初始值为 1，则执行表达式 x+=1 后，x 的值为_____。

(2) 存储 int 型的变量应当用关键字_____来声明。

(3) 布尔型的变量可以赋值为关键字_____或_____。

(4) 一般来说，_____语句用于计数控制循环，_____语句用于定点控制循环。

2. 选择题

(1) 在 C#中无需编写任何代码就能将 int 型数值转换为 double 型数值，称为(   )。
    A. 显示转换   B. 隐式转换   C. 数据类型变换   D. 变换

(2) 如果左操作数大于右操作数，(   )运算符返回 False。
    A. =   B. <   C. <=   D. 以上都是

(3) 在 C#中，(   )表示为""。
    A. 空字符   B. 空串   C. 空值   D. 以上都不是

3. 判断题

(1) 使用变量前必须声明其数据类型。   (   )

(2) 算术运算符*、/、%、+、-处于同一优先级。 ( )
(3) 每组 switch 语句中必须有 break 语句。 ( )

4. 简答题

(1) 计算下列表达式的值，并在 Visual Studio 2010 中进行验证。

    A. 5+3*4   B.(4+5)*3   C. 7%4

(2) 下列代码运行后，scoreInteger 的值是多少？

```
int scoreInteger;
double scoreDouble=6.66;
scoreInteger=(int) scoreDouble;
```

(3) 指出下列程序段的错误并改正。

```
i = 1;
while (i <= 10 );
i++;
}
```

5. 操作题

(1) 求 1~50 之间的所有奇数和，使用 for 语句。
(2) 求出当前日期后第 20 天的日期。
(3) 利用 replace( )函数将字符串 abcd'c--ef 中的 ' 替换为 "，- 替换为 a。

第 5 章　网页标准控件的使用

教学目标：通过本章的学习，使学生掌握常用服务器标准控件的属性及使用方法。

教学要求：

知识要点	能力要求	关联知识
文本框控件	(1) 掌握 TextBox 控件的常用属性及用法 (2) 了解 TextBox 控件的各种属性	HTML 中的 \<input type="text"\>标记 \<input type="password"\>标记 \<textarea\>标记
按钮控件	(1) 掌握 Button 控件的常用属性及用法 (2) 了解 ImageButton 控件和 LinkButton 控件	HTML 中的 \<input type="submit"\>标记
显示控件	(1) 掌握 Label 控件的常用属性及用法 (2) 了解 Image 控件	HTML 中的 \<label\>标记、\<img\>标记
选择与列表控件	(1) 掌握 RadioButton 控件和 RadioButtonList 控件的常用属性及用法 (2) 掌握 CheckBox 控件和 CheckBoxList 控件的常用属性及用法 (3) 掌握 ListBox 控件和 DropDownList 控件的常用属性及用法	HTML 中的 \<input type="radiobutton"\>标记 \<input type="checkbox"\>标记
文件上传控件	掌握 FileUpload 控件的常用属性及用法	HTML 中的\<input type="file"\>标记
容器控件	(1) 掌握 Panel 控件的常用属性及用法 (2) 了解 PlaceHolder 控件	容器控件中动态放入其他控件

重点难点：

- Label 控件
- RadioButton 控件和 RadioButtonList 控件
- CheckBox 控件和 CheckBoxList 控件
- ListBox 控件和 DropDownList 控件
- FileUpload 控件

【引例】

控件就像手中的积木，可以高效地堆积出理想的功能模型。ASP .NET 中就已经设计好了很多类似积木的控件，根据需要直接拖放到网页中进行简单配置即可。为了便于使用，根据功能把控件分成了若干类，把其中最通用的一部分组成了一类，称为标准控件。

使用控件制作网页很方便，也很直观。就像要修一座桥梁，从前要利用砖、水泥、钢筋等建材一点点地架起来，效率非常低，技术难度也大。现在开发出一种新方法，直接提供了缆索、塔柱、桥墩、桥台、主梁和辅助墩等半成品，再建的时候就很方便了。

如果把动态网站看做桥梁，那么控件就相当于这些半成品。

5.1 ASP .NET 控件类型与结构

Web 服务器端控件、HTML 控件和用户自定义控件是 ASP .NET 所支持的 3 种控件。Web 服务器端控件是 ASP .NET 的首选控件，包括标准控件和验证控件，验证控件将在第 6 章讲述，本章的重点是常用 Web 服务器端标准控件。

5.1.1 服务器端控件概述

Web 服务器端控件是 ASP .NET 的重要组成部分。服务器端控件包含方法以及与之关联的事件处理程序，并且这些程序代码都在服务器端执行。Visual Studio 2005 提供了可视化的编程环境，开发人员可以利用这些控件方便地创建动态网页。

Web 服务器端控件首先在服务器端执行，执行的结果以 HTML 的形式发送给客户端浏览器进行解析，这样在使用 ASP .NET 编写服务器端程序时，不必考虑客户端浏览器的兼容性问题。

5.1.2 ASP .NET 控件类型与结构

Web 服务器端标准控件类型有很多，常用的标准控件类型见表 5-1。

表 5-1 常用 Web 服务器端标准控件

控 件 名 称	控 件 功 能
TextBox	生成单行、多行文本框和密码框
Button	生成按钮
Label	显示普通文本
RadioButton	生成单选按钮
RadioButtonList	支持数据链接的方式建立单选按钮列表
CheckBox	生成复选框
CheckBoxList	支持数据链接的方式建立复选框列表
ListBox	生成下拉列表，支持多选
DropDownList	生成下拉列表，只支持单选
FileUpload	上传文件
Panel	容器控件，存放控件并控制其显示或隐藏
PlaceHolder	容器控件，动态存放控件

服务器端控件从工具箱拖放到工作区后，在源代码视图模式会自动生成相应的代码。控件虽可以直接使用，但是只有了解了代码的含义，才能更好地利用控件。代码在书写时有一定的结构要求，格式如下：

```
<asp:Control ID="name" runat="server"></asp:Control>
```

或者写为

```
<asp:Control id="name" runat="server" />
```

代码需要写在一对花括号内，前缀 asp 为必加项，Control 表示控件的类型；ID 为该控件的属性，是控件的唯一标识，即编程时使用的名字；runat 是固有属性，其值为固定值

"server",表示这是一个服务器端控件。根据实际情况,还可以有更多的属性,可以在【属性】窗口设置或在源代码中直接添加。

以 Label 控件为例,将视图切换到拆分视图,通过工具箱把 A Label 图标拖动到工作区,在【属性】窗口把其 ID 属性值改为"lblHello",Text 属性值改为"您好!",如图 5.1 所示。

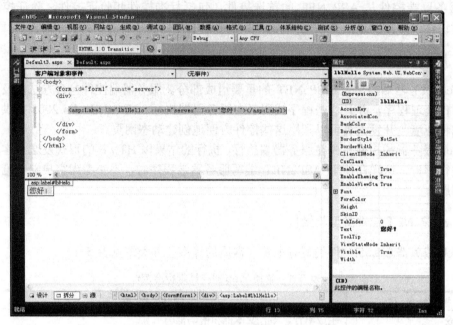

图 5.1 Label 控件实例

Label 控件对应的代码如下。

```
<asp:Label ID="lblHello" runat="server" Text="您好! "></asp:Label>
```

可以看出,该控件为服务器端控件,控件类型为 Label 控件,控件的 ID 属性值为在【属性】窗口中设置的"lblHello",runat 属性值为"server",Text 属性值为所设置的"您好!",是控件上显示的文本信息。

测试页面,选择【查看】|【源文件】命令,可以看到源文件如图 5.2 所示,完全是 HTML 格式的代码,表明服务器端控件是在服务器端执行完成后以 HTML 的形式传送给客户端浏览器的。

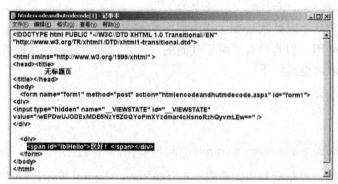

图 5.2 源文件

5.2 "学生基本信息登记表"案例

【案例说明】

"学生基本信息登记表"案例使用几种常用的标准控件完成,用户在登记表中可以输入信息,最后提交信息,效果如图 5.3 所示。

图 5.3 学生基本信息登记表界面

5.2.1 操作步骤

1. 创建 Web 窗体文件

(1) 打开或新建 ASP .NET 站点,在站点中新建一个 images 文件夹,将素材图片 logo.jpg 存入该文件夹。

(2) 在站点中为项目添加 Web 窗体,将窗体文件命名为"example-5.aspx"。

2. 页面的界面设计

1) 使用表格搭建页面框架

将光标定位到 DIV 块中,选择【表】|【插入表】命令,设置表格的行数为 14,列数为 3,对齐方式为"居中",百分比为 50,如图 5.4 所示。

选中第一行的 3 个单元格,右击,在弹出的快捷菜单中选择【修改】|【合并单元格】命令,同样的方法对第二行进行单元格的合并,如图 5.5 所示。

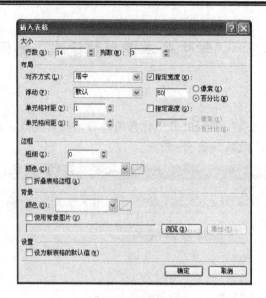

图 5.4 插入表格

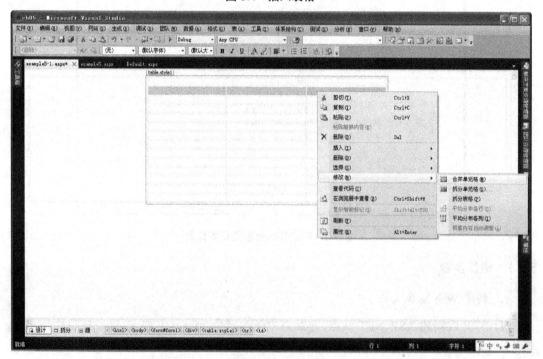

图 5.5 合并单元格

2) 界面设计

(1) 从工具箱中拖动 Image 控件 Image 到第一个单元格中，将该控件的 ImageUrl 属性制定为站点 images 文件夹中的 logo.jpg；在工具箱中拖动 A HyperLink 到第二个单元格中，将该控件的 NavigateUrl 属性值设置为"#"，Text 属性值设置为"返回"，如图 5.6 所示。

图 5.6　在表格中添加 Image 控件和 HyperLink 控件

(2) 在左侧单元格中将文本信息输入；从工具箱中分别拖动 Textbox 控件 TextBox 到"学号"、"姓名"、"电话"、"家庭住址"和"备注"对应的单元格中，设置"家庭住址"和"备注"所对应的 Textbox 控件的 TextMode 属性值为"MultiLine"，Rows 属性值分别为"3"和"4"，如图 5.7 所示。

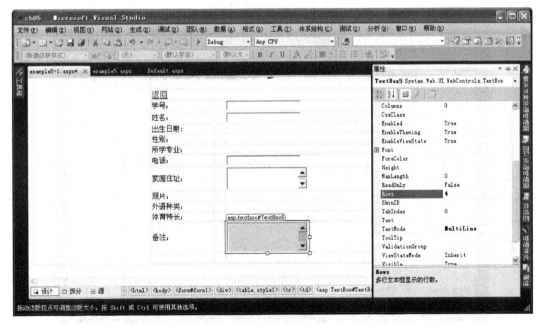

图 5.7　在表格中添加 Textbox 控件

(3) 在出生日期对应的单元格中插入 3 个 DropDownList 控件 DropDownList 和"年"、

"月"、"日"三个字,在所学专业对应的单元格中插入一个 DropDownList 控件,如图 5.8 所示。

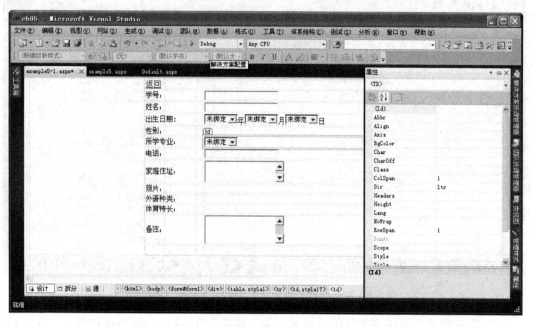

图 5.8 在表格中添加 DropDownList 控件

(4) 单击出生日期对应单元格中的第一个 DropDownList 控件的按钮,在弹出的快捷菜单中选择【编辑项】命令,在弹出的对话框中单击【添加】按钮,在右侧的 Text 属性中输入年份,用同样的方法添加多个年份,如图 5.9 所示。

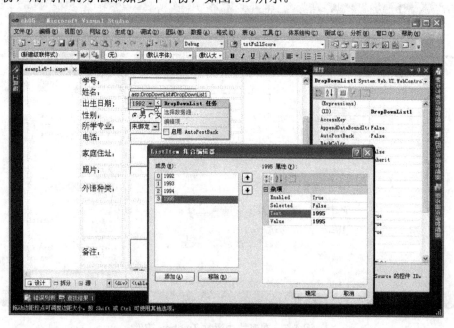

图 5.9 在 DropDownList 控件中添加选项

同理,在"月"、"日"对应的 DropDownList 控件中输入月份和日期,在"所学专业"

对应的 DropDownList 控件中，添加"计算机应用"等几个专业，如图 5.10 所示。

图 5.10　在 DropDownList 控件中添加选项后

（5）在"性别"对应的单元格中，插入两个 RadioButton 控件，两者的 GroupName 属性值都设置为"sex"，以确保两者在同一组内为互斥按钮。Text 属性值分别设置为"男"和"女"；在"外语种类"对应的单元格中插入一个 RadioButtonList 控件，在快捷菜单中选择【编辑项】命令，在【ListItem 集合编辑器】对话框中添加数据项，最后将该控件的 AutoPostBack 属性值设置为"True"，将其 RepeatColumns 属性设置为"2"，表明每行有两个数据，如图 5.11 所示。

图 5.11　在表格中添加 RadioButtonList 控件

(6) 在"体育特长"对应的单元格中插入 CheckBoxList 控件,参考实例输入相应的数据项。将其 RepeatColumns 属性值设置为"3", RepeatDirection 属性值设置为"Horizontal",如图 5.12 所示。

图 5.12 在表格中添加 CheckBoxList 控件

(7) 在"照片"对应的单元格中插入一个 FileUpload 控件 FileUpload；在表格的最右下方单元格中插入两个 Button 控件 Button,分别设置其 Text 属性值为"提交"和"重置",如图 5.13 所示。

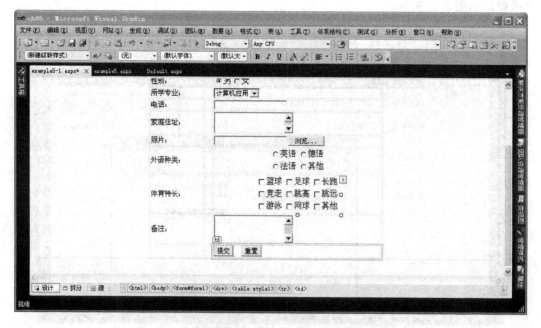

图 5.13 在表格中添加 FileUpload 控件和 Button 控件

3) CSS 样式设置

(1) 选择【视图】|【管理样式】命令，打开管理样式面板，右击面板中的 style1，选择【修改样式】命令，如图 5.14 所示。

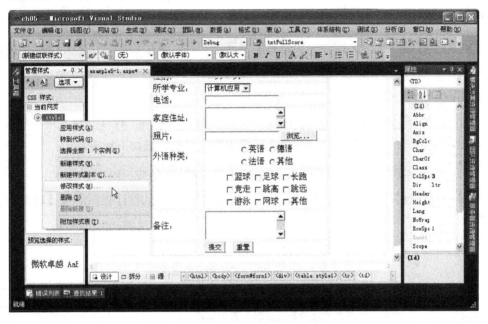

图 5.14 选择修改样式

(2) 在【修改样式】对话框中将 font-family 设置为"楷体_GB2312"，font-size 设置为 14，单击【确定】按钮，如图 5.15 所示。

图 5.15 修改 style1 样式

3. 测试页面

保存文件,使用快捷键 F5 测试页面,结果如图 5.3 所示。

5.2.2 本节知识点

工具箱"标准"组中的控件一般都是服务器端控件,下面将对常用的几个标准控件进行介绍。

1. TextBox 控件

TextBox 控件在工具箱中的图标为 abl TextBox,将其拖放到工作区会显示一个文本框,用户可以在文本框中输入文本。如果切换到源视图会自动生成如下标签。

```
<asp:TextBox ID="TextBox1" runat="server"></asp:TextBox>
```

更多的属性设置,如宽度、默认显示文本等,可以切换到设计视图通过【属性】窗口进行设置。

TextBox 控件的常用属性见表 5-2。

表 5-2 TextBox 控件的常用属性

属 性	功 能
Columns	设置或得到文本框的宽度,以字符为单位
MaxLength	设置或得到文本框中可以输入的最多字符个数
Rows	设置或得到文本框中可以输入的字符的行数,当 TextMode 设置为 MultiLine 时有效
Text	设置或得到文本框中的内容
TextMode	设置或得到文本框的输入类型
Wrap	设置或得到一个值,当该值为"True"时,文本框中的内容自动换行;当该值为"False"时,文本框中的内容不自动换行;当 TextMode 设置为 MultiLine 时该属性有效

下面的例子通过对 TextBox 控件属性进行设置,制作了一个接收用户姓名、密码和地址功能的网页,程序运行效果如图 5.16 所示。

图 5.16 TextBox 控件实例

本例中,使用了 3 个 TextBox 控件,其 ID 属性值分别设置为"txtName"、"txtPassword"、txtAddress,第一个控件使用了 Text 属性值为"请输入您的姓名!",设置在文本框中显示的内容;第二个控件的 MaxLength 属性值为"6",确保密码输入的长度不能超过 6,TextMode 属性值设置为"password",使输入的字符都会以"●"显示;第三个控件先把 TextMode 属性值设置为"MultiLine",再把 Rows 属性值设置为"3",表明该文本框为 3 行的文本框。

程序中如需获取用户在文本框中填写的值，可以使用"文本框控件名.Text"的方式调用，如上例中获取用户输入的姓名并赋值给新变量 strName，可以写为

```
string strName=txtName.Text;
```

2. 三种按钮控件

Button 控件、ImageButton 控件、LinkButton 控件在工具箱中的图标分别为 ⓐⓑ Button、🖼 ImageButton 和 ⓐⓑ LinkButton，其中 ImageButton 控件需要在【属性】窗口设置 ImageUrl 属性值为图片存放的路径，才会生成相应的图形按钮。

三种控件在源视图模式中对应的标签如下。

```
<asp:Button ID="Button1" runat="server" Text="Button" />
<asp:ImageButton ID="ImageButton1" runat="server" />
<asp:LinkButton ID="LinkButton1" runat="server">LinkButton</asp:LinkButton>
```

按钮控件均可以把页面上的输入信息提交给服务器，对其发生 Click(单击)事件，激活服务器脚本中对应的事件过程代码。

下面的例子中，页面上有一个 Button 控件和一个 TextBox 控件，当单击按钮时，会在文本框中显示"您单击了提交按钮!"，程序运行效果如图 5.17 所示。

图 5.17 Button 控件实例

这里把 Button 控件的 ID 属性值设为"btnButton"，Text 属性值设为"提交"，TextBox 控件用来显示按钮控件单击后产生的结果，其 ID 属性值设为"txtInfo"。

双击 Button 控件，进入代码编辑模式，在 btnButton_Click 事件过程中输入"txtInfo.Text = "您单击了提交按钮！""语句，如下所示。

```
protected void btnButton_Click(object sender, EventArgs e)
{
    txtInfo.Text = "您单击了提交按钮！";
}
```

回到源视图模式，Button 控件的标签已经变为以下内容。

```
<asp:Button ID="btnButton" runat="server" Text="提交" OnClick="btnButton_Click" />
```

OnClick 为 Button 控件的一个属性，属性值为"btnButton_Click"，表明当 Button 控件发生 Click 事件时，激活了 btnButton_Click 事件过程脚本，该过程通过"txtInfo.Text = "您单击了提交按钮！""语句，向 TextBox 控件中写入"您单击了提交按钮!"。

3. 显示控件

Label 控件用于在页面上显示文本，Image 控件用于在页面上显示图像，在工具箱中对应的图标为 **A** Label 和 Image，使用 Image 控件的 ImageUrl 属性设置图形文件的 URL 地址，设置完成后对应的图标才会显示相应的图形。

下面的例子中，页面中包括 Label 控件和 Image 控件，如图 5.18 所示。

图 5.18 显示控件实例

其中，Label 控件的 Text 属性值设置为"您好"。Image 控件使用 ImageUrl 属性设置所使用的图形文件，为了方便管理站点中的图形文件，在站点中新建一个名字叫做"images"的文件夹，用来存放站点中用到的图形。单击 Image 控件【属性】窗口中的【ImageUrl 属性】按钮后，弹出如图 5.19 所示的对话框，单击【项目文件夹】中的 images 文件夹，其中的图形文件会在右侧显示，在右侧选择需要的图形文件。

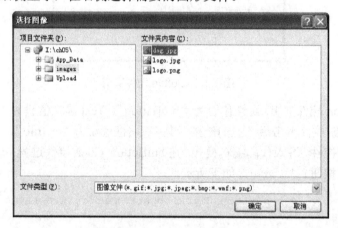

图 5.19 选择图像

4. 选择与列表控件

1) RadioButton 控件和 RadioButtonList 控件

使用 RadioButton 控件可以生成一组单选按钮。RadioButton 控件在工具箱中对应的图标为 RadioButton。拖放多个 RadioButton 控件构成一组单选按钮，为确保用户选择时只能选中其中的一项，须将这些单选按钮的 GroupName 属性设置为相同的值。Text 属性用于设置按钮上显示的文本信息。如果将组中某个控件的 Checked 属性值设置为 True，则此项为默认选中项。也可以通过 Checked 属性判断单选按钮是否被选中，值为 True，表明按钮被选中，值为 False，表明按钮没有被选中。

下面的例子中，使用 RadioButton 控件生成了一组单选按钮，默认选中项为"女"，当单击【提交】按钮后，页面显示效果如图 5.20 所示。

图 5.20　RadioButton 控件实例

本例中使用了两个 RadioButton 控件，一个用于提交信息的 Button 控件，一个用于显示提交的结果的 Label 控件。

其中，两个 RadioButton 控件的 ID 属性值分别为"radMan"和"radWoman"，GroupName 属性值都设置为"sex"，Text 属性值分别设置为"男"和"女"，radMan 的 Checked 属性值设置为 True，表明此项为默认的选中项。

Button 控件的 ID 属性值设置为"btnSubmit"，Text 属性值设置为"提交"；Label 控件的 ID 属性值设置为"lblResult"，设置 Text 属性值为空。

双击【提交】按钮，进入代码编辑模式，在 btnSubmit_Click 事件过程中输入代码，如下所示。

```
protected void btnSubmit_Click(object sender, EventArgs e)
{
    string sex="";
    if (radMan.Checked==true)
        sex = "男生";
    if (radWoman.Checked == true)
        sex = "女生";
    lblResult.Text = "您是一名" + sex;
}
```

代码表示，当按钮控件发生 Click 事件时，激活 btnSubmit_Click 事件过程，在该过程中通过 if 语句对两个 RadioButton 控件的 Checked 属性值进行判断，如果其中的一个值为 True，表明该控件被选中，把对应的值("男生"或"女生")赋给变量 sex，最后通过"lblResult.Text = "您是一名" + sex;"语句给 Label 控件的 Text 属性赋值，在该控件的位置上显示相应的文本信息。

由于每一个 RadioButton 控件都是独立的控件，要判断一个组内是否有被选中的项，必须判断所有控件的 Checked 属性值，这样在程序判断上比较复杂，针对这种情况，ASP .NET 提供了 RadioButtonList 控件，该控件具有和 RadioButton 控件同样的功能，并且可以方便地管理各个数据项。

RadioButtonList 控件在工具箱中的图标为 RadioButtonList，拖放该图标到工作区显示 未绑定。在弹出菜单中选择【编辑项】命令，弹出【ListItem 集合编辑器】对话框，可以通过【添加】或【移除】按钮，为 RadioButtonList 控件添加或删除数据项，如图 5.21 所示。

图 5.21　为 RadioButtonList 控件添加数据项

完成数据项的添加，进入源视图，RadioButtonList 控件对应的代码如下所示。

```
<asp:RadioButtonList ID="radlistLanguage" runat="server">
    <asp:ListItem >英语</asp:ListItem>
    <asp:ListItem >俄语</asp:ListItem>
    <asp:ListItem >法语</asp:ListItem>
</asp:RadioButtonList>
```

RadioButtonList 控件中的数据项是通过 ListItem 控件来定义的。ListItem 控件表示 RadioButtonList 控件中的数据项，它不是一个独立存在的控件，必须依附在其他的控件下使用，如 RadioButtonList 控件以及后面要学习的 DropDownList 控件和 CheckBoxList 控件。

RadioButtonList 控件还具有 SelectedItem 对象，代表控件中被选中的数据项，可以通过该对象获取被选中项的相关属性值，在下面的例子中，当选中某一项并提交时，在下方显示相应的信息，如图 5.22 所示。

图 5.22　RadioButtonList 控件实例

本例中使用了 RadioButtonList 控件、Button 控件和 Label 控件，其 ID 属性值分别为"radlistLanguage"、"btnSubmit"和"lblResult"，双击 Button 控件进入代码编辑模式，在 btnSubmit_Click 事件过程中输入代码，如下所示。

```
protected void btnSubmit_Click(object sender, EventArgs e)
{
    lblResult.Text = "您选择了" + radlistLanguage.SelectedItem.Text;
}
```

"radlistLanguage.SelectedItem.Text"代表被选中项的 Text 属性值，与"您选择了"字符串连接，赋值给 Label 控件的 Text 属性。

RadioButtonList 控件除了上述的用法外，还支持动态数据绑定，也就是在代码编辑视图中为该控件添加数据项。对于上面的例子，从工具箱拖放 RadioButtonList 控件后，进入代码编辑视图，在 Page_Load 事件过程中输入如下代码，同样可以实现上例中的效果。

```
protected void Page_Load(object sender, EventArgs e)
    {
            If(Page.IsPostBack==false)
{
radlistLanguage.Items.Add("英语");
            radlistLanguage.Items.Add("俄语");
            radlistLanguage.Items.Add("法语");
}
    }
```

其中，Items 为 RadioButtonList 控件的对象，使用其 Add 方法可以向 RadioButtonList 控件中添加数据项。

2) CheckBox 控件和 CheckBoxList 控件

使用 CheckBox 控件可以生成一组复选框，在工具箱中的图标为 ☑ CheckBox，通过 Text 属性值来设置控件上显示的文本，选项被选中后，Checked 属性值变为 True。

下面的例子中，通过 CheckBox 控件生成一组复选框，当选择了其中的数据项提交后，在【提交】按钮下显示相关信息，如图 5.23 所示。

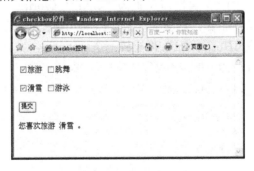

图 5.23 CheckBox 控件实例

页面中使用了 4 个 CheckBox 控件，ID 属性值分别为"chkFavorite1"、"chkFavorite2"、"chkFavorite3"和"chkFavorite4"；一个 Button 控件，ID 属性值为"btnSubmit"；一个 Label 控件，用于显示提交信息，ID 属性值设置为"lblResult"，删除 Text 属性。双击 Button 控

件进入代码编辑模式,在 btnSubmit_Click 事件过程中输入代码,如下所示。

```csharp
protected void btnSubmit_Click(object sender, EventArgs e)
    {
        string msg = "";
        if (chkFavorite1.Checked == true)
        {
            msg = msg + chkFavorite1.Text+" ";
        }
        if (chkFavorite2.Checked == true)
        {
            msg = msg + chkFavorite2.Text + " ";
        }
        if (chkFavorite3.Checked == true)
        {
            msg = msg + chkFavorite3.Text + " ";
        }
        if (chkFavorite4.Checked == true)
        {
            msg = msg + chkFavorite4.Text + " ";
        }
        lblResult.Text = "您喜欢" + msg + "。";
    }
```

程序中有 4 个 if 语句,对 4 个 CheckBox 控件的 Checked 属性值进行判断,如果为 True,即选项被选中,把选项的 Text 属性值赋值给 msg 变量。

虽然使用 CheckBox 控件可以生成一组复选框,但这种方式对于多个选项来说,在程序判断上也比较复杂,因此,CheckBox 控件一般用于数据项较少的复选框,而对于数据项较多的复选框,多使用 CheckBoxList 控件,可以方便地获得用户所选取数据项的值。

通过拖动工具箱中的 CheckBoxList 图标到工作区,对 CheckBoxList 控件添加数据项的方式与 RadioButtonList 控件相同,参考图 5.21,添加"旅游"、"跳舞"、"滑雪"和"游泳" 4 项。CheckBoxList 控件的 ID 属性值设置为"chklistFavorite",通过 RepeatColumns 属性设置每行显示的数据项的个数,这里为"2",RepeatDirection 属性设置各数据项的排列方向(水平或垂直),这里为"Horizontal"。再拖放一个 Button 控件,ID 属性值为"btnSubmit";一个 Label 控件,ID 属性值为"lblResult",用于显示提交信息。双击 Button 控件进入代码编辑模式,在 btnSubmit_Click 事件过程中输入代码,同样可以实现图 5.21 的效果。

```csharp
protected void btnSubmit_Click(object sender, EventArgs e)
    {
        string msg="";
        for (int i = 0; i < chklistFavorite.Items.Count-1; i++)
        {
            if (chklistFavorite.Items[i].Selected)
            {
                msg = msg + chklistFavorite.Items[i].Text + " ";
            }
```

```
        }
        lblResult.Text = "您喜欢的项目有"+msg+"。";
    }
```

Items 为 CheckBoxList 控件的对象，它的 count 属性值为控件中数据项的个数，Items[i] 为具体的某一项，如果该项被选中，chklistFavorite.Items[i].Selected 的属性值为 True，反之为 False。通过代码可以看出，使用 CheckBoxList 控件，仅用一个 for 循环就能判断出所有被选中的数据项。

3) ListBox 控件和 DropDownList 控件

ListBox 控件用于创建允许单选或多选的列表框，在工具箱中的图标为 ListBox，拖放到工作区，在弹出菜单中选择【编辑项】命令可以为该控件添加数据项，添加方法与 RadioButtonList 控件相同。

下面的例子中，使用 ListBox 控件创建了一多选列表框，通过配合 Ctrl 键进行多个数据项的选择，如图 5.24 所示。

本例中使用 ListBox 控件创建了一个多选列表框，Rows 属性值设置为"5"，表示在框中显示 5 个选项，SelectionMode 属性值设置为"Multiple"，表明可以进行多项选择，ID 属性值为"lstCourse"；Button 控件的 ID 属性值为"btnSubmit"；Label 控件的 ID 属性值为"lblResult"。

图 5.24　ListBox 控件实例

双击 Button 控件进入代码编辑模式，在 btnSubmit_Click 事件过程中输入代码，如下所示。

```
    protected void btnSubmit_Click(object sender, EventArgs e)
    {
        string msg = "";
        for (int i = 0; i < lstCourse.Items.Count - 1; i++)
        {
            if (lstCourse.Items[i].Selected)
                msg = msg + lstCourse.Items[i].Text + " ";
        }
        lblResult.Text = "您选择的课程是" + msg + "。" ;
    }
```

原理同 CheckBoxList 控件。

DropDownList 控件用来创建下拉列表框，只能选择列表框中的某一项。该控件在工具箱中的图标为 DropDownList。

编程时,用 SelectedItem 属性获得所选项的内容,用 Items 属性访问列表框中的所有列表项。

下面的例子中使用 DropDownList 控件生成一个下拉列表框,如图 5.25 所示。

图 5.25 DropDownList 控件实例

本例中,为 DropDownList 控件添加了 3 个数据项,控件的 ID 属性值为 "dlistClass";Button 控件的 ID 属性值为 "btnSubmit";Label 控件的 ID 属性值为 "lblResult"。

双击 Button 控件进入代码编辑模式,在 btnSubmit_Click 事件过程中输入代码,如下所示。

```
protected void btnSubmit_Click(object sender, EventArgs e)
    {
        lblResult.Text = "您所在的班级是" + dlistClass.SelectedItem.Text;
    }
```

代码中使用 DropDownList 控件 SelectedItem 对象的 Text 属性获取被选项的值。

5. 文件上传控件

FileUpload 控件可以将用户提供的文件从客户端传送到服务器。通过设置控件的相关属性,可以控制文件的传送方式并自动完成文件的上传过程。

拖放工具箱的图标 FileUpload 到工作区,显示 [   ] [浏览...] 。

FileUpload 控件的常用属性见表 5-3。

表 5-3 FileUpload 控件常用属性

属 性	功 能
FileContent	返回一个指向上传文件的流对象
FileName	返回要上传文件的名称,不包含路径信息
HasFile	如果值是 True,则表示该控件有文件要上传
PostedFile	返回已经上传文件的引用

通过 PostedFile 对象与上传文件相关联,可以通过它的一些属性,如 ContentLength(文件大小)、ContentType(文件类型)等获得有关上传文件的信息,也可以通过其 SaveAs 方法将上传文件保存到站点文件夹中。

下面的例子中,使用 FileUpload 控件完成文件的上传,所上传的文件限制了文件的大小不能大于 1MB,上传后的文件保存在站点当前目录中新建的一个名字为 upload 的文件夹中,页面如图 5.26 所示。

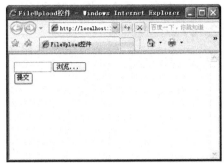 

图 5.26　FileUpload 控件实例

双击 Button 控件进入代码编辑模式，在 btnSubmit_Click 事件过程中输入代码，如下所示。

```
protected void btnSubmit_click(object sender, EventArgs e)
{
    if (FileUpload1.HasFile == true)
    {
        string strErr = "";
        //获得上传文件的大小
        int filesize = FileUpload1.PostedFile.ContentLength;
        if (filesize > 1024 * 1024)
        {
            strErr += "文件大小不能大于 1MB\n";
        }
        if (strErr == "")
        {
            //获得服务器文件当前路径
            string path = Server.MapPath("~");
            //把上传文件保存在当前路径的 upload 文件夹中
            FileUpload1.PostedFile.SaveAs(path + "\\upload\\" + FileUpload1.
            FileName);
            lblInfo.Text = "文件保存成功";
        }
    }
    else
    {
        lblInfo.Text = "请指定上传的文件";
    }
}
```

6. 容器控件

ASP.NET 提供了两种容器控件：Panel 控件和 PlaceHolder 控件。

Panel 控件可以将放入其中的一组控件作为一个整体来操作。通过设置 Visible 属性控制该组控件的显示或隐藏。拖放工具箱中图标 Panel 到工作区，显示，可以将其他控件拖放到该控件中使用。

下面的例子中，使用 Panel 控件实现了 Label 控件和 TextBox 控件的显示与隐藏，当选中"其他语种"时，在下方出现一段文本与一个文本框，页面如图 5.27 所示。

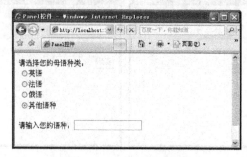

图 5.27 Panel 控件实例

本例中，使用 RadioButtonList 控件生成一组单选按钮列表，RadioButtonList 控件的 ID 属性值为"radlistLanguage"，当选中单选列表中的某一项的时候，激活 radlistLanguage_SelectedIndexChanged 事件过程。在程序执行的过程中，RadioButtonlist 控件的 AutoPostBack 属性要设置为 True，表明当选中单选按钮列表中的某项时，触发 SelectedIndexChanged 事件。

在源视图模式下，其代码如下所示。

```
<asp:RadioButtonList ID="radlistLanguage" runat="server" OnSelectedIndexChanged="radlistLanguage_SelectedIndexChanged" AutoPostBack ="True">
    <asp:ListItem>英语</asp:ListItem>
    <asp:ListItem>法语</asp:ListItem>
    <asp:ListItem>俄语</asp:ListItem>
    <asp:ListItem>其他语种</asp:ListItem>
</asp:RadioButtonList>
```

在 RadioButtonList 控件下方拖放一个 Panel 控件，其中插入一个 Label 控件和一个 TextBox 控件，如图 5.28 所示。

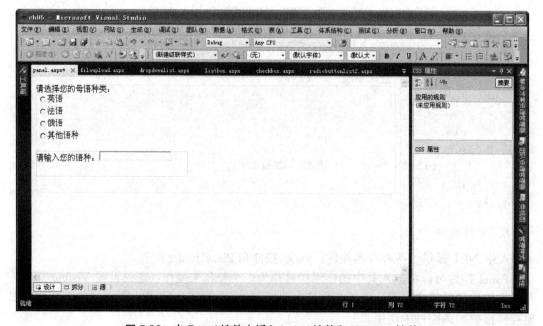

图 5.28 在 Panel 控件中插入 Label 控件和 TextBox 控件

Panel 控件的 ID 属性值为"Panel1"，Visible 属性的初始值为 False，当选择单选列表中的某一项时，在事件过程中判断用户是否选择了最后一项，如果是，Panel 控件的 Visible 属性设为 True，其中的 Label 控件和 TextBox 控件出现。

双击 RadioButtonList 控件，在 radlistLanguage_SelectedIndexChanged 事件过程中输入如下代码。

```csharp
protected void radlistLanguage_SelectedIndexChanged(object sender, EventArgs e)
{
    if (radlistLanguage.SelectedItem.Text == "其他语种")
    {
        Panel1.Visible = true;
    }
    else
        Panel1.Visible = false;
}
```

PlaceHolder 控件用于在页面上保留一个位置，以便运行时在该位置动态放置其他的控件。拖放工具箱中的图标 ⊠ PlaceHolder 到工作区，显示 ["PlaceHolder "holder"]。PlaceHolder 控件不能直接向其中添加子控件，添加工作必须在程序中完成。可以根据程序的执行情况，动态地添加需要的控件。Panel 控件也具有动态添加控件的功能。

下面的例子使用 PlaceHolder 控件动态地添加了子控件，页面第一次加载时，在 PlaceHolder 控件的位置动态添加了一个 Label 控件和一个 Button 控件，如图 5.29 所示。

图 5.29　PlaceHolder 控件实例

在工作区，拖放一个 PlaceHolder 控件，ID 属性值为"holder"，如图 5.30 所示。
进入代码编辑视图，编辑代码如下。

```csharp
protected void Page_Load(object sender, EventArgs e)
{
    Label lblTitle = new Label();
    lblTitle.Text = "PlaceHolder 控件实例！";
    holder.Controls.Add(lblTitle);
    holder.Controls.Add(new LiteralControl("<br>"));
    Button btnSubmit = new Button();
    btnSubmit.Text = "按钮";
    holder.Controls.Add(btnSubmit);
}
```

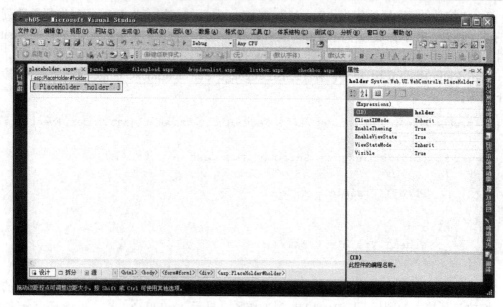

图 5.30　在工作区拖放 PlaceHolder 控件

上述代码在页面加载过程中动态地为 PlaceHolder 控件添加了两个子控件：Label 控件和 Button 控件。

本 章 小 结

本章通过"学生基本信息登记表"案例介绍了常用 Web 服务器端标准控件的使用方法。由于篇幅的限制，在知识点部分仅对常用标准控件的基本属性和使用方法进行了讲述，标准控件的属性和使用方法还有很多，感兴趣的读者可以查阅相关的书籍。

习　　题

1. 填空题

(1) 使用 TextBox 控件生成多行的文本框，需要把 TextMode 属性值设为＿＿＿＿＿＿，才可以通过 Rows 属性设置行数。

(2) ID 属性值为"btnSubmit"的 Button 控件激发了 Click 事件时，将执行＿＿＿＿＿＿事件过程。

(3) 要获取用户在 ID 属性值为"txtUsername"的文本框中填写的值，可以使用＿＿＿＿＿＿的方式调用。

(4) 容器控件有＿＿＿＿＿＿和＿＿＿＿＿＿，其中常用于动态生成其他控件的是＿＿＿＿＿＿。

2. 选择题

(1) 使用一组 RadioButton 控件制作单选按钮组，需要把下列(　　)属性的值设为同一值。

　　A. Checked　　　B. AutoPostBack　　　C. GroupName　　　D. Text

(2) 使用 RadioButtonList 控件生成单选列表，选中其中的某项时触发 SelectedIndexChanged 事件，则该控件的(　　)属性值设置为 True。

    A．Checked   B．AutoPostBack   C．Selected   D．Text

(3) 要使 ListBox 控件的行数为多行，需要将下列(　　)属性值设置为"Multiple"。

    A．Checked   B．AutoPostBack   C．TextMode   D．SelectionMode

3. 判断题

(1) ListBox 控件所显示的列表可以选择多项。　　　　　　　　　　　　(　　)

(2) 判断 CheckBox 控件是否被选中可以通过其 Selected 属性的值来判断。(　　)

4. 简答题

(1) 简述 ASP.NET 所支持的 3 种控件。

(2) 简述 CheckBoxList 控件比 CheckBox 控件有什么优势。

(3) 某控件源代码如下，简述代码各部分的意义。

```
<asp:DropDownList ID="listState" runat="server">
</asp:DropDownList>
```

5. 操作题

利用本章所学内容，完成如图 5.31 所示界面，要求表格中字体为"隶书"，当用户信息输入完成单击【保存】按钮后，显示"添加用户成功！"。

图 5.31　操作题中需要完成的界面

第6章 验 证 控 件

教学目标：通过本章的学习，使学生了解各类网页验证功能的实现过程，并理解和掌握 RequiredFieldValidator、RangeValidator、CompareValidator、RegularExpressionValidator 这 4 种验证控件的作用和使用方法。

教学要求：

知 识 要 点	能 力 要 求	关 联 知 识
RequiredFieldValidator 验证控件	(1) 理解 RequiredFieldValidator 控件的作用 (2) 掌握 RequiredFieldValidator 控件的使用方法	RequiredFieldValidator 的属性
RangeValidator 验证控件	(1) 理解 RangeValidator 控件的作用 (2) 掌握 RangeValidator 控件的使用方法	RangeValidator 的属性
CompareValidator 验证控件	(1) 理解 CompareValidator 控件的作用 (2) 掌握 CompareValidator 控件的使用方法	CompareValidator 的属性
正则表达式	(1) 理解和掌握正则表达式的语法 (2) 掌握正则表达式的使用方法	(1) 正则表达式的语法 (2) 正则表达式的使用方法
RegularExpressionValidator 验证控件	(1) 理解 RegularExpressionValidator 控件的作用 (2) 掌握 RegularExpressionValidator 控件的使用方法	RegularExpressionValidator 的属性
CustomValidator 验证控件和 ValidationSummary 控件	(1) 了解 CustomValidator 控件 (2) 理解和掌握 ValidationSummary 控件的作用和使用方法	(1) CustomValidator 的属性和方法 (2) ValidationSummary 的属性

重点难点：

> RequiredFieldValidator 验证控件的作用和使用方法
> RangeValidator 验证控件的作用和使用方法
> CompareValidator 验证控件的作用和使用方法
> 正则表达式的语法和使用方法
> RegularExpressionValidator 验证控件的作用和使用方法

【引例】

一般的网站中有一些页面需要用户输入信息，如登录、注册、搜索等。如果用户输入的格式不符合要求，就要给出相应的提示，如百度知道栏目的用户注册页面，当漏填、错填时，都给出了比较详细的提示，如图 6.1 所示。

输入错误时能给出对应提示的功能在 ASP .NET 中是使用验证控件来完成的。

图 6.1 输入信息

6.1 服务器验证和客户端验证

在开发 Web 网站的时候，常常需要设计一些让用户输入某些信息的表单。例如，要求用户输入用户名、姓名、身份证号码和联系地址等信息。这些数据信息的正确性和有效性至关重要。但是，由于用户的教育背景等各不相同，程序设计者并不能期望用户输入的数据一定正确，相反，在程序设计中应该针对用户可能输错的各种情况进行相应的处理，这就是输入验证。对用户输入的数据进行验证的方法分为两种：一种是直接使用客户端脚本进行验证，另一种是使用服务器端的代码进行验证。

在客户端进行数据验证的方法是当用户输入完数据后，在数据没有提交到服务器端的情况下进行验证，一般使用 JScript 或 VBScript 程序代码实现客户端验证。这种验证又可以分为两种实现方法：一种是用户输入完一个数据项后立刻执行验证，另一种是用户输入完所有的数据项后，单击提交按钮时进行总体的数据验证。这两种方法没有本质的区别，只是采用不同的客户端事件处理方法而已。服务器端的数据验证就是将用户输入的数据发送到服务器后，让服务器端的代码对数据进行验证。

以上两种验证都能完成一定的验证功能，但实现起来都比较麻烦，因为都要用到编程。为了帮助 Web 开发人员提高开发效率，ASP .NET 提供了许多功能强大的数据验证控件，这些控件能自动建立客户端验证的 JScript 代码和服务器端的数据验证，用户不必为数据输入的正确性花费更多的时间,因为只要拖入这些验证控件就可以了。

本章将设计一张用户注册网页,并在实现过程中确保用户注册信息输入的正确性和有效性。通过这个"用户注册"示例,直观地展示 ASP .NET 提供的各类验证控件实现验证功能的详细步骤,以便读者从总体上理解和掌握验证控件的使用方法。

6.2 "用户注册(服务器控件版)"案例

【案例说明】

为了更好地理解验证控件,本章制作了一张用户注册网页,利用 ASP .NET 提供的各种验证控件为用户名、密码、姓名、身高、手机号码和电子邮件等的输入提供各种验证,包括必选验证、比较验证、范围验证和正则表达式验证等。当不输入任何内容单击【确定】按钮时所得到的效果如图 6.2 所示。

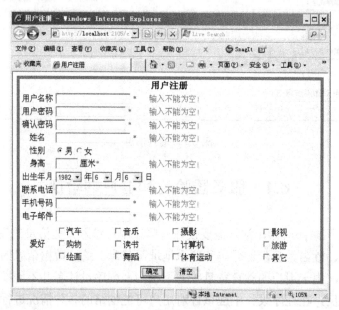

图 6.2　用户注册界面

6.2.1　操作步骤

1. 创建用户注册网页

(1) 启动 Visual Studio 2010,创建一个 ASP .NET 空网站,添加一个名称为"Register.aspx"的 Web 窗体,打开"Register.aspx"Web 窗体的设计视图,选择【表】|【插入表】命令,插入一个 13×3、边框粗细为 6、颜色为灰度的表格,如图 6.3 所示。

(2) 在创建好的表格的相应单元格中输入相应的文字,并添加 8 个文本框和两个按钮,控件属性的设置见表 6-1,设置效果如图 6.4 所示。

第6章 验证控件

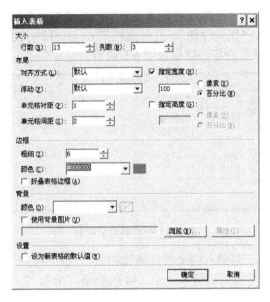

图 6.3 插入表格

表 6-1 文本框属性值设置

控件类型	说明	属性	属性值
文本框	用户名称	ID	txtUser
	用户密码	ID	txtPassword
		TextMode	Password
	确认密码	ID	txtCfm
		TextMode	Password
	姓名	ID	txtName
	身高	ID	txtHeight
	联系电话	ID	txtPhone
	手机号码	ID	txtMobile
	电子邮件	ID	txtEmail
按钮	确定	ID	btnSubmit
		Text	确定
	清空	ID	btnClear
		Text	清空

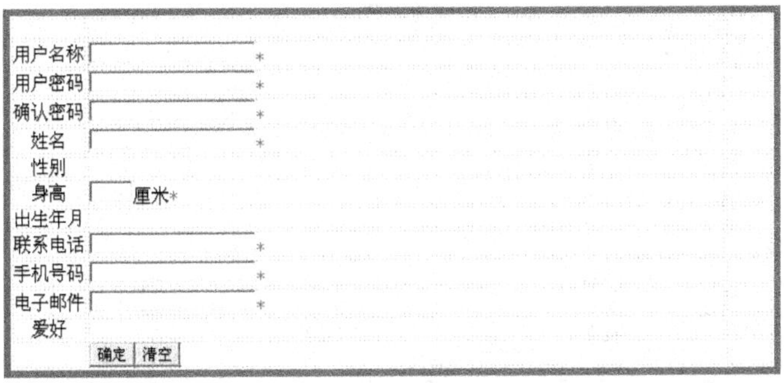

图 6.4 添加文字、文本框和按钮后的网页效果

(3) 选中第一行,右击,在弹出的快捷菜单中选择【修改】|【合并单元格】命令,把第一行合并成一行,输入"用户注册",并分别把第 6、8、12 行的第二和第三列进行合并,然后用同样的方法合并最后一行,效果如图 6.5 所示。

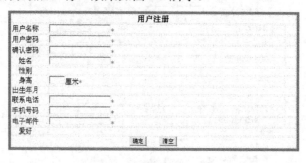

图 6.5 合并列后的效果

(4) 在"性别"行第二列插入两个性别单选按钮,"出生年月"行第二列插入 3 个年月日下拉列表框,"爱好"行第二列插入一个 3×4 的表格,拖入 12 个复选框到各个单元格。添加的控件属性设置见表 6-2,具体效果如图 6.6 所示。

表 6-2 所添加控件的属性设置

控 件 类 型	说　　明	控 件 属 性	属 性 值
单选按钮	【男】单选按钮	ID	rbMale
		Text	男
		GroupName	rbSex
		Checked	True
	【女】单选按钮	ID	rbFemale
		Text	女
		GroupName	rbSex
下拉列表框	【年】下拉列表框	ID	ddlYear
		Items	1900～2008
	【月】下拉列表框	ID	ddlMonth
		Items	1～12
	【日】下拉列表框	ID	ddlDay
		Items	1～31
复选框	12 个"爱好"复选框	Text	各个属性值如图 6.2 所示

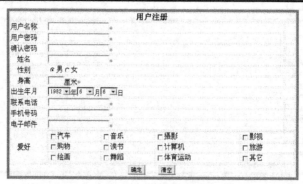

图 6.6 添加单选按钮、下拉列表框和复选框后的效果

第 6 章 验证控件

(5) 从左侧的工具箱中拖动"验证"项中的 RequiredFieldValidator 控件 ※ RegularExpressionValidator 到每个文本框后的列中,共 7 个控件,如图 6.7 和图 6.8 所示。

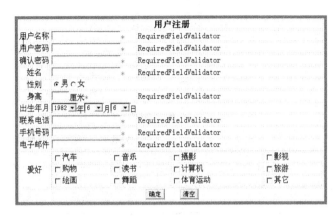

图 6.7 验证项中的 RequiredFieldValidator 等验证控件   图 6.8 添加 RequiredFieldValidator 控件后的效果

(6) 设置各个 RequiredFieldValidator 控件的 ErrorMessage 属性值为"输入不能为空!",设置 ForeColor 属性值为"Red",设置 ControlToValidate 属性值为各个 RequiredFieldValidator 控件前文本框的控件 ID,如第一个 RequiredFieldValidator 控件"RequiredFieldValidator1"的 ControlToValidate 属性值为前面的【用户名称】文本框控件的 ID 属性值"txtUser",属性设置和实现效果如图 6.9 和图 6.10 所示。

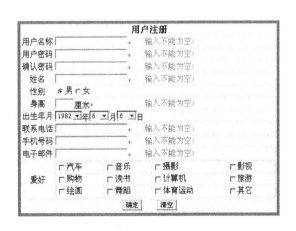

图 6.9 设置 RequiredFieldValidator 控件属性   图 6.10 设置 RequiredFieldValidator 控件属性后的效果

(7) 从工具箱中拖动"验证"项中的 CompareValidator 控件 ☜ CompareValidator 到【确认密码】文本框后的列中,拖动 RangeValidator 控件 ☜ RangeValidator 到【身高】文本框后的列中,拖动 3 个 RegularExpressionValidator 控件 ※ RegularExpressionValidator 分别到【联系电话】、【手机号码】和【电子邮件】文本框后的列中,实现效果如图 6.11 所示。

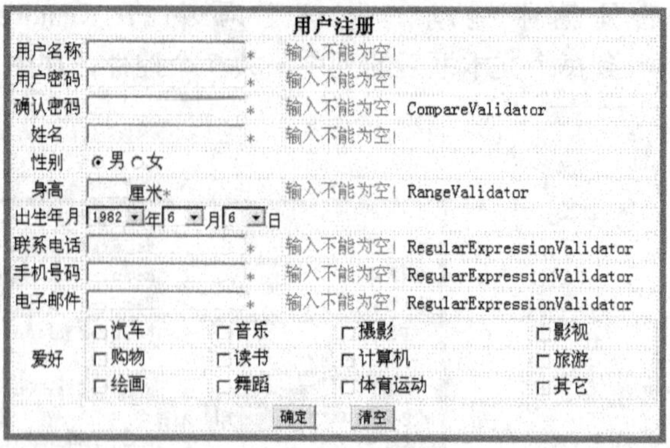

图6.11 添加5个验证控件

(8) 对上面添加的5个验证控件分别进行相应属性的设置，见表6-3。

表6-3 验证控件的属性设置

控件类型	说明	控件属性	属性值
比较验证控件 CompareValidator1	比较验证"用户密码"和"确认密码"是否一致	ErrorMessage	密码输入不一致！
		ControlToValidate	txtCfm
		ControlToCompare	txtPassword
		ForeColor	Red
范围验证控件 RangeValidator1	验证"身高"的输入在1～300之间	ErrorMessage	身高应在1～300厘米之间！
		ControlToValidate	txtHeight
		Type	Integer
		MinimumValue	1
		MaximumValue	300
		ForeColor	Red
正则表达式验证控件 RegularExpressionValidator1 RegularExpressionValidator2 RegularExpressionValidator3	验证"联系电话"输入格式	ErrorMessage	联系电话输入格式不正确！
		ControlToValidate	txtPhone
		ValidationExpression	(\(\d{3}\)|\d{3}-)?\d{8}
		ForeColor	Red
	验证"手机号码"输入格式	ErrorMessage	手机号码输入格式不正确！
		ControlToValidate	txtMobile
		ValidationExpression	1\d{10}
		ForeColor	Red
	验证"电子邮件"输入格式	ErrorMessage	电子邮件输入格式不正确！
		ControlToValidate	txtEmail
		ValidationExpression	\w+([-+.']\w+)*@\w+([-.]\w+)*\.\w+([-.]\w+)*
		ForeColor	Red

在上面的正则表达式验证控件 RegularExpressionValidator 的 ValidationExpression 属性值中可以直接输入正则表达式，也可以选取系统提供的正则表达式，方法是单击 ValidationExpression 属性中的 ... 按钮，在弹出的【正则表达式编辑器】对话框中选取相应的标准表达式。表6-3中验证电子邮件输入格式的 RegularExpressionValidator3 控件的 ValidationExpression

属性值，就选取【正则表达式编辑器】对话框中的"Internet 电子邮件地址"，如图 6.12 所示。

经过表 6-3 所示的属性设置之后，所实现的网页效果如图 6.13 所示。

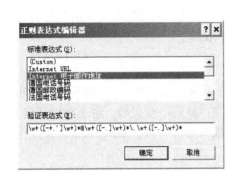

图 6.12　【正则表达式编辑器】对话框

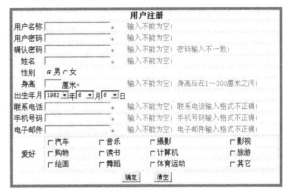

图 6.13　验证控件属性设置后的效果

2．用户注册网页的浏览

双击刚刚创建好的用户注册网页"Register.aspx"，单击工具栏中的【运行】按钮 ▶ 在本机启动网站应用程序，就可以浏览用户注册网页。当不输入数据，单击【确定】按钮时，会出现"输入不能为空！"的提示，得到如图 6.2 所示的效果。当确认密码和用户密码输入不一致时会出现"密码输入不一致！"的提示，当身高输入的值不在 1～300 之间时会出现"身高应在 1～300 厘米之间！"的提示，同样地，当联系电话、手机号码和电子邮件的格式输入不正确时，会出现"XXXX 输入格式不正确！"的提示。

6.2.2　本节知识点

1．RequiredFieldValidator 控件

RequiredFieldValidator 控件用于使输入控件成为一个必选字段。通过该控件，如果输入值的初始值未改变，那么验证将失败。初始值默认是空字符串(" ")。RequiredFieldValidator 控件的主要属性见表 6-4。

表 6-4　RequiredFieldValidator 控件的主要属性

属　　性	描　　述
ControlToValidate	要验证的控件的 ID
ErrorMessage	当验证失败时，在 ValidationSummary 控件中显示的文本 注释：如果未设置 Text 属性，文本也会显示在该验证控件中
Display	验证控件的显示行为，合法的值有 None——验证消息从不内联显示； Static——在页面布局中分配用于显示验证消息的空间； Dynamic——如果验证失败，将用于显示验证消息的空间动态添加到页面
Enabled	布尔值，规定是否启用验证控件
InitialValue	规定输入控件的初始值(开始值)，默认值是" "
Text	当验证失败时显示的消息

其中 ControlToValidate 属性和 ErrorMessage 属性比较重要，分别规定 RequiredFieldValidator 控件要验证的控件 ID 和验证失败显示的错误提示信息。例如，在本章"用户注册(服务器控件版)"案例中，限制【用户名称】文本框 txtUser 输入不能为空，就只能设置 ControlToValidate 属性值为"txtUser"，设置 ErrorMessage 属性值为"输入不能为空！"即可，属性设计界面如图 6.8 所示。若不输入内容，单击【确定】按钮提交注册信息则会出现如用户名称 [_____] * 输入不能为空 所示效果。

2．RangeValidator 控件

RangeValidator 控件用于检测用户输入的值是否介于两个值之间。可以对不同类型的值进行比较，如数字、日期以及字符。如果输入控件为空，验证不会失败，也不会提示信息，这时应同时使用 RequiredFieldValidator 控件，使字段成为必选字段。RangeValidator 控件的主要属性见表 6-5。

表 6-5　RangeValidator 控件的主要属性

属　　性	描　　述
ControlToValidate	要验证的控件的 ID
ErrorMessage	当验证失败时，在 ValidationSummary 控件中显示的文本 注释：如果未设置 Text 属性，文本也会显示在该验证控件中
MaximumValue	规定输入控件的最大值
MinimumValue	规定输入控件的最小值
Type	规定要检测的值的数据类型，包括 Currency、Date、Double、Integer、String

由于部分属性与 RequiredFieldValidator 控件的属性相同，这里不再重复列出。表 6-5 所示的 5 个属性是 RangeValidator 控件最主要的属性。要对用户输入的内容进行范围验证，只要在设置 ControlToValidate 属性和 ErrorMessage 属性为相应控件 ID 和错误提示信息的基础上，再设置 Type 属性为要比较的类型，MinimumValue 属性为最小值，MaximumValue 为最大值即可。例如，在本章"用户注册(服务器控件版)"案例中，要限制【身高】文本框的输入在 1～300 之间就只需要设置 ControlToValidate 属性值为"txtHeight"，ErrorMessage 属性值为"身高应在 1～300 厘米之间！"，Type 属性值为"Integer"，MinimumValue 属性值为"1"，MaximumValue 为"300"。

3．CompareValidator 控件

CompareValidator 控件用于输入到输入控件的值与输入到其他输入控件的值或常数值进行比较。如果输入控件为空，验证不会失败，也不会提示信息，这个时候应同时使用 RequiredFieldValidator 控件，使字段成为必选字段。CompareValidator 控件的主要属性见表 6-6。

表 6-6　CompareValidator 控件的主要属性

属　　性	描　　述
ControlToCompare	要与所验证的输入控件进行比较的输入控件
ControlToValidate	要验证的输入控件的 ID
ErrorMessage	当验证失败时在 ValidationSummary 控件中显示的文本 注释：如果未设置 Text 属性，此文本将显示在验证控件中

续表

属　性	描　述
Operator	要执行的比较操作的类型，运算符有 Equal、GreaterThan、GreaterThanEqual、LessThan、LessThanEqual、NotEqual、DataTypeCheck，默认值是 Equal
Type	规定要对比的值的数据类型，包括 Currency、Date、Double、Integer、String，默认值是 String
ValueToCompare	一个常数值，该值要与由用户输入到所验证的输入控件中的值进行比较

CompareValidator 控件的 ControlToValidate 属性、ErrorMessage 属性和 Type 属性功能与范围验证控件 RangeValidator 相同。用 CompareValidator 控件进行比较验证，除了设置以上的 3 个属性之外，还要用 ControlToCompare 属性设置要比较的控件 ID，用 Operator 属性设置比较的方式。例如，在本章"用户注册(服务器控件版)"案例中，要保证用户密码和确认密码输入一致，只需要设置 CompareValidator 控件的 ControlToValidate 属性值为要限制的控件 ID "txtCfm"，ControlToCompare 属性值为要比较的控件 ID "txtPassword"，ErrorMessage 属性值为"密码输入不一致!"，其他属性为默认。

4. RegularExpressionValidator 控件

RegularExpressionValidator 控件用于验证输入值是否匹配正则表达式指定的模式。如果输入控件为空，验证不会失败，也不会提示信息，这个时候应同时使用 RequiredFieldValidator 控件，使字段成为必选字段。RegularExpressionValidator 控件的主要属性见表 6-7。

表 6-7　RegularExpressionValidator 控件的主要属性

属　性	描　述
ControlToValidate	要验证的控件的 ID
ErrorMessage	当验证失败时，在 ValidationSummary 控件中显示的文本 注释：如果未设置 Text 属性，文本也会显示在该验证控件中
ValidationExpression	规定验证输入控件的正则表达式 在客户端和服务器上，表达式的语法是不同的

RegularExpressionValidator 控件的属性比较简单，大部分与前面所介绍的验证控件类似，最主要的属性设置在于 ValidationExpression 属性中的正则表达式。下面简单介绍正则表达式的内容。

1) 正则表达式的由来与语法结构

正则表达式(regular expression)的概念来源于对人类神经系统如何工作的早期研究。1956 年，一位叫 Stephen Kleene 的美国数学家在神经生理学家 McCulloch 和 Pitts 早期工作的基础上，发表了一篇标题为"神经网事件的表示法"的论文，引入了正则表达式的概念。正则表达式就是用来描述他称为"正则集的代数"的表达式，因此采用"正则表达式"这个术语。

随后发现，可以将这一工作应用于使用 Ken Thompson 的计算搜索算法的一些早期研究，Ken Thompson 是 UNIX 的主要发明人。正则表达式的第一个实际应用程序就是 UNIX 中的 qed 编辑器。从那时起直至现在正则表达式都是基于文本的编辑器和搜索工具中的一个重要部分。

正则表达式描述了一种字符串匹配的模式，由普通字符(如大小写英文字母和数字等)及特殊字符(称为元字符)组成。该模式描述在查找文字主体时待匹配的一个或多个字符串。正则表达式作为一个模板，将某个字符模式与所搜索的字符串进行匹配。

正则表达式中常用的元字符见表 6-8。

表 6-8 正则表达式的常用元字符

字　符	描　述
^	匹配输入字符串的开始位置
$	匹配输入字符串的结束位置
*	匹配前面的子表达式零次或多次。例如，zo* 能匹配 "z"及"zoo"，* 等价于{0,}
+	匹配前面的子表达式一次或多次。例如，'zo+'能匹配"zo"及"zoo"，但不能匹配"z"+ 等价于{1,}
?	匹配前面的子表达式零次或一次。例如，"do(es)?" 可以匹配 "do" 或 "does" 中的"do"，? 等价于{0,1}
{n}	n 是一个非负整数，匹配确定的 n 次。例如，"o{2}" 不能匹配 "Bob" 中的 "o"，但是能匹配"food"中的两个 o
{n,}	n 是一个非负整数，至少匹配 n 次。例如，'o{2,}' 不能匹配 "Bob" 中的 'o'，但能匹配"fooood" 中的所有 o。'o{1,}' 等价于 'o+'，'o{0,}' 则等价于 'o*'
{n,m}	m 和 n 均为非负整数，其中n≤m，最少匹配 n 次且最多匹配 m 次。例如，"o{1,3}" 将匹配"foooood"中的前 3 个 o，'o{0,1}'等价于'o?'。注意在逗号和两个数之间不能有空格
.	匹配除 "\n" 之外的任何单个字符。要匹配包括 \n' 在内的任何字符，应使用像 '[.\n]' 的模式
x|y	匹配 x 或 y。例如，'z|food' 能匹配 "z" 或 "food"，'(z|f)ood' 则匹配 "zood" 或 "food"
[xyz]	字符集合，匹配所包含的任意一个字符。例如，'[abc]' 可以匹配 "plain" 中的 'a'
[^xyz]	负值字符集合，匹配未包含的任意字符。例如，'[^abc]' 可以匹配 "plain" 中的'p'
[a-z]	字符范围，匹配指定范围内的任意字符。例如，'[a-z]' 可以匹配 'a'～'z' 范围内的任意小写字母字符
[^a-z]	负值字符范围，匹配任何不在指定范围内的任意字符。例如，'[^a-z]' 可以匹配不在'a'～'z'范围内的任意字符
\d	匹配一个数字字符，等价于 [0-9]
\D	匹配一个非数字字符，等价于 [^0-9]
\n	匹配一个换行符
\w	匹配包括下划线的任何单词字符，等价于'[A-Za-z0-9_]'
\W	匹配任何非单词字符，等价于 '[^A-Za-z0-9_]'
\	将下一个字符标记为一个特殊字符、或一个原义字符、或一个后向引用、或一个八进制转义符。例如，'n' 匹配字符 "n"，'\n' 匹配一个换行符。序列 '\\' 匹配 "\"，而 "\(" 则匹配 "("

由于篇幅关系，这里列出的元字符比较少，有兴趣的读者可以查阅搜索相关的内容。

2) 用自定义正则表达式进行数据验证

利用前面所介绍的元字符可以构造各种各样具有强大匹配功能的正则表达式。例如，如中国的邮政编码可以用正则表达式 "\d{6}" 来匹配，即 6 个整数，其中 "\d" 匹配任意一个数字，"{6}"表示出现6次。而QQ号码可以用正则表达式"\d{6,15}"来匹配，代表6~15个任意数字。

以上的正则表达式结合 RegularExpressionValidator 正则表达式验证控件，就可以对各种用户输入进行验证了。例如，在本章"用户注册(服务器控件版)"案例中，对联系电话输入的验证使用正则表达式"(\(\d{3}\)|\d{3}-)?\d{8}"，这个"联系电话"正则表达式是系统自己提供的，具体设置方法已由前面给出，能匹配如"(010) 87654321"或"010-87654321"或者是"87654321"的电话号码格式。

然而前面介绍的电话号码正则表达式还有缺陷，如不能匹配4位区号的电话号码等，更合适的正则表达式留待读者完善。要实现对电话号码输入的验证只要将该正则表达式写入 RegularExpressionValidator 控件的 ValidationExpression 属性，并设置 ControlToValidate 属性值为要限制的控件"txtPhone"，ErrorMessage 属性值为"联系电话输入格式不正确！"即可，运行之后当输入的内容不符合如"(010) 87654321"或"010-87654321"或者是"87654321"的格式时，系统会提示"联系电话输入格式不正确！"。

另外，在案例中，电子邮件的正则表达式也由系统提供，在 ValidationExpression 属性中直接选取，手机号码的正则表达式由自己编写，"1\d{10}"匹配以数字1开始的11位整数。

5. 使用 CustomValidator 控件自定义验证

如果各种验证控件执行的验证类型都不是所需的，那么还可以使用 CustomValidator 控件。CustomValidator 控件可对输入控件执行用户定义的验证。CustomValidator 控件的主要属性见表6-9。

表6-9 CustomValidator 控件的主要属性

属　　性	描　　述
ClientValidationFunction	规定用于验证的自定义客户端脚本函数的名称 注释：脚本必须用浏览器支持的语言编写，如 VBScript 或 JScript，并且函数必须位于表单中
ControlToValidate	要验证的输入控件的 ID
ErrorMessage	验证失败时，ValidationSummary 控件中显示的错误信息的文本 注释：如果设置了 ErrorMessage 属性但没有设置 Text 属性，则验证控件中也将显示 ErrorMessage 属性的值
OnServerValidate	规定被执行的服务器端验证脚本函数的名称

使用自定义控件(CustomValidator)时，可以自行定义验证算法，并同时利用控件提供的其他功能。

为了在服务器端验证函数，先将 CustomValidator 控件拖入窗体，并将 ControlToValidate 属性指向被验证的对象，然后给该验证控件的 ServerValidate 事件提供一个验证程序，最后在 ErrorMessage 属性中填写出现错误时显示的信息。

在 ServerValidate 事件处理程序中，可以从 ServerValidateEventArgs 参数的 Value 属性中获取输入到被验证控件中的字符串。验证的结果要存储到 ServerValidateEventArgs 的属性 IsValid (True 或者 False)中。

例如，利用自定义 CustomValidator 控件验证某个输入框输入的数据能否被3整除。若不能被3整除时发出错误信息，事件处理的代码如下。

```
private void CustomValidator1_ServerValidate(object source,
System.Web.UI.WebControls.ServerValidateEventArgs args)
    {
        int number=int.Parse(args.Value);      // 取出输入的数据
        if((number % 3) == 0)                  // 校验能否被3整除
            args.IsValid=true;                 // 结果正确
        else
            args.IsValid=false;                // 结果错误
    }
```

如果需要同时提供客户端验证程序以便让具有 DHTML 能力的浏览器先进行验证时，应该在.aspx 的 HTML 视图中用 JScript 语言编写验证程序，同时将验证的函数名写入控件的 ClientValidationFunction 属性中。

6. 使用 ValidationSummary 控件进行错误汇总

ValidationSummary 控件用于在网页、消息框或在这两者中汇总显示所有验证错误的摘要。在该控件中显示的错误消息是由每个验证控件的 ErrorMessage 属性规定的。如果未设置验证控件的 ErrorMessage 属性，就不会为某个验证控件显示错误消息。ValidationSummary 控件的主要属性见表 6-10。

表 6-10 ValidationSummary 控件的主要属性

属　性	描　述
DisplayMode	如何显示摘要，合法值有 BulletList、List、SingleParagraph
ShowMessageBox	布尔值，指示是否弹出消息框并显示验证摘要
HeaderText	ValidationSummary 控件中的标题文本
ShowSummary	布尔值，规定是否显示验证摘要

ValidationSummary 控件的使用很简单，直接拖入该控件到网页上即可，如果有特殊要求可设置表 6-9 中的各属性。

本 章 小 结

本章通过"用户注册(服务器控件版)"案例，概括性地介绍了对用户注册网页的信息输入进行验证的过程。在实现验证的过程中详细阐述了 ASP.NET 提供的 RequiredFieldValidator、RangeValidator、CompareValidator 和 RegularExpressionValidator 这 4 个验证控件的作用和使用方法。其中前 3 个验证控件比较简单，只要设置相应的属性即可，RegularExpressionValidator 控件需要用到正则表达式的知识，比较复杂，有兴趣的读者可以查阅相关的书籍或到网上搜索学习。

习　题

1. 填空题

(1) 对年龄进行输入验证，要使用＿＿＿＿＿＿＿验证控件。

(2) RequiredFieldValidator 控件的_____属性用来记录当验证失败时，在 Validation Summary 控件中显示的文本。

(3) RegularExpressionValidator 控件的_____属性用来规定验证输入控件的正则表达式。

(4) 正则表达式"1(3|5|8)\d{9}"匹配_____。

2. 选择题

(1) 以下(　　)属性不是验证控件所共有的。
  A. ControlToValidate   B. ErrorMessage
  C. Display   D. ValueToCompare

(2) 在网页中输入出生年月和入团年月，若要验证入团年月的输入必须比出生年月要大，可以用以下(　　)验证控件。
  A. RequiredFieldValidator   B. CompareValidator
  C. RegularExpressionValidator D. ValidationSummary

(3) 可以使用以下(　　)控件对所有的验证错误进行汇总。
  A. RequiredFieldValidator   B. CompareValidator
  C. RegularExpressionValidator D. ValidationSummary

3. 判断题

(1) RequiredFieldValidator 控件只能进行非空的验证。 (　　)
(2) CompareValidator 比较验证控件只能比较两个值是否相同。 (　　)
(3) 正则表达式"\d"和"[0-9]"是等价的，都代表一个整数。 (　　)

4. 简答题

(1) ASP .NET 中的验证控件有哪几个？各有什么作用？
(2) 写出能验证中国电话号码最合适的正则表达式。

5. 操作题

(1) 在 .NET 帮助或网上学习 ASP .NET 验证控件的其他知识。
(2) 在网络上学习更多的正则表达式知识。
(3) 独立实现并完善"用户注册"网页。

第7章 XML 基础

教学目标：通过本章的学习，使学生了解 XML 的起源、概念和作用，并掌握一个 XML 文件从创建、编辑到浏览的基本流程，从中理解 XML 的文件结构，最后了解 .NET 与 XML 的关系。

教学要求：

知识要点	能力要求	关联知识
了解 XML	(1) 了解 XML 的起源 (2) 了解 XML 的特点	(1) XML 与 HTML 的联系 (2) XML 的特点
设计和创建 XML 文件	(1) 掌握 XML 文件的设计方法 (2) 理解 XML 文件代码的设计规则	(1) XML 文件的设计 (2) XML 文件的创建
XML 文件结构	(1) 理解 XML 的文件结构组成 (2) 掌握文档实体中元素、属性的语法和设计方法	(1) XML 文件结构的组成 (2) 文档实体的组成
.NET 中 XML 的意义	(1) 了解 XML 在 .NET 之间的地位 (2) 了解 .NET 提供的 XML 命名空间和类	(1) .NET 与 XML 的关系 (2) .NET 提供的 XML 相关命名空间和类

重点难点：

- XML 的概念
- 设计和创建 XML 文件
- XML 文件结构
- .NET 与 XML 的关系

【引例】

在计算机中有效地存储数据，除了使用数据库外，也可以使用 XML 文件。例如，可以通过下面的一个 XML 文档来记载菜谱信息。

```
<?xml version="1.0" encoding="GB2312"?>
<菜谱>
    <菜 菜编号="C00001">
        <菜名>宫保鸡丁</菜名>
        <价格>5.0</价格>
    </菜>
    <菜 菜编号="C00002">
        <菜名>酸菜川白肉</菜名>
        <价格>8.0</价格>
    </菜>
    <菜 菜编号="C00003">
```

```
            <菜名>尖椒干豆腐</菜名>
            <价格>3.0</价格>
        </菜>
    </菜谱>
```

本章将通过一个"通讯录"案例，实现一个 XML 文件的创建和浏览，以便读者从总体上了解 XML 文件从设计制作到浏览的基本流程，并从中学习掌握 XML 的一些基础知识。

7.1 XML 概述

随着网络的不断发展，网页逐渐成为人们了解外界信息的重要媒介，而在这个过程中 HTML 起着非常重要的作用。HTML 语言是一种基于标记的语言，于 1989 年创建。HTML 的早期版本仅仅提供了一种对静态文本信息显示的方法，但显然并不能适应越来越多的需要。因此就有越来越多的标签产生，如<img>用于描述图片，<script>用于加入脚本支持，提供动态网页内容等。随着竞争的日益激烈，两大浏览器厂商微软和网景公司，甚至创建了只与自己的产品兼容的标签，使得 HTML 变得越来越臃肿，兼容性也越来越差，失去了严谨的结构化，从而也越来越跟不上时代发展的步伐。

因此，人们开始致力于寻找一种新的标记语言，它应该提供极大的灵活性和强大的功能。1998 年 2 月，W3C 批准了 XML1.0 规范，标志着一种崭新的、重要的语言 XML(eXtensible Markup Language)——可扩展标记语言的诞生。XML 具备 HTML 的简单性，也具备 HTML 所不具备的强大功能和可扩展性。其与 HTML 一样也是一种标记语言，在写法上类似于 HTML，但 XML 并不用于编排和显示内容，而是用于描述数据。它没有 HTML 中的那些默认标记，用户根据描述数据的需要自己定义各种标记。

XML 的结构和 HTML 类似，都是由标签组成的，但是其中没有出现一个 HTML 标签，所有的标签都是自己定义的，定义的标签很好地描述了文件中的数据，使人一目了然。

可以总结出 XML 的一些特点，简单易懂，可扩展性强。简单易懂在于 XML 文件是一个文本文件，而且标签由自己定义，表达方式直观，容易理解。可扩展性强在于 XML 的标签可以随意定义，所以有无限的延伸性。事实上，有很多语言由 XML 产生，如 XHTML 语言和 WML 语言等。XML 技术还有很多优势，如可以在不同平台间进行信息交换和国际化等，现在很多最新的技术都以 XML 为基础，如 Web Service 和 Ajax。

对于 XML 技术，很多知名人士也给出了高度评价。微软公司总裁比尔·盖茨说："XML 将为每一种流行的编程语言带来一个语言革命，其影响力甚至超过 HTML 为演示世界带来的影响。"

7.2 "通讯录"案例

【案例说明】

为了简便起见，本案例只设计和实现一个存储通讯录数据的 XML 文件，并在 IE 中进行浏览。XML 文件可以很好地描述和存储数据，但本身并不提供显示数据的功能，显示数据的工作由 CSS(级联样式表)和 XSL(可扩展样式表语言)完成。案例运行效果如图 7.1 所示。

图 7.1 案例效果图

7.2.1 操作步骤

1. 通讯录 XML 文件的创建

1) 通讯录的设计

在创建 XML 文件之前，要先确定好通讯录的结构，通讯录记录的是所有联系人的通讯信息。所以可以确定一个通讯录中应该包含很多联系人的信息，每个联系人的通讯信息包含很多方面，这里确定为包含姓名、性别、出生年月、联系电话、E-mail 地址、QQ 号码、联系地址和邮政编码，在 XML 文件中可以先确定记录两个联系人的信息。接下来就可以进行 XML 文件的创建了。

2) XML 文件的创建

(1) 启动 Visual Studio 2010，创建一个 ASP .NET 空网站，在创建好的网站上单击工具栏中的【添加新项】按钮 ，弹出【添加新项】对话框，在对话框的模板列表框中选择【XML 文件】选项，在【名称】文本框中输入"通讯录.xml"，如图 7.2 所示。

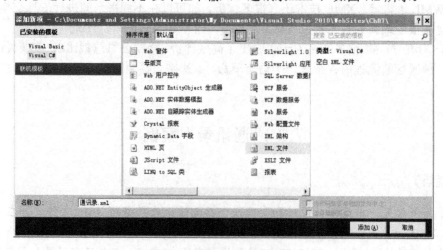

图 7.2 添加一个 XML 文件

(2) 单击【添加】按钮，会自动打开添加的 XML 文件"通讯录.xml"，可以看到代码窗口已经有了一行代码，如图 7.3 所示。

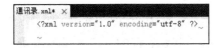

图 7.3　添加的 XML 文件

(3) 在上面所示的文件的原有代码基础上添加如下代码。

```
<通讯录>
    <联系人信息 联系人编号="L00001">
        <姓名>张三</姓名>
        <性别>男</性别>
        <出生年月>1980-02-28</出生年月>
        <联系电话>13866668888</联系电话>
        <E-mail 地址>zhangsan6666@sina.com</E-mail 地址>
        <QQ 号码>654321</QQ 号码>
        <联系地址>北京市朝阳区</联系地址>
        <邮政编码>100015</邮政编码>
    </联系人信息>
    <联系人信息 联系人编号="L00002">
        <姓名>李四</姓名>
        <性别>女</性别>
        <出生年月>1982-05-06</出生年月>
        <联系电话>13868986666</联系电话>
        <E-mail 地址>lisi1234@sina.com</E-mail 地址>
        <QQ 号码>123456</QQ 号码>
        <联系地址>北京市海淀区</联系地址>
        <邮政编码>100089</邮政编码>
    </联系人信息>
</通讯录>
```

得到如图 7.4 所示的效果。

图 7.4　输入通讯录信息的效果

(4) 单击【保存】按钮🖫，一个存储和描述通讯录数据的 XML 文件就创建好了。

2. 通讯录 XML 文件的浏览

按 F5 键或者单击按钮 ▶ 运行 XML 文件，就可以得到如图 7.1 所示的 XML 通讯录文件显示效果，其中"<通讯录>"等标签前的"-"代表可折叠。

7.2.2 本节知识点

1. XML 文件结构

在"通讯录"示例的 XML 文件代码中，发现 XML 文件可以分为两部分，第一部分是第一行代码"<?xml version="1.0" encoding="UTF-8"?>"，第二部分是接下来的代码行"<通讯录>……</通讯录>"，可以初步了解 XML 的文件结构。事实上，XML 文件结构是指 XML 文件中要素的组织方式，一个 XML 文件可看做由 3 部分组成，第一部分是文档头部分，第二部分是文档实体部分，第三部分是树状结构。

1) 文档头部分

XML 文件的文档头部分包括 XML 必要声明、DTD 声明和处理指令(PI)，其中 DTD 声明和处理指令(PI)涉及内容较多，这里由于篇幅关系，只介绍 XML 必要声明。一般 XML 文档的第一行都是 XML 的必要声明，用来指出当前 XML 文档的版本号，有时也会指明文档编码。在"通讯录"示例中 XML 文档的必要声明如下所示。

```
<?xml version="1.0" encoding="UTF-8"?>
```

这里的标签使用"<?"开始，"?>"结束，这在 XML 文档中称之为处理指令，中间的"xml"表示这是一个 XML 文件；version="1.0"描述版本信息，用于说明 XML 语言使用的版本，版本可以为 1.0 或者 1.1，这里是版本 1.0；encoding="UTF-8"描述文件的编码信息，用于说明 XML 文件的编码语言，这里"UTF-8"编码表示 XML 文件内容可以用多国文字编写，如果数据内容只有 ASCII 字符和汉字，可以使用"GB2312"编码；有些文件还会在声明中加入属性 standalone="yes"，这是独立性声明，用于说明 XML 文件是否可以独立而不依赖其他文档，选择"yes"表示独立显示。

2) 文档实体

文档实体是 XML 文件的主体部分，主要用来存储数据，"通讯录"示例中从第二行代码开始的"<通讯录>……</通讯录>"就是文档实体。文档实体由根元素、元素和属性组成。每个 XML 文件都包含唯一的根元素，其包含了所有其他的子元素，例如，在"通讯录"示例中，"通讯录"就是该 XML 文档的根元素。每一个 XML 文档中，其根元素中都包含了多个子元素，通常称之为 XML 文档中的元素。XML 的元素由 3 个部分组成，包括起始标签、内容和结束标签，如"<姓名>张三</姓名>"。需要注意的是，起始标签与结束标签必须完全对应，同时，要保证元素与元素间不能交叠。属性是依附于元素而存在的，任何一个元素都可以具有或不具有属性，但如果有属性则必须有属性值。元素若包含多个属性，则属性间用空格分隔，同时属性值需要使用单引号或双引号括起来。例如，"通讯录"示例中的属性是"联系人编号="L00001""，其中属性名是"联系人编号"，属性值是"L00001"。元素和属性的名称可以随意取，可以取成中文也可以取成英文，如果是英文则必须以字母或下划线开头，后面字符可以是字母、数字、下划线、短横或标点。元素名和属性名对大小写敏感，例如，"XML"和"xml"是两个不同的元素名。

3) 树状结构

每个 XML 文档都是按照层次关系组织起来的结构，其中的数据可能会作为元素或者属性出现在 XML 文档中，这就构成一个树状结构，"通讯录"示例 XML 文件的树状结构如图 7.5 所示。

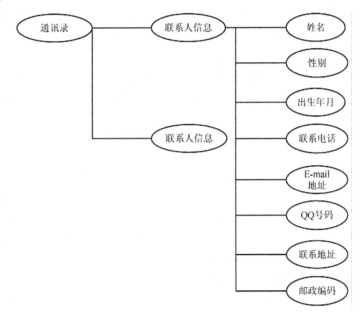

图 7.5 "通讯录" XML 文件对应的树状结构

2. .NET 中 XML 的意义

前面了解了很多 XML 的基础知识，但是在学习的过程中可能会有一个疑问，本书学习的是 .NET，为什么在学习 .NET 的时候要学习 XML 呢？这是因为 .NET 中的许多底层集成都是由 XML 实现的。例如，Web 服务完全依靠 XML 与远程对象交互。查看元数据通常就是看它的 XML 版本。

后面将要学到的 .NET 数据库技术 ADO .NET 也非常依赖 XML 进行数据的远程描述。当 ADO .NET 创建一个数据集时，数据会转换成 XML，以便 ADO .NET 处理，当远程处理完成时，对 XML 的改变会由 ADO .NET 送回到数据库。可以说 XML 是一个进入许多 .NET 领域的"敲门砖"，未来的集成前景会是多种多样的。另外，ASP .NET 环境中的很多设置文件也都是采用 XML 文件格式，例如，web.config、Web.sitemap 等。

可以说，XML 是微软 .NET 战略的一个重要组成部分，而且它可谓是 XML Web 服务的基石，所以掌握 .NET 框架下的 XML 技术是非常重要的。.NET 框架也提供了很多与 XML 相关的命名空间和重要的类。.NET 框架提供了以下一些命名空间：System.Xml、System.Xml.Schema、System.Xml.Serialization、System.Xml.Xpath 以及 System.Xml.Xsl 来包容和 XML 操作相关的类。

System.Xml 命名空间包含了一些最重要的 XML 类，其中最主要的类是和 XML 文档的读写操作相关的类。这些类中包括 4 个与读相关的类以及两个与写相关的类。它们分别是 XmlReader、XmlTextReader、XmlValidatingReader、XmlNodeReader、XmlWriter 及 XmlTextWriter。

XmlReader 类是一个虚基类，包含读 XML 文档的方法和属性。该类中的 Read 方法是一个基本的读 XML 文档的方法，它以流形式读取 XML 文档中的节点(Node)。另外，该类还提供了 ReadString、ReadInnerXml、ReadOuterXml 和 ReadStartElement 等更高级的读方法。除了提供读 XML 文档的方法外，XmlReader 类还为程序员提供了 MoveToAttribute、MoveToFirstAttribute、MoveToContent、MoveToFirstContent、MoveToElement 及 MoveToNextAttribute 等具有导航功能的方法。

XmlTextReader、XmlNodeReader 及 XmlValidatingReader 等类是从 XmlReader 类继承过来的子类。根据它们的名称，可以知道其作用分别是读取文本内容、读取节点和读取 XML 模式(Schemas)。

XmlWriter 类为程序员提供了许多写 XML 文档的方法，它是 XmlTextWriter 类的基类。

XmlNode 类是一个非常重要的类，代表了 XML 文档中的某个节点。该节点可以是 XML 文档的根节点，这样它就代表整个 XML 文档了。它是许多很有用的类的基类，这些类包括插入节点的类、删除节点的类、替换节点的类以及在 XML 文档中完成导航功能的类。同时，XmlNode 类还为程序员提供了获取双亲节点、子节点、最后一个子节点、节点名称以及节点类型等的属性。它的 3 个最主要的子类包括 XmlDocument、XmlDataDocument 以及 XmlDocumentFragment。XmlDocument 类代表了一个 XML 文档，提供了载入和保存 XML 文档的方法和属性，这些方法包括 Load、LoadXml 和 Save 等。同时，它还提供了添加特性(Attributes)、说明(Comments)、空间(Spaces)、元素(Elements)和新节点(New Nodes)等 XML 项的功能。XmlDocumentFragment 类代表了一部分 XML 文档，它能被用来添加到其他的 XML 文档中。XmlDataDocument 类可以让程序员更好地完成和 ADO .NET 中的数据集对象之间的互操作。

System.Xml.Schema 命名空间中包含了与 XML 模式相关的类，这些类包括 XmlSchema、XmlSchemaAll、XmlSchemaXPath 以及 XmlSchemaType 等。

System.Xml.Serialization 命名空间中包含了与 XML 文档的序列化和反序列化操作相关的类，XML 文档的序列化操作能将 XML 格式的数据转化为流格式的数据，并能在网络中传输，而反序列化则完成相反的操作，即将流格式的数据还原成 XML 格式的数据。

System.Xml.XPath 命名空间包含了 XPathDocument、XPathExression、XPathNavigator 以及 XPathNodeIterator 等类，这些类能完成 XML 文档的导航功能。在 XPathDocument 类的协助下，XPathNavigator 类能完成快速的 XML 文档导航功能，该类为程序员提供了许多 Move 方法以完成导航功能。

System.Xml.Xsl 命名空间中的类完成了 XSLT 的转换功能。

本 章 小 结

本章通过"通讯录"案例，简单地介绍了设计、创建和浏览 XML 文件的整个流程。XML 是一门简单易懂的语言，也是现在最热门的技术之一，很多最新的技术或多或少都与

XML 有关，XML 也与 .NET 框架有着紧密的联系。设计和创建一个 XML 文件很简单，但是要更好地规范和显示 XML 中的数据就需要学习更多的知识，有兴趣的读者可以查阅相关的书籍。

习 题

1. 填空题

(1) XML 文件的扩展名是_____。

(2) 如果要创建的 XML 文件内容中包含多国文字，XML 必要声明中的 encoding 属性值可以设置为_____。

(3) XML 的元素由 3 个部分组成，包括_____、_____和_____。

2. 选择题

(1) 下面(　　)公司或组织制定了 XML。
　　A．ISO　　　　　B．Oracle　　　　C．W3C　　　　D．Microsoft

(2) 下列关于 XML 文档中根元素的说法，不正确的有(　　)。
　　A．每一个结构完整的 XML 文档有且只有一个根元素
　　B．根元素完全包括了文档中的所有其他元素
　　C．根元素的起始标注要放在其他所有元素的起始标注之前，而根元素的结束标注要放在所有其他元素的结束标注之后
　　D．根元素不能包含属性节点

(3) XML 采用以下(　　)数据组织结构。
　　A．网状结构　　B．树状结构　　C．线状结构　　D．星状结构

3. 判断题

(1) XML 标签与 HTML 标签一样是固定的。　　　　　　　　　　　　(　　)
(2) XML 文件中元素的属性值可有可无。　　　　　　　　　　　　　　(　　)
(3) web.config 是一个 XML 文件。　　　　　　　　　　　　　　　　　(　　)
(4) XML 文件既可以描述数据又可以显示数据。　　　　　　　　　　　(　　)

4. 简答题

(1) XML 的文件结构是怎样的？
(2) .NET 框架提供了与 XML 相关的哪些命名空间和类？

5. 操作题

(1) 参考"通讯录"案例创建一个描述电影资料信息的 XML 文件并浏览效果。
(2) 搜索 XML 的相关知识，了解显示 XML 文件的技术。
(3) 搜索 XML 的相关知识，了解最新的 XML 技术发展情况。

第 8 章 导 航 控 件

教学目标：通过本章的学习，使学生了解网站导航的概念，理解和掌握使用 TreeView 控件、Menu 控件和 SiteMapPath 控件进行网站导航的方法，掌握站点地图文件的设计和创建，并了解 TreeView 控件、Menu 控件和 SiteMapPath 控件的常用属性、方法和事件。

教学要求：

知 识 要 点	能 力 要 求	关 联 知 识
TreeView 控件	(1) 了解 TreeView 控件的常用属性和事件 (2) 掌握 TreeView 控件的使用方法	(1) TreeView 控件的常用属性 (2) TreeView 控件的使用方法
站点地图文件	(1) 理解站点地图文件的作用 (2) 掌握站点地图文件的设计方法	(1) 站点地图文件的作用 (2) 站点地图文件的创建
Menu 控件	(1) 了解 Menu 控件的常用属性和事件 (2) 掌握 Menu 控件的使用方法	(1) Menu 控件的常用属性 (2) Menu 控件的使用方法
SiteMapPath 控件	(1) 了解 SiteMapPath 控件的常用属性 (2) 掌握 SiteMapPath 控件的使用方法	(1) SiteMapPath 控件的常用属性 (2) SiteMapPath 控件的使用方法

重点难点：

➤ TreeView 控件的常用属性、事件和使用方法
➤ 站点地图文件的作用和设计方法
➤ Menu 控件的常用属性、事件和使用方法
➤ SiteMapPath 控件的常用属性和使用方法

【引例】

随着网站规模的扩大，网页栏目和数量越来越多，用户浏览起来往往"迷路"，解决办法是在合理安排网站结构的基础上，在网页中设置导航提示。例如，"方讯网络"的网站使用了两种导航提示，分别是弹出式菜单导航和站点路径导航，如图 8.1 所示。

下面将对 ASP.NET 中导航提示的设计加以介绍。

第 8 章 导航控件

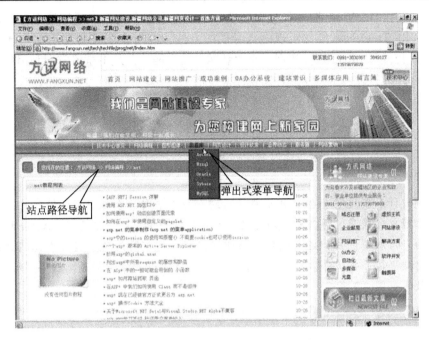

图 8.1 导航提示

8.1 导航控件概述

随着站点内容的增加以及站点内网页的重复浏览，管理所有的链接可能会变得比较困难。ASP.NET 提供的站点导航功能将指向所有页面的链接存储在一个中央位置，并在列表中呈现这些链接，或用一个特定 Web 服务器端控件在每页上呈现导航菜单。ASP.NET 提供了 SiteMapPath、TreeView 和 Menu 这 3 个控件来实现站点导航，通过 3 个控件可以轻松地在页面中建立导航信息。

其中 SiteMapPath 控件通过导航路径向用户显示当前页面的位置，并以链接的形式显示返回主页的路径。使用 SiteMapPath 控件创建站点导航，既不用编写代码，也不用显式绑定数据。此控件可自动读取和呈现站点地图信息。但是，如果需要，也可以使用代码自定义 SiteMapPath 控件。SiteMapPath 控件使用户能够从当前页面导航回站点层次结构中较高的页面。但是，SiteMapPath 控件不允许从当前页面向前导航到层次结构中较深的其他页面。在新闻组或留言板应用程序中，当用户想要查看正在浏览的文章的路径时，就可以使用 SiteMapPath 控件。

TreeView 控件显示一个树状结构或菜单，让用户可以遍历访问站点中的不同页面。单击包含子节点的节点可将其展开或折叠。Menu 控件显示一个可展开的菜单，让用户可以遍历访问站点中的不同页面。将鼠标指针悬停在菜单上时，将展开包含子节点的节点。

通过 TreeView 或 Menu 控件，用户可以展开节点并直接导航到特定的页面。这些控件不会像 SiteMapPath 控件那样直接读取站点地图。相反，用户需要在页面上添加一个可读取站点地图的 SiteMapDataSource 控件。然后，将 TreeView 或 Menu 控件绑定到 SiteMapDataSource 控件，从而将站点地图呈现在该页面上。

本章将利用 TreeView 控件和框架实现一个"电子书"网站，通过这个案例使读者理解和掌握利用 TreeView 控件实现站点导航的方法。同时本章还将利用站点地图文件、SiteMapPath 控件和 Menu 控件实现一个"新闻导航"网站，从中学习掌握利用站点地图文件、SiteMapPath 控件和 Menu 控件实现站点导航的方法。

8.2 "电子书"案例

【案例说明】

本案例设计和实现了一个"电子书"网站。由于中国的古典小说比较多，而且每本小说里面的章节也比较多，所以章节网页之间的导航很重要，这里使用 TreeView 控件进行页面导航。由于母版页的知识在后面的章节进行讲解，这里暂时使用框架进行网站的排版，另外，在设计"电子书"网站之前先准备了几张古典小说的章节网页，以得到较好的效果。案例运行效果如图 8.2 所示。

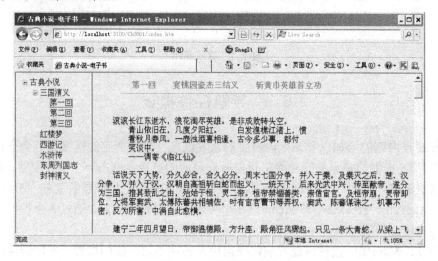

图 8.2 案例运行效果

8.2.1 操作步骤

1. "电子书"网站的创建

1) "电子书"网站的准备

在创建"电子书"网站之前，先要准备好电子书的显示内容，这里主要显示古典小说的内容以及显示"三国演义"中的章节，所以先准备一张电子书中要显示的古典小说的列表网页"main.htm"以及 3 张描述"三国演义"前 3 个章节的网页"001.htm"、"002.htm"和"003.htm"，章节界面如图 8.3 所示。

2) "电子书"网站的创建

(1) 启动 Visual Studio 2010，创建一个 ASP.NET 空网站，在创建好的网站上新建一个文件夹，命名为"books"，通过右击，在弹出的快捷菜单中选择【添加现有项】命令，添加列表网页"main.htm"到该文件夹下，在该文件夹下新建一个文件夹，命名为"sgyy"，并在把前面准备的 3 张章节网页通过右击，选择【添加现有项】命令添加到【sgyy】节点下。实现后的效果如图 8.4 所示。

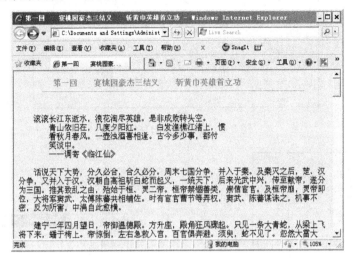

图 8.3 "三国演义"章节界面

(2) 在创建好的网站上右击，在弹出的快捷菜单中选择【添加新项】命令，在弹出的【添加新项】对话框中选择模板"HTML 页"选项，在下方的【名称】文本框中输入"index.htm"，单击【添加】按钮，会添加一张 HTML 网页，默认显示代码的界面。效果如图 8.5 所示。

图 8.4 添加预先准备的网页

图 8.5 添加的 HTML 网页代码界面

(3) 在上面所示的代码文件中，把如下的目录型框架代码替换标签"<body>"和"</body>"之间的代码。

```
<frameset cols="150,*">
    <frame name="contents" target="main" src="Default.aspx">
    <frame name="main" src="books/main.htm">
</frameset>
```

得到如图 8.6 所示的目录型框架代码效果。

(4) 在网站根目录上右击，添加一个新的 Web 窗体 "Default.aspx"，单击【设计】按钮切换到设计视图，从左侧的工具箱中拖动导航控件 TreeView 到中心工作区。工具箱中的 TreeView 控件和设计界面中的显示效果如图 8.7 和图 8.8 所示。

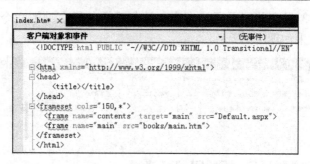

图 8.6　替换后的 HTML 界面

图 8.7　TreeView 控件

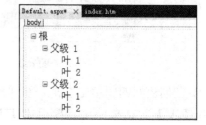

图 8.8　TreeView 控件的设计显示效果

(5) 单击 TreeView 控件右上角的按钮 ▶，在弹出的快捷菜单中选择【编辑节点】命令，如图 8.9 所示。

(6) 在弹出的【TreeView 节点编辑器】对话框中单击左上角的【添加根节点】按钮，可添加一个新的根节点，在右侧【属性】窗口的 Text 属性中输入"古典小说"，得到的效果如图 8.10 所示。

图 8.9　编辑 TreeView 节点

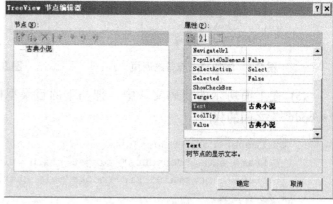

图 8.10　编辑根节点

(7) 单击左上角【添加根节点】按钮后的【添加子节点】按钮，可以为刚刚添加的根节点"古典小说"添加一个子节点，在右侧【属性】窗口的 Text 属性中输入"三国演义"，选择"三国演义"子节点，用同样的方法添加"第一回"、"第二回"和"第三回"3 个子节点，同样给根节点"古典小说"添加另外 5 部书的子节点，得到的效果如图 8.11 所示。

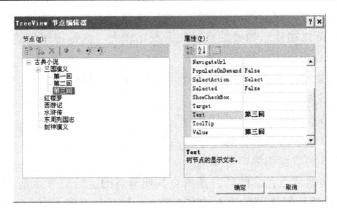

图 8.11 添加子节点

(8) 选择根节点"古典小说",在 NavigateUrl 属性中单击 按钮,选择刚开始添加的古典小说列表显示网页"main.htm",在 Target 属性中输入"main"。同样地为子节点"第一回"、"第二回"和"第三回"的 NavigateUrl 属性分别选择相应的网页"001.htm"、"002.htm"和"003.htm",也都在 Target 属性中输入"main"。效果如图 8.12 所示。

(9) 单击【确定】按钮,可以得到如图 8.13 所示的 TreeView 控件效果。

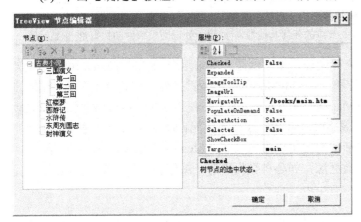

图 8.12 设置节点属性

图 8.13 编辑好后的 TreeView 控件

2. "电子书"网站的浏览

在【解决方案资源管理器】窗口中右击 "index.htm",选择【设为起始页】命令,然后按 F5 键或者单击按钮 ▶ 运行网站应用程序,就可以得到如图 8.2 所示的"电子书"网站显示效果。单击左侧的树状导航菜单,可以在"古典小说"主网页和"第一回"、"第二回"和"第三回"网页之间跳转浏览。而网站的其他小说还没有链接,有兴趣的读者可以自己依次实现。

8.2.2 本节知识点

1. TreeView 控件中编辑节点

TreeView 服务器端控件是 ASP .NET 引入的一个新控件,它是一个功能非常丰富的控件，可以显示层次数据。该控件可以通过它的折叠框架动态加载要显示的节点，即使这些节点是隐藏的，也可以加载。如果站点导航系统比较大，这是很理想的。此时，动态加载TreeView控件的节点可以大大提高性能。

TreeView控件由节点组成。树中的每个项都称为一个节点，它由一个TreeNode对象表示。节点类型的定义如下。

(1) 包含其他节点的节点称为"父节点"。
(2) 被其他节点包含的节点称为"子节点"。
(3) 没有子节点的节点称为"叶节点"。
(4) 不被任何其他节点包含的同时是所有其他节点的上级的节点是"根节点"。

利用TreeView控件创建导航的方法有3种，一种是如"电子书"案例所示的方法，即弹出【TreeView节点编辑器】对话框后，直接在其上进行手工编辑，这里除了编辑各种节点之外，还要设置各个节点的属性，常用的节点属性见表8-1。

表8-1 TreeView控件节点的常用属性

属性	说明
NavigateUrl	获取或设置单击节点时导航到的URL地址。本案例中为各张网页的URL地址
Target	获取或设置用于显示与节点关联的网页内容的目标窗口或框架。本案例中为"main"
Text	获取或设置为TreeView控件中的节点显示的文本。本案例中为各张网页的显示文本
Value	获取或设置用于存储有关节点的任何其他数据(如用于处理回发事件的数据)的非显示值

第二种方法是使用站点地图，首先在网站上创建一个站点地图文件Web.sitemap，其次在页面上添加一个TreeView控件和一个SiteMapDataSource控件，并将TreeView控件的DataSourceId属性值设置为"SiteMapDataSource1"。因为在使用TreeView控件显示.sitemap文件的内容时，TreeView控件不像SiteMapPath控件那样能自动绑定到站点地图文件上，而必须使用一个数据源控件。详细的情况可以参考8.3节Menu控件创建导航的步骤。

第三种方法是直接选择其他数据源，如各种数据库等，或编程实现导航。

2. 内置的视图方案

TreeView控件的结构是一个树状结构，TreeView控件上的每个元素或每一项都称为节点。层次结构中最上面的节点是根节点。TreeView控件可以有多个根节点。在层次结构中，任何节点，包括根节点在内，如果在它的下面还有节点，就称为父节点。每个父节点可以有一个或多个子节点。如果节点不包含子节点，就称为叶节点。

一个节点可以同时是父节点和子节点，但是不能同时为根节点、父节点和叶节点。节点为根节点、父节点还是叶节点，决定于节点的几种可视化属性和行为属性。

尽管通常的树状结构只具有一个根节点，但是TreeView控件允许向树状结构中添加多个根节点。如果要在不显示单个根节点的情况下显示选项列表(如同在产品类别列表中)，这种控件就非常有用。

可以通过本案例中实现的TreeView控件编辑效果来理解，如图8.14所示。

图8.14 TreeView编辑效果

在图 8.14 中，【古典小说】节点是根节点，本案例中只有一个根节点。【三国演义】节点既是根节点【古典小说】的子节点，又是【第一回】节点的父节点。【第一回】节点既是【三国演义】节点的子节点，又是叶节点，后面的几个节点也是如此。整个 TreeView 视图呈树状结构。

3. 对节点事件的处理

TreeView 控件提供了多个事件。TreeView 控件支持的常用事件见表 8-2。

表 8-2 TreeView 控件的常用事件

事 件	说 明
TreeNodeCheckChanged	当 TreeView 控件的复选框在向服务器的两次发送过程之间状态有所更改时发生
SelectedNodeChanged	当选择 TreeView 控件中的节点时发生
TreeNodeExpanded	当扩展 TreeView 控件中的节点时发生
TreeNodeCollapsed	当折叠 TreeView 控件中的节点时发生
TreeNodePopulate	当其 PopulateOnDemand 属性值设置为 True 的节点在 TreeView 控件中展开时发生
TreeNodeDataBound	当数据项绑定到 TreeView 控件中的节点时发生

8.3 "新闻导航"案例

【案例说明】

本案例设计和实现了一个"新闻导航"网站，在对各类新闻进行导航的设计过程中使用了站点地图文件，Menu 控件和 SiteMapPath 控件。为了使案例尽量简单明了，本案例的新闻都比较简单，只用几个文字代表了新闻的内容。读者若要进行实际应用只要修改相应的文字为实际的新闻列表即可。案例运行效果如图 8.15 所示。

图 8.15 案例运行效果

8.3.1 操作步骤

1. "新闻导航"网站的创建

(1) 启动 Visual Studio 2010，创建一个 ASP .NET 空网站，选择菜单【网站】|【添加新

项】命令,在弹出的【添加新项】对话框中选择【站点地图】命令,如图 8.16 所示。

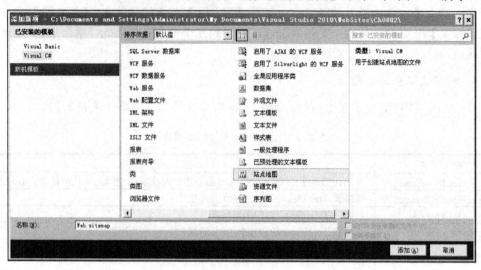

图 8.16 添加站点地图文件

(2) 保持默认名称"Web.sitemap"不变,单击【添加】按钮,自动打开添加的站点地图文件"Web.sitemap",代码如图 8.17 所示。

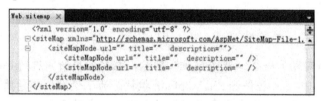

图 8.17 添加的站点地图文件

(3) 在站点地图文件"Web.sitemap"中用下面的代码替换标签"<siteMap>"和"</siteMap>"之间的代码。

```
<siteMapNode url="default.aspx" title="新闻首页" description="新闻首页">
  <siteMapNode url="zjxw.aspx" title="政经新闻" description="政经新闻">
    <siteMapNode url="szyw.aspx" title="时政要闻" description="时政要闻"/>
    <siteMapNode url="cjxw.aspx" title="财经新闻" description="财经新闻"/>
  </siteMapNode>
  <siteMapNode url="wtxw.aspx" title="文体新闻" description="文体新闻">
    <siteMapNode url="tyxw.aspx" title="体育新闻" description="体育新闻"/>
    <siteMapNode url="ylxw.aspx" title="娱乐新闻" description="娱乐新闻"/>
  </siteMapNode>
</siteMapNode>
```

得到如图 8.18 所示的效果。

(4) 在网站根目录上右击,添加一个新的 Web 窗体"Default.aspx",单击【设计】按钮切换到设计视图,选择【表】|【插入表】命令,插入一个 2×2 的表格,合并第一列的两个单元格,并适当增加整个表格的宽度,如图 8.19 所示。

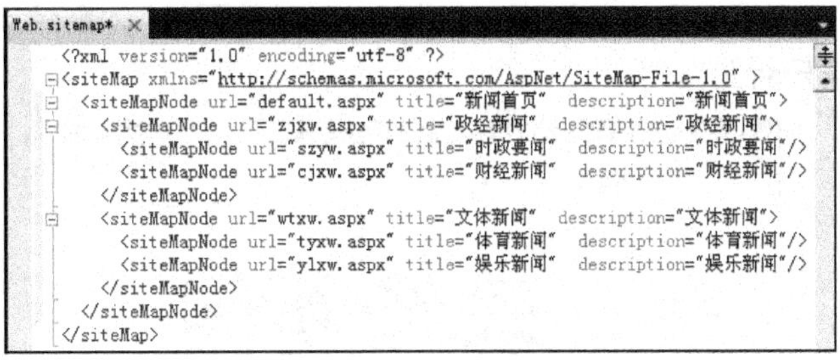

图 8.18　输入代码后的站点地图文件

图 8.19　编辑后的表格

(5) 从工具箱中拖动导航控件 Menu 到表格第一列，拖动导航控件 SiteMapPath 到表格第二列第一行，同时拖动数据选项卡的数据控件 SiteMapDataSource 到网页中，如图 8.20 所示。

图 8.20　添加 Menu 控件、SiteMapPath 控件和 SiteMapDataSource 控件

(6) 单击 Menu 控件右上角的按钮，在弹出的快捷菜单中，单击【选择数据源】下拉列表框，选择"SiteMapDataSource1"选项，如图 8.21 所示。

(7) 设置 Menu 控件的 StaticDisplayLevels 属性值为"2"，并在第二行第二列的单元格中输入"新闻首页"，并适当调整网页的外观，字体的大小，得到的效果如图 8.22 所示。

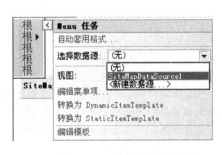

图 8.21　Menu 控件选择数据源

图 8.22　添加新闻首页内容

(8) 选择【网站】|【添加新项】命令，在弹出的【添加新项】对话框中添加一个 Web 窗体"zjxw.aspx"，复制"Default.aspx"网页中的所有表格和控件到"zjxw.aspx"中，在第二行第二列的单元格中输入"政经新闻"，效果如图 8.23 所示。

(9) 用同样的方法添加 5 张网页"szyw.aspx"、"cjxw.aspx"、"wtxw.aspx"、"tyxw.aspx"和"ylxw.aspx"，同样分别复制"Default.aspx"网页中的所有表格和控件到这 5 张网页中，

在这 5 张网页的第二行第二列的单元格中分别输入"时政要闻"、"财经新闻"、"文体新闻"、"体育新闻"和"娱乐新闻"。

图 8.23 添加的政经新闻网页

2. "新闻导航"网站的浏览

把"Default.aspx"设为起始页，按 F5 键或者单击按钮 ▶ 运行网站应用程序，就可以得到如图 8.15 所示的"新闻导航"显示效果，单击左侧的导航菜单，可以转到包括"新闻首页"在内的任何 7 张网页，也可以单击右上角的路径式菜单进行导航。

8.3.2 本节知识点

1. 站点地图文件的作用与结构

若要使用 ASP.NET 站点导航，必须描述站点结构以便站点导航 API 和站点导航控件可以正确显示站点结构。默认情况下，站点导航系统使用一个包含站点层次结构的 XML 站点地图文件。

创建站点地图最简单的方法是创建一个名为 Web.sitemap 的 XML 文件，该文件按站点的分层形式组织页面。ASP.NET 的默认站点地图提供程序自动选取此站点地图。Web.sitemap 文件必须位于应用程序的根目录中。

在"新闻导航"案例中，就用到了站点地图文件 Web.sitemap，案例中 Web.sitemap 的完整代码如下。

```
<?xml version="1.0" encoding="UTF-8" ?>
<siteMap xmlns="http://schemas.microsoft.com/AspNet/SiteMap-File-1.0" >
  <siteMapNode url="default.aspx" title="新闻首页"  description="新闻首页">
    <siteMapNode url="zjxw.aspx" title="政经新闻"  description="政经新闻">
      <siteMapNode url="szyw.aspx" title="时政要闻"  description="时政要闻"/>
      <siteMapNode url="cjxw.aspx" title="财经新闻"  description="财经新闻"/>
    </siteMapNode>
    <siteMapNode url="wtxw.aspx" title="文体新闻"  description="文体新闻">
      <siteMapNode url="tyxw.aspx" title="体育新闻"  description="体育新闻"/>
      <siteMapNode url="ylxw.aspx" title="娱乐新闻"  description="娱乐新闻"/>
    </siteMapNode>
  </siteMapNode>
</siteMap>
```

从以上代码中的第一行代码可知这是一个 XML 文件，根节点是<siteMap>元素。该文件中只能有一个<siteMap>元素。在这个<siteMap>元素中，有一个<siteMapNode>元素，每一个<siteMapNode>元素描述的是一张网页的导航信息，在本案例中第一个<siteMapNode>元素是"<siteMapNode url="default.aspx" title="新闻首页" description="新闻首页">"，描述的是新闻首页的信息。第一个<siteMapNode>元素一般是网站应用程序的起始页面，在本案例中"default.aspx"也是"新闻导航"网站的起始页。<siteMapNode>元素的属性说明见表8-3。

表8-3 <siteMapNode>元素的属性说明

属 性	说 明
title	提供链接的文本描述
description	不仅说明该链接的作用，还用于链接上的ToolTip属性。ToolTip属性是客户端用户把光标停留在链接上几秒后显示的信息
url	描述了文件在网站应用程序中的位置。如果文件在根目录下，就使用文件名，如"Default.aspx"。如果文件位于子文件夹下，就在这个属性值中包含该文件夹，如"test/test.aspx"

从表8-3的属性描述可知，"<siteMapNode url="default.aspx" title="新闻首页" description="新闻首页">"表示一张网页，网页地址为"default.aspx"，显示内容为"新闻首页"。

添加了第一个<siteMapNode>后，就可以添加任意多个<siteMapNode>元素。在"新闻导航"案例网站的站点地图文件Web.sitemap中就嵌套包含了6个<siteMapNode>元素，从而嵌套描述了两个层次的6张网页的导航信息。

站点地图文件Web.sitemap的创建与XML文件的创建相同，比较简单，但要注意一点，Web.sitemap文件中的各个"url"网页地址一定要真实存在，不然会提示出错。

2. 利用Menu控件进行导航

Menu控件用于显示Web网页中的菜单，并常与用于导航网站的SiteMapDataSource控件结合使用。用户单击菜单项时，Menu控件可以导航到所链接的网页或直接回发到服务器端。如果设置了菜单项的NavigateUrl属性，则Menu控件导航到所链接的页；否则，该控件将页回发到服务器端进行处理。默认情况下，链接页与Menu控件显示在同一窗口或框架中。若要在另一个窗口或框架中显示链接内容，应使用Menu控件的Target属性。Target属性影响控件中的所有菜单项。若要为单个菜单项指定一个窗口或框架，需要直接设置MenuItem对象的Target属性。

Menu控件显示两种类型的菜单：静态菜单和动态菜单。静态菜单始终显示在Menu控件中。默认情况下，根级(级别0)菜单项显示在静态菜单中。通过设置StaticDisplayLevels属性，可以在静态菜单中显示更多菜单级别(静态子菜单)。级别高于StaticDisplayLevels属性所指定的值的菜单项(如果有)显示在动态菜单中。仅当用户将鼠标指针置于包含动态子菜单的父菜单项上时，才会显示动态菜单。一定的持续时间之后，动态菜单自动消失。在"新闻导航"案例中设置了StaticDisplayLevels属性值为"2"，在显示过程中可以看到Menu控件静态显示前面的2级菜单。

Menu控件由菜单项组成。顶级(级别0)菜单项称为根菜单项，具有父菜单项的菜单项称为子菜单项。所有根菜单项都存储在Items集合中。子菜单项存储在父菜单项的ChildItems集合中。

每个菜单项都具有Text属性和Value属性。Text属性的值显示在Menu控件中，而Value

属性则用于存储菜单项的任何其他数据(如传递给与菜单项关联的回发事件的数据)。在单击时，菜单项可导航到 NavigateUrl 属性指示的另一个网页。

可以使用多种方法自定义 Menu 控件的外观。首先，可以通过设置 Orientation 属性，指定是水平还是垂直呈现 Menu 控件。其次，可以为每个菜单项类型指定不同的样式(如字体大小和颜色等)。除了设置各样式属性之外，还可以根据菜单项的级别，指定应用于菜单项的样式。改变控件外观的另一种方法是自定义显示在 Menu 控件中的图像。

Menu 控件提供多个可以对其进行编程的事件。表 8-4 列出了受支持的常用事件。

表 8-4 Menu 控件的常用事件

事件	说明
MenuItemClick	单击菜单项时发生。此事件通常用于将页面上的一个 Menu 控件与另一个控件进行同步
MenuItemDataBound	当菜单项绑定到数据时发生。此事件通常用于菜单项呈现在 Menu 控件中之前对菜单项进行修改

Menu 控件的使用很简单，若已经定义了站点地图文件 Web.sitemap，就只要拖入一个 SiteMapDataSource 控件，并把 Menu 控件的 DataSourceID 属性设置为刚添加的 SiteMapDataSource 控件 ID "SiteMapDataSource1" 即可，SiteMapDataSource 控件默认以 Web.sitemap 作为站点地图导航文件数据源。这也是"新闻导航"案例中所用的方法。另外，TreeView 控件的使用方法也和 Menu 控件相同。

3. 利用 SiteMapPath 控件标识路径

SiteMapPath 控件是一种站点导航控件，反映站点地图对象提供的数据。它提供了一种用于轻松定位站点的节省空间方式，用作当前显示页在站点中位置的引用点。SiteMapPath 控件显示了超链接页名称的分层路径，从而提供了从当前位置沿页层次结构向上的跳转，如新闻首页>文体新闻>体育新闻。SiteMapPath 控件对于分层页结构较深的站点很有用，在此类站点中 TreeView 或 Menu 可能需要较多的页空间。

SiteMapPath 控件直接使用网站的站点地图数据。如果将其用在未在站点地图中描述的页面上，则不会显示。SiteMapPath 由节点组成，路径中的每个元素均称为节点，确定路径并表示分层树的根的节点称为根节点。表示当前显示页的节点称为当前节点，当前节点与根节点之间的任何其他节点都为父节点。SiteMapPath 控件的常用属性见表 8-5。

表 8-5 SiteMapPath 控件的常用属性

属性	说明
PathSeparator	获取或设置一个字符串，该字符串在呈现的导航路径中分隔 SiteMapPath 节点。默认值是">"，本案例中用的是默认值
PathDirection	获取或设置导航路径节点的呈现顺序。有两个值"RootToCurrent"和"CurrentToRoot"
ParentLevelsDisplayed	获取或设置控件显示的相对于当前显示节点的父节点级别数。默认值是"-1"，表示没有限制

SiteMapPath 控件的使用相对于 Menu 控件来说更简单，在已经添加站点地图文件 Web.sitemap 的基础上，只要拖入一个 SiteMapPath 控件就可以使用导航了，但要确保引用该控件网页的网页地址包含在 Web.sitemap 的某个"url"属性中，否则导航将不起作用。

本 章 小 结

本章通过"电子书"和"新闻导航"两个案例，详细地介绍了 TreeView 控件、站点地图、SiteMapPath 控件和 Menu 控件的作用和使用方法。为求导航方便，在"电子书"案例中使用了框架。同时，由于篇幅的关系，两个案例距实际应用都还有一定的差距，有兴趣的读者可以自己完善。

习 题

1. 填空题

(1) 如果一个节点不包含子节点，就称为_____。
(2) 站点地图文件中的_____属性用于提供链接的文本描述。
(3) Menu 控件显示两种类型的菜单：_____和动态菜单。其中_____始终显示在 Menu 控件中。
(4) SiteMapPath 控件的_____属性用于获取或设置一个字符串，该字符串在呈现的导航路径中分隔 SiteMapPath 节点。

2. 选择题

(1) 如果需要让 Menu 控件固定显示 3 级菜单，应该设置下列(　　)属性。
　　A．NavigateUrl　　　B．StaticDisplayLevels　　C．Target　　D．Text
(2) 以下(　　)导航控件使用站点地图文件 Web.sitemap 进行导航，而不需要用到 SiteMapDataSource 控件。
　　A．TreeView 控件　　　　　　　　　　B．Menu 控件
　　C．SiteMapPath 控件　　　　　　　　　D．TextBox 控件

3. 判断题

(1) SiteMapPath 控件显示一个树状结构或菜单，用户可以遍历访问站点中的不同页面。　　　　　　　　　　　　　　　　　　　　　　　　　　　　　　(　　)
(2) TreeView 结构视图中的根节点只能有一个。　　　　　　　　　　(　　)
(3) 站点地图文件 Web.sitemap 中的 <siteMapNode> 元素可以有多个，但顶级 <siteMapNode> 元素只能有一个。　　　　　　　　　　　　　　　　　　(　　)

4. 简答题

(1) 利用 TreeView 控件进行导航可以有哪些方法？
(2) 如何对现实中的网站进行导航？选择自己觉得最合适的方法。

5. 操作题

(1) 搜索 ASP .NET 提供的导航控件的更多知识，深入学习。
(2) 独立实现和完善本章提供的"电子书"案例和"新闻导航"案例。

第 9 章　数据库与 SQL 语言

教学目标：通过本章的学习，使学生了解创建数据库的基本流程，掌握创建数据库及数据表的基本方法，并熟练掌握数据表中数据的基本操作及 SQL 语句的使用方法。

教学要求：

知识要点	能力要求	关联知识
Access	(1) 熟悉 Access 工作窗口 (2) 掌握 Access 的基本使用方法	(1) 利用 Access 创建数据库和数据表 (2) 对数据表中的记录进行操作
SQL Server 2000	(1) 熟悉 SQL Server 2000 工作窗口 (2) 掌握 SQL Server 2000 的基本使用方法	(1) 利用 SQL Server 2000 创建数据库和数据表 (2) 对数据表中的记录进行操作
SQL 语言	(1) 掌握基本 SQL 语句 (2) 能够根据要求写出相应的 SQL 语句	(1) SELECT 语句 (2) INSERT 语句 (3) UPDATE 语句 (4) DELETE 语句
SQL Server 2005	(1) 熟悉 SQL Server 2005 工作窗口 (2) 掌握 SQL Server 2005 的基本使用方法	利用 SQL Server 2005 创建数据库和数据表

重点难点：

- 利用 Access 创建数据库及数据表的基本方法
- 利用 SQL Server 2000 创建数据库及数据表的基本方法
- 对数据表中记录的基本操作
- SQL 语句的使用方法

【引例】

什么是数据库？有人说数据库是一个"记录保存系统"，也有人说是"人们为解决特定的任务，以一定的组织方式存储在一起的相关的数据的集合"，更有甚者称数据库是"一个数据仓库"，这种说法虽然形象，但并不严谨。严格地说，数据库是"按照数据结构来组织、存储和管理数据的仓库"。

在日常工作中，常常需要把某些相关的数据放进这样的"仓库"，并根据管理的需要进行相应的处理。例如，企业或事业单位的人事部门常常需要把本单位职工的基本情况(职工号、姓名、性别、出生日期、籍贯、工资、简历等)存放在表中，见表 9-1。

表 9-1　人事基本档案

职工号	姓名	性别	出生日期	籍贯	工资	简历
00001	赵岩	男	1976-5-25	北京	1680	…
00002	张曼曼	女	1978-1-26	上海	1560	…
00003	李小华	女	1983-10-30	沈阳	1630	…
00004	徐海	男	1973-12-20	重庆	2100	…
…	…	…	…	…	…	…

这张表就可以看成是一个数据库。有了这个"数据仓库"就可以根据需要随时查询某职工的基本情况,也可以查询工资在某个范围内的职工人数等。这些工作如果都能在计算机上自动进行,人事管理就可以达到极高的水平。此外,在财务管理、仓库管理、生产管理中也需要建立众多的这种"数据库",使其可以利用计算机实现财务、仓库、生产的自动化管理。

9.1 概　　述

Microsoft Office Access 是微软公司发布的 Microsoft Office 软件包中的一个组件,它是一款桌面关系型数据库管理软件,目前常用的是 Access 2003 和 Access 2007 两个版本,操作方法类似。Access 以其强大的功能、友好的用户界面吸引了众多用户,是当今流行的数据库软件之一。要开发专业性强、适用面窄、针对性强的中小型信息管理系统,Access 将是最好的选择。

SQL Server 是微软公司开发的大型关系数据库管理系统,它由一系列的管理和开发工具组成,并具有非常强大的关系数据库创建、开发、设计及管理功能,成为众多数据库产品中的杰出代表。目前 ISP(Internet Service Provider,互联网服务提供商)推出的虚拟主机搭配的版本大都是 SQL Server 2000 和 SQL Server 2005。

本章将分别通过 Access 2003、SQL Server 2000 和 SQL Server 2005 来创建"通讯录"数据库,以便读者能够了解创建数据库的基本流程,并学习掌握数据库及表的创建方法和基本使用方法。本章最后还详细介绍了 SQL 语言。

9.2 "通讯录 Access 版"案例

【案例说明】

本案例将通过 Access 创建一个通讯录数据库,并建立一个通讯录表,最终效果如图 9.1 所示。

图 9.1 Access 最终效果

9.2.1 操作步骤

1. 创建数据库

(1) 选择【开始】|【所有程序】|【Microsoft Office】|【Microsoft Office Access】命令,启动 Access,在起始页中单击工具栏中的【新建】按钮,界面如图 9.2 所示。

(2) 选择右侧导航栏【空数据库】选项，弹出【文件新建数据库】对话框，将文件保存在"D:\aspnetdb"文件夹下，数据库文件名称为"aspnetdb.mdb"，如图 9.3 所示。

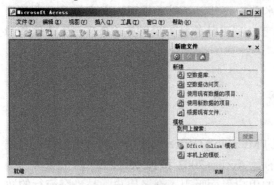

图 9.2　创建数据库　　　　　　　　　　图 9.3　保存数据库

(3) 单击【创建】按钮，出现 aspnetdb 数据库窗口，如图 9.4 所示。

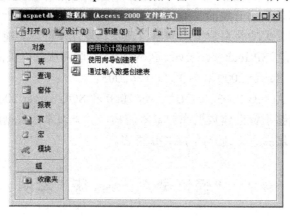

图 9.4　aspnetdb 数据库窗口

2. 创建数据表

(1) 在 aspnetdb 数据库窗口中，双击【使用设计器创建表】选项，将打开表设计器。参照表 9-2(Access 版)设计通讯录表结构，设置完字段及数据类型后的表设计器如图 9.5 所示。

表 9-2　通讯录表结构

字 段 名 称	类　型	宽　度	必填字段	标　题	说　明
ID	自动编号		YES	编号	主键
Name	文本	10	YES	姓名	
Sex	文本	2	NOT	性别	默认值"男"
Birth	日期/时间		NOT	出生日期	
E-mail	文本	40	NOT	电子邮箱	
Telephone	文本	40	NOT	联系电话	
Address	文本	40	NOT	通信地址	
Postcode	文本	6	NOT	邮政编码	

第 9 章 数据库与 SQL 语言

图 9.5 表设计视图

(2) 单击工具栏上的【保存】按钮，将弹出【另存为】对话框，保存表文件为"AddressBook"，单击【确定】按钮。

(3) 关闭表结构设计窗口，在 aspnetdb 数据库窗口中将看到新建的 AddressBook 表。

3．添加数据

(1) 在 aspnetdb 数据库窗口中双击 AddressBook 表，在弹出的数据表视图窗口中输入数据，效果如图 9.1 所示。

(2) 输入完成后，直接关闭数据表视图窗口，即可自动保存数据。

9.2.2　本节知识点

1．创建 Access 数据库和数据表

Access 使用的对象包括表、查询、报表、窗体、宏、模块和 Web 页，而同一个数据库中的所有表、查询、窗体等都保存在一个.mdb 文件中。

表是 Access 中最基本的对象。它的视图分为设计视图(如图 9.5 所示)和数据表视图(如图 9.1 所示)两种，其中的设计视图可以用于创建表和更改表的结构，数据表视图可以在表的结构建立后输入和编辑表中的数据。

表结构在创建好后还可以进行修改。右击 AddressBook 表，在弹出的快捷菜单中选择【设计视图】命令，或者单击数据库窗口中的按钮 ，就可以打开设计视图。在【常规】选项卡中可以设置字段标题、字段大小、格式、输入掩码、默认值、有效性规则等。

标题的作用是标志该字段的名称，它将出现在表的数据库视图的顶端(如图 9.1 所示)。如果不设定标题，则 Access 会默认使用字段名称。

格式可以在数据输入后改变其显示方式。例如，将 Birth 字段的【格式】属性值设置为"短日期"格式，则所有输入的日期都将以 1994-6-19 的形式显示。如果用户输入 1986/3/4，则 Access 会自动把显示格式转换为 1986-3-4。

输入掩码可以提示用户按照指定的模式进行输入。例如，为"Postcode"字段设置输入掩码，单击【输入掩码】文本框旁的按钮，弹出【自定义"输入掩码向导"】对话框，可以直接从列表中选择掩码格式，也可以单击【编辑列表】按钮，进行自定义输入掩码，如图9.6所示。

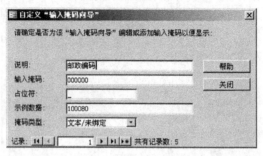

图9.6 【自定义"输入掩码向导"】对话框

2. 操作Access数据记录

右击AddressBook，选择【打开】命令，或者单击数据库窗口中的按钮，就可以打开数据表视图。在数据表视图中，可以修改数据表中的数据，包括插入新数据、修改数据、替换数据、复制数据和删除数据。

Access根据主键字段中的值自动排序记录。若要根据单一字段内容按升序或降序排列表中的数据记录，可直接单击要排序的字段，再单击工具栏中的【升序】按钮或【降序】按钮。若要用两个以上的字段排序，则这些字段在数据表中必须相邻(可以通过移动这些列到适当位置)，选中这些字段，然后再单击工具栏中的【升序】或【降序】按钮。

筛选数据可以将符合筛选条件的数据记录显示出来，以方便用户查看。Access提供的筛选方法有4种，分别为按窗体筛选、按选定内容筛选、内容排除筛选、高级筛选/排序，可以通过选择主菜单中的【记录】|【筛选】命令来进行选择，如图9.7所示。

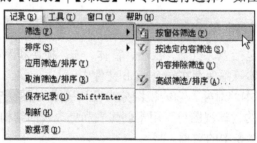

图9.7 筛选数据

9.3 "通讯录SQL Server版"案例

【案例说明】

本案例将通过SQL Server 2000创建一个通讯录数据库，并建立一个通讯录表，最终效果如图9.8所示。

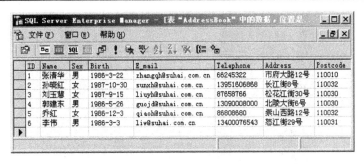

图 9.8　SQL Server 最终效果

9.3.1　操作步骤

1. 创建数据库

(1) 选择【开始】|【所有程序】|【Microsoft SQL Server】|【企业管理器】命令，将打开 Microsoft SQL Server 企业管理器界面，如图 9.9 所示。

图 9.9　Microsoft SQL Server 企业管理器界面

(2) 展开【SQL Server 组】，再展开要创建数据库的服务器节点，然后右击【数据库】节点，在弹出的快捷菜单中选择【新建数据库】命令，弹出【数据库属性】对话框，如图 9.10 所示。在【常规】选项卡中的【名称】文本框中输入新数据库的名称"aspnetdb"，注意不能与其他现存数据库的名称相同。

(3) 指定数据库的名称后，在【数据文件】选项卡的【文件名】中设置主要数据库文件的逻辑文件名，如图 9.11 所示。SQL Server 默认会以数据库的名称加上_Data 作为主要数据库文件的逻辑文件名。

(4) 在【数据文件】选项卡的【位置】中指定主要数据库文件的物理文件名。单击【位置】下方的按钮，弹出【查找数据库文件】对话框，如图 9.12 所示，将文件保存在"D:\aspnetdb"文件夹下。

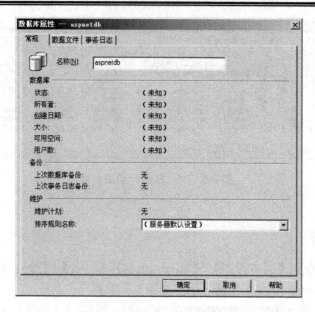

图 9.10　aspnetdb 数据库属性

图 9.11　数据文件的设置　　　　　　　　图 9.12　保存数据文件

（5）选择【事务日志】选项卡，按同样的方法设置日志文件，将日志文件保存在"D:\aspnetdb"文件夹下。

（6）单击【确定】按钮，完成数据库的创建。

2．创建数据表

（1）展开【aspnetdb】数据库。

（2）右击【表】选择【新建表】命令，如图 9.13 所示。

（3）在弹出的编辑窗口中按照表 9-3(SQL Server 版)分别输入各列的名称、数据类型、长度、是否允许空值等属性，如图 9.14 所示。

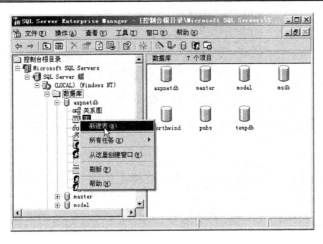

图 9.13 新建数据表

表 9-3 AddressBook 表结构

列 名	数据类型	长 度	允 许 空	描 述
ID	int	4	NOT	编号，主键，标识列
Name	nvarchar	10	NOT	姓名
Sex	nvarchar	2	YES	性别，默认值"男"
Birth	smalldatetime	4	YES	出生日期
E_mail	nvarchar	40	YES	电子邮箱
Telephone	nvarchar	40	YES	联系电话
Address	nvarchar	40	YES	通信地址
Postcode	char	6	YES	邮政编码

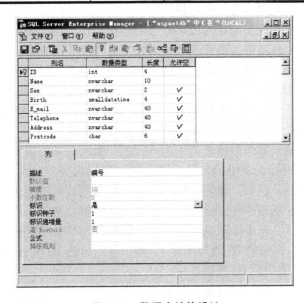

图 9.14 数据表结构设计

(4) 在输入完各列属性后，单击工具栏中的按钮 ![], 弹出【选择名称】对话框, 输入表的名称"AddressBook", 单击【确定】按钮, 如图 9.15 所示。

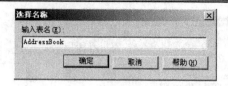

图 9.15 输入表名

(5) 关闭【新建表】窗口后，在 aspnetdb 数据库中将看到 AddressBook 表。

3. 添加数据

(1) 在列表视图中右击 AddressBook 表，在弹出的快捷菜单中选择【打开表】|【返回所有行】命令。

(2) 在弹出的窗口中输入数据，最终效果如图 9.8 所示，完成后关闭输入数据窗口即可。

9.3.2 本节知识点

1. 创建 SQL Server 数据库和数据表

SQL Server 2000 数据库由包含数据的表集合和其他对象(如视图、索引、存储过程和触发器等)组成。数据库的存储结构包括逻辑存储结构和物理存储结构，而数据库创建的过程就是数据库逻辑设计的物理实现过程。

数据库的逻辑存储结构是指数据库由哪些性质的信息所组成，所有与数据处理操作相关的信息都存储在数据库中。数据库的物理存储结构则是讨论数据库文件是如何在磁盘上存储的。数据库在磁盘上以文件为单位存储，由数据库文件和事务日志文件组成。一个数据库至少应包含一个数据库文件和一个事务日志文件。

对于数据库中的表结构在定义完成后，并不是不能改变。SQL Server 允许用户向已定义好的表添加、插入、删除字段，还可以更改字段的名称、数据类型、长度、精度和小数位数。更改表结构时，不仅影响要修改字段中的数据，访问该字段的相关程序代码也要进行相应的修改，而且用户对表的操作也要进行相应的变动，所有表结构在系统运行的初期就应确定下来，系统运行一段时间后，尽量不要改变表结构，以免造成程序错误。

如果要修改表结构，可以在企业管理器中展开【aspnetdb】数据库，选择【表】对象，在右侧的列表中右击 AddressBook 表，选择【设计表】命令，将弹出如图 9.14 所示的窗口，在【列】选项卡中可以设置默认值、标识列、有效性规则等。

标识列属性使得某一列的取值是基于上一行的列值和为该列定义的步长自动生成的。标识列的值可以唯一地标识表中的一行。要定义一个标识列，必须给出一个种子值(初始值)、一个步长值(增量)。例如，设置"ID"字段为标识列，可以在表结构设计窗口中选择"ID"字段，在【列】选项卡中打开【标识】下拉列表框，选择"是"选项，在【标识种子】文本框中输入"1"，在【标识递增量】文本框中输入"1"，如图 9.14 所示。设置完成后输入记录时，第一条记录的 ID 值自动为 1，第二条记录的 ID 值自动为 2，依此类推。设置标识列的前提是 ID 字段为 int 类型。

数据库表通常有一列或列的组合，其值用来唯一标识表中的每一行。该列或列的组合称为该表的主键。在 AddressBook 表结构设计窗口中，右击"ID"字段，在弹出的快捷菜单中选择【设置主键】命令，或者选择"ID"字段，在工具栏中单击按钮 ，即可设置"ID"字段为主键。设置完成后，在"ID"字段左侧会出现一个黄色小钥匙的标志。

2. 操作 SQL Server 数据记录

(1) 查看表中所有数据：右击表，在弹出的快捷菜单中选择【打开表】|【返回所有行】命令，显示所有记录。

(2) 查看某一条记录：打开表，然后右击该表，在弹出的快捷菜单中选择【行】命令，在弹出的【行】对话框中输入要定位到的记录数，即可实现查看某一条记录。

(3) 浏览指定行数的数据：右击表，在弹出的快捷菜单中选择【打开表】|【返回首行】命令，将弹出如图 9.16 所示的【行数】对话框，在文本框中输入要显示的行数，单击【确定】按钮，即可显示指定行数的数据。

(4) 删除数据：整行选定要删除的数据，然后右击选定的数据，在弹出的快捷菜单中选择【删除】命令，将弹出如图 9.17 所示的对话框，单击【是】按钮删除当前记录，单击【否】按钮取消删除操作。

图 9.16 【行数】对话框

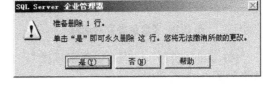
图 9.17 删除记录

注意：如果数据表与其他表有关联，可能不允许删除数据，或者进行级联删除，其他数据表中的相关数据也会被删除。

9.4 SQL 语言基础

9.4.1 Access 和 SQL Server 2000 中如何执行 SQL 语句

SQL 是结构化查询语言(Structured Query Language) 的英文缩写，由于其功能丰富、语言简洁，现已成为关系型数据库的标准语言。

下面将介绍如何在 Access 和 SQL Server 2000 中执行 SQL 语句。

1. Access 中的 SQL 视图

(1) 在数据库窗口左侧的【对象】面板中单击【查询】按钮，显示查询对象，如图 9.18 所示，然后双击【在设计视图中创建查询】选项，打开查询的设计视图。

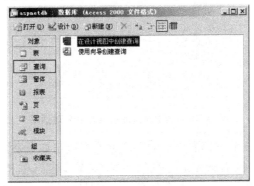
图 9.18 查询窗口

(2) 弹出【显示表】对话框，在对话框中选择 AddressBook 表，单击【添加】按钮，然后单击【关闭】按钮，如图 9.19 所示。

(3) 选择【视图】|【SQL 视图】命令，如图 9.20 所示。

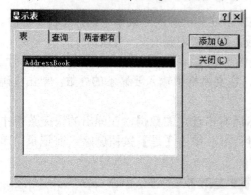

图 9.19 【显示表】对话框

图 9.20 【视图】下拉菜单

(4) 此时便打开了"SQL 查询视图"，如图 9.21 所示。输入相应的 SQL 语句，运行后结果如图 9.22 所示。

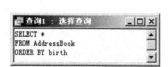

图 9.21 SQL 查询视图

图 9.22 查询结果

2. SQL Server 2000 中的查询分析器

(1) 选择【开始】|【所有程序】|【Microsoft SQL Server】|【查询分析器】命令，弹出【连接到 SQL Server】对话框，如图 9.23 所示。

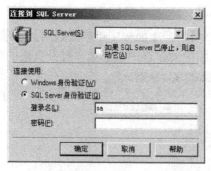

图 9.23 【连接到 SQL Server】对话框

(2) 在【SQL Server】下拉列表框中输入服务器名称，如果要登录本地服务器，可输入"Local"，并选中【如果 SQL Server 已停止，则启动它】复选框和【SQL Server 身份验证】单选按钮。输入登录名和密码，默认情况下，管理员账号为 sa，密码为空。

(3) 单击【确定】按钮，进入查询分析器窗口，在工具栏中选择 aspnetdb 数据库，然后在查询窗口中输入 SQL 命令，再单击工具栏中的按钮▶执行查询，在查询结果窗口中将显示查询结果，如图 9.24 所示。

图 9.24　查询分析器窗口

9.4.2　SELECT 查询语句

SQL Server 中，SELECT 语句是使用频繁的语句之一。使用 SELECT 语句可以实现对数据库的查询操作，并可以给出经过分类、统计、排序后的查询结果。

SELECT 语句的基本语法格式如下("[　]" 代表中间内容为可选项，"|" 代表两侧参数任选其一)。

```
SELECT [ALL | DISTINCT] column_list
[INTO new_table_name]
FROM table_list
[WHERE search_condition]
[GROUP BY group_by_list]
[HAVING search_condition]
[ORDER BY order_list [ASC | DESC]]
```

SELECT 语句中各子句的说明如下。

(1) SELECT：此关键字用于从数据库中检索数据。

(2) ALL|DISTINCT：ALL 指定在结果集中可以包含重复行，ALL 是默认设置；关键字 DISTINCT 指定 SELECT 语句的检索结果不包含重复的行。

(3) column_list：描述进入结果集的列，它是由逗号分隔的表达式的列表。

(4) INTO new_table_name：指定查询到的结果集存放到一个新表中，new_table_name 为指定新表的名称。

(5) FROM table_list：用于指定产生检索结果集的源表的列表。

(6) WHERE search_condition：用于指定检索的条件，它定义了源表中的行数据进入结果集所要满足的条件，只有满足条件的行才能出现在结果集中。

(7) GROUP BY group_by_list：GROUP BY 子句根据 group_by_list 列中的值将结果集分成组。

(8) HAVING search_condition：HAVING 子句是应用于结果集的附加筛选。HAVING 子

句通常与 GROUP BY 子句一起使用,尽管 HAVING 子句前面不必有 GROUP BY 子句。

(9) ORDER BY order_list [ASC | DESC]:ORDER BY 子句定义结果集中的行排列的顺序,order_list 指定依据哪些列来进行排序。ASC 和 DESC 关键字用于指定结果集是按升序还是按降序排序,ASC 升序排序,DESC 降序排序,默认是升序排序。

1. SELECT 查询

【例 9-1】从 AddressBook 表中查询所有人的信息。

```
USE aspnetdb
GO
SELECT * FROM AddressBook
```

说明:第一行语句表示打开数据库 aspnetdb,如果在查询分析器的工具栏中已经选择了该数据库,则可以省略此条语句,以下 SQL 语句均省略此行。

【例 9-2】从 AddressBook 表中查询所有人的姓名及联系电话。

```
SELECT Name,Telephone FROM AddressBook
```

如果希望查询结果中显示的列标题是列名,则可以在 SELECT 语句中用"列标题"=列名或列名 AS "列标题"来改变列标题的显示。例 9-2 的 SQL 语句可作如下修改:

```
SELECT Name AS"姓名",Telephone AS"联系电话" FROM AddressBook
```

2. WHERE 条件查询

WHERE 子句中可以使用的搜索条件如下。

(1) 比较:=、>、<、>=、<=、<>。

(2) 范围:BETWEEN…AND…(在某个范围内)、NOT BETWEEN…AND…(不在某个范围内)。

(3) 列表:IN(在某个列表中)、NOT IN(不在某个列表中)。

(4) 字符串匹配:LIKE(和指定字符串匹配)、NOT LIKE(和指定字符串不匹配)。

(5) 空值判断:IS NULL(为空)、IS NOT NULL(不为空)。

(6) 组合条件:AND(与)、OR(或)。

(7) 取反:NOT。

【例 9-3】从 AddressBook 表中查询 1987 年以后出生的所有人。

```
SELECT * FROM AddressBook WHERE Birth>='1987-1-1'
```

使用 WHERE 子句时,表达式中的字符型和日期型数据要用单引号引起来。

【例 9-4】从 AddressBook 表中查询年龄超过 21 岁性别为男的所有人信息。

```
SELECT * FROM AddressBook WHERE GetDate()-Birth>=21 AND Sex='男'
```

在实际应用中,用户并非总是能够给出精确的查询条件,这时可以使用 LIKE 关键字进行模糊查询。LIKE 子句通常会与通配符配合进行使用。SQL Server 提供了以下 4 个通配符。

(1) %:代表任意多个字符。

(2) _（下划线）：代表一个任意字符。

(3) [ ]：代表方括号内的任意一个字符。

(4) [^]：表示任意一个在方括号内没有的字符。

【例9-5】从 AddressBook 表中查询出姓张的所有人的信息；名字的第二个字是"红"或"慧"的所有人的信息；名字的第二个字不是"红"或"慧"的所有人的信息。

```
SELECT * FROM AddressBook WHERE Name LIKE '张%'
SELECT * FROM AddressBook WHERE Name LIKE '_[红,慧]%'
SELECT * FROM AddressBook WHERE Name LIKE '_[^红,慧]%'
```

3. TOP 和 DISTINCT 关键字

使用 TOP 关键字可以返回表中前 n 行数据，使用 DISTINCT 关键字可以消除重复行。如下面两行语句：

```
SELECT TOP 3 * FROM AddressBook
SELECT DISTINCT Name FROM AddressBook
```

第一行从 AddressBook 表中检索出前 3 条记录，第二行从 AddressBook 表中检索出所有姓名不重复的联系人的信息。

4. ORDER BY 排序查询

【例9-6】从 AddressBook 表中按出生日期降序查询出所有人的信息。

```
SELECT * FROM AddressBook ORDER BY Birth DESC
```

【例9-7】从 AddressBook 表中按性别和出生日期进行排序查询所有人的信息。

```
SELECT * FROM AddressBook ORDER BY Sex,Birth
```

查询结果先按性别进行排序，在性别相同的记录中，再按出生日期进行排序。

5. GROUP BY 分组查询

使用 GROUP BY 子句进行数据检索可以得到数据分类的汇总统计、平均值或其他统计信息。SQL Server 2000 提供了聚合函数来完成数据统计，常用的聚合函数如下。

(1) AVG：求平均值。

(2) COUNT：计数函数，用于计算组中成员的个数，返回值为 int 类型。

(3) MAX：求最大值。

(4) MIN：求最小值。

(5) SUM：求和。

【例9-8】计算 pubs 数据库中 titles 表中各种商业图书的平均价格。

```
USE pubs
GO
SELECT AVG(price)
FROM titles
WHERE type = 'business'
```

【例9-9】将pubs数据库中titles表中的数据按书的种类分类,求出指定3种类型书籍(business, mod_cook, trad_cook)的价格总和、平均价格和各类书籍的数量。

```
USE pubs
GO
SELECT type, SUM(price), AVG(price), COUNT(*)
FROM titles
WHERE type IN ('business', 'mod_cook', 'trad_cook')
GROUP BY type
```

注意:在包含GROUP BY子句的查询语句中,SELECT子句后的所有字段列表,除聚合函数外,都应包含在GROUP BY子句中,否则将出错。

当完成数据结果的查询和统计后,可以使用HAVING关键字来对查询和计算的结果进行进一步的筛选。

【例9-10】将pubs数据库中titles表中数据按书的种类分类后,找出所有平均价格超过18$的书的种类。

```
USE pubs
GO
SELECT type, AVG(price)
FROM titles
GROUP BY type
HAVING AVG(price)>$18
```

6. 多表查询

在数据库应用中,经常需要从两个或更多的表中查询数据,这就需要使用多表查询(连接查询)。

例如,要查询pubs数据库中每本书的ID及对应的作者信息。为了实现查询目标,应该使用titleauthor作为实现查询的中间表,实现方法如下。

```
USE pubs
GO
SELECT t.title_id, a.au_fname
FROM titles AS t, authors AS a, titleauthor AS ta
WHERE t.title_id = ta.title_id AND ta.au_id = a.au_id
```

另外,一种符合标准的进行多表查询的编写方式如下。

```
SELECT t.title_id, a.au_fname
FROM titles AS t JOIN titleauthor AS ta ON t.title_id = ta.title_id
JOIN authors AS a ON ta.au_id = a.au_id
```

在这种方式中用到了JOIN和ON关键字。JOIN用于连接两个不同的表,ON用于给出这两个表之间的连接条件。

9.4.3 INSERT 插入语句

在SQL语句中,使用INSERT语句向表或视图中插入数据。

INSERT 语句的基本语法格式如下。

```
INSERT [INTO]
table_name | view_name [(column_list) ]
VALUES (value_list) | select_statement
```

INSERT 语句中各子句的说明如下。

(1) table_name | view_name：要插入数据的表名及视图名。
(2) column_list：要插入数据的字段名。
(3) value_list：与 column_list 相对应的字段的值。
(4) select_statement：通过查询向表插入数据的条件语句。

注意：当向表中所有的列都插入新数据时，可以省略列名表，但是必须保证 VALUES 后的各数据项位置同表定义时的顺序一致。

【例 9-11】向数据表中的某些列中插入数据。

```
INSERT INTO AddressBook(Name, Sex, Telephone)
VALUES('林立', '男', '13898855988')
```

【例 9-12】向数据表的所有列中插入数据。

```
INSERT INTO AddressBook
VALUES('李国海', '男', '1987-6-6', 'ligh@suhai.com.cn', '62455222', '青年大街3号', '110036')
```

【例 9-13】向数据表中插入多行数据。

```
INSERT INTO AddressBook(Name, Sex, E-mail)
SELECT Name, Sex, E-mail
FROM AddressBook
WHERE Birth < '1987-1-1'
```

9.4.4 UPDATE 更新语句

UPDATE 语句可以用来修改表中的数据行，既可以一次修改一行数据，也可以一次修改多行数据，甚至一次修改所有数据行。

UPDATE 语句的基本语法格式如下。

```
UPDATE table_name | view_name
SET column_list = expression
[WHERE search_condition]
```

UPDATE 语句中各子句的说明如下。

(1) table_name | view_name：要更新数据的表名或视图名。
(2) column_list：要更新数据的字段列表。
(3) expression：更新后新的数据值。
(4) WHERE search_condition：更新数据所应满足的条件。

【例9-14】修改例9-11插入的数据信息。

```
UPDATE AddressBook
SET Birth = '1986-2-2', E_mail = 'wangl@suhai.com.cn'
WHERE Name = '林立'
```

9.4.5 DELETE 删除语句

如果表中的数据不再需要时，可以将其删除，以释放存储空间。对表中数据的删除是用 DELETE 语句实现的。DELETE 语句的基本语法格式如下。

```
DELETE [FROM] table_name
WHERE search_condition
```

说明：若不加 WHERE 子句，将会删除表中的所有记录，所以使用时应特别小心。

【例9-15】将例9-11插入的数据从 AddressBook 表中删除。

```
DELETE FROM AddressBook
WHERE Name = '林立'
```

9.5 "通讯录 SQL Server 2005 版"案例

【案例说明】

本案例将通过 SQL Server 2005 创建一个通讯录数据库，并建立一个通讯录表，最终效果如图 9.25 所示。

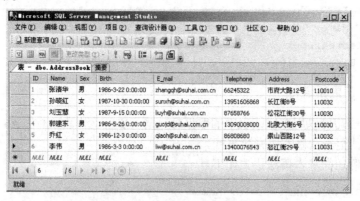

图 9.25 SQL Server 2005 最终效果

操作步骤

1. 启动 SQL Server Management Studio

(1) 选择【开始】|【所有程序】|【Microsoft SQL Server 2005】|【SQL Server Management Studio】命令。

(2) 在【连接到服务器】对话框中，验证默认设置，再单击【连接】按钮，如图 9.26 所示。

第 9 章 数据库与 SQL 语言

图 9.26　启动 SQL Server Management Studio

默认情况下，SQL Server Management Studio 中将显示两个组件窗口，"对象资源管理器"组件窗口和"文档"组件窗口，如图 9.27 所示。

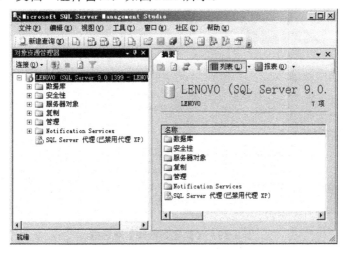

图 9.27　Microsoft SQL Server Management Studio 环境界面

2．创建数据库

(1) 在"对象资源管理器"组件窗口中，右击【数据库】节点，在弹出的快捷菜单中选择【新建数据库】命令，如图 9.28 所示。

图 9.28　新建数据库

(2) 打开【新建数据库】界面，在"常规"选项卡中，输入创建的数据库名称 aspnetdb。

系统默认使用数据库名作为前缀创建主数据库文件和事务日志文件，如 aspnetdb 和 aspnetdb_log。更改数据库对应的操作系统文件的路径，将文件保存在"D:\aspnetdb"文件夹下，如图 9.29 所示。

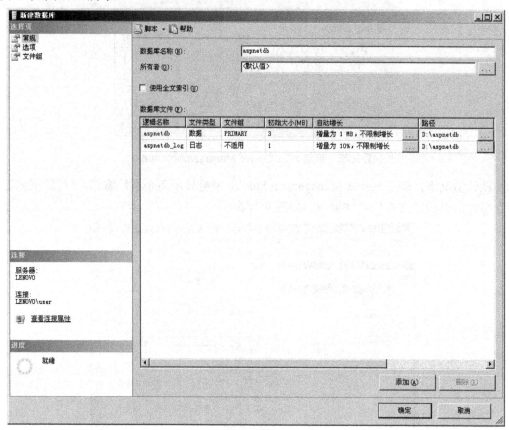

图 9.29 【新建数据库】对话框

(3) 单击【确定】按钮，完成 aspnetdb 数据库的创建。

3. 创建数据表

(1) 在"对象资源管理器"组件窗口中，展开数据库【aspnetdb】，右击【表】节点，在弹出的菜单中选择【新建表】命令，如图 9.30 所示。

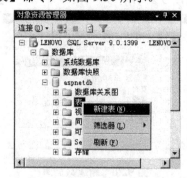

图 9.30 使用表设计器创建表

(2) 选择【新建表】命令后,打开如图 9.31 所示的新建表界面,按照表 9-3 所列出的表结构,在窗口上部输入列名、数据类型、长度和是否允许为空等表的基本信息。此外,在窗口下部的"列属性"区域内可以设置字段的长度、默认值和空值等属性。

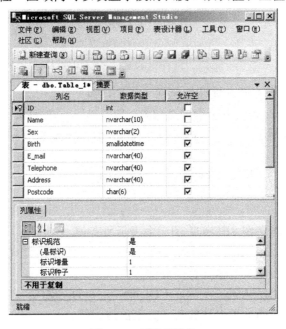

图 9.31 新建表结构

(3) 当基本表的所有属性列都设置完成后,单击工具栏上的【保存】按钮,在弹出的【选择名称】对话框中输入表名 AddressBook,单击【确定】按钮保存该表,如图 9.32 所示。

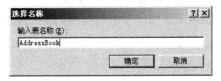

图 9.32 保存表结构

(4) 保存完成后,可以在"对象资源管理器"中查看表是否已经存在于数据库中。右击【表】节点,从弹出的快捷菜单中选择【刷新】命令,然后展开【表】节点,就可以查看到新创建的表"AddressBook"。

4. 添加数据

(1) 在列表视图中右击 AddressBook 表,在弹出的快捷菜单中选择【打开表】命令。
(2) 在弹出的窗口中输入数据,最终效果如图 9.25 所示,完成后关闭输入数据窗口即可。

本 章 小 结

本章通过创建"通讯录"数据库案例,介绍了利用 Access2003、SQL Server 2000 和 SQL Server 2005 创建数据库的基本流程,学习了数据库及表的创建方法和基本使用方法。任何应用程序向数据库系统发出命令以获得数据库系统的响应，最终都必须体现为 SQL 语句形式的指令，所以在本章最后详细介绍了 SQL 语言。

习　题

1. 填空题

(1) SQL Server 数据库的存储结构包括_____和_____。

(2) 一个 SQL Server 数据库至少应该包含一个_____文件和一个_____文件。

(3) 在 Access 中，通过_____执行 SQL 语句，而在 SQL Server 2000 中，通过_____执行 SQL 语句。

(4) 在 SQL 语言中，用于排序的是_____子句。

2. 选择题

(1) 下列(　　)关键字在 SELECT 子句中表示所有列。
　　A. *　　　　B. ALL　　　C. DESC　　　D. DISTINCT

(2) 下列(　　)聚合函数可以计算平均值。
　　A. SUM　　　B. AVG　　　C. COUNT　　　D. MIN

(3) 下列(　　)聚合函数可以计算某一列上的最大值。
　　A. SUM　　　B. AVG　　　C. MAX　　　D. MIN

3. 判断题

(1) DISTINCT 关键字允许重复数据集合的出现。　　　　　　　　　　　　(　　)

(2) 在默认情况下，ORDER BY 按升序进行排序，即默认使用的是 ASC 关键字。(　　)

4. 简答题

(1) LIKE 匹配字符有哪几种？

(2) 在数据检索时，BETWEEN 关键字和 IN 关键字的适用对象是什么？

5. 操作题

(1) 在 NorthWind 数据库的 Employees 表中搜索出职务(Title)为销售代表(Sales Representative)，称呼(TitleOfCourtesy)为小姐(MS．)的所有职员的名(FirstName)、姓(LastName)和生日(BirthDate)。

(2) 查询在 NorthWind 数据库的 Employees 表中，以字母 A 作为 FirstName 第一个字母的雇员的 FirstName 和 LastName。

(3) 使用聚合函数求出 Pubs 数据库的 Titles 表中，所有经济类书籍(Business)的价格(Price)之和(图书分类 Type)。

(4) 在 NorthWind 数据库的 Products 表中查询出每个供应商(Suppliers)所提供的每一种平均价格(Unitprice)超过 15$ 的产品，按供应商的 ID 分类。

第 10 章 数 据 控 件

教学目标：通过本章的学习，使学生掌握利用控件连接 SQL Server 数据库及 Access 数据库的基本操作方法，熟练掌握数据源的配置。能够通过 GridView 控件、DetailsView 控件及 FormView 控件实现数据排序、插入、删除、更新等常见操作，定义模板字段、数据筛选、主从数据等高级操作。

教学要求：

知识要点	能力要求	关联知识
连接数据库	(1) SQL Server 数据库的连接与配置 (2) Access 数据库的连接与配置	(1) SQL Server 数据库 (2) Access 数据库 (3) SQL 语句
数据显示	掌握编辑列的显示方式	(1) 用 SqlDataSource 控件结合 GridView 控件显示数据 (2) 用 AccessDatasource 控件结合 GridView 控件显示数据
数据的分页及排序	(1) 显示数据记录的分页 (2) 数据记录的排序	(1) SQL 语句 (2) 数据表的主键设置
数据的增、删、改方法	(1) Gridview 中的选择、修改、删除方法 (2) 利用 DetailsView 进行数据插入 (3) FormView 进行数据修改、删除方法	(1) SQL 语句 (2) 数据表的主键设置
模板列的使用	(1) 将列转化为模板列 (2) 在模板列中加入控件，并与数据库绑定 (3) 定义模板列的插入更新及空记录模板	(1) 列表控件的数据绑定 (2) 文件上传

重点难点：

➢ SQL Server 数据源的连接与配置
➢ 使用模板列
➢ 数据的插入、删除、修改
➢ 利用图像控件将记录中的图像路径字段显示为图像
➢ 主从数据的使用方法

【引例】

生活中观看电视节目的过程，可以看做是"电视台(节目源数据)" → "有线电缆或无线电波(传输通道)" → "电视机(显示界面)"的过程。而在网站开发领域，为了把相关数据从数据库中提取出来并显示在网页上，也需要3个对象，一个是"数据库"，一个是网页上看到的"数据表格(显示界面)"，另一个就是负责中间传输数据、将前两者联系起来的传输"通道"。

"数据库"在前面章节已经介绍过，"数据表格"在 ASP .NET 中使用数据控件实现，传输数据的"通道"使用数据源控件实现。所以，ASP .NET 中数据的显示过程就是数据库→数据源控件→数据绑定控件。

10.1 数据源控件与数据绑定控件概述

ASP.NET 页面中使用数据需要两种控件：一是数据源控件，提供页面和数据源之间的数据通道；二是数据绑定控件，在页面上显示数据。

常用的数据源控件主要包括 SqlDataSource 控件和 AccessDataSource 控件，前者主要用于访问 SQL Server 数据库；后者主要用于访问 Access 数据库。

Web 页面有多种控件可以将数据呈现在页面上，包括 GridView、DetailsView 和 FormView 等。一些数据绑定控件可以自动利用数据源控件的优点，包括分页、排序、编辑、插入和删除，具体如下。

(1) GridView：多记录和多字段的表格式表现，可以提供分页、排序、修改和删除数据的功能。

(2) DetailsView：一条记录中多字段的表格式表现，作为用户的自定义的模板，也允许记录的分页、编辑、删除和创建新记录。

(3) FormView：以用户自定义模板的方式显示一条记录中的多个字段。允许记录的分页、编辑、删除和创建新记录。

10.2 "学籍管理"案例

【案例说明】

为了便于理解，本案例制作一个学籍管理系统，实现对记录的选择、编辑、删除、翻页效果，该系统暂不考虑登录及发布等次要功能，效果如图 10.1～图 10.3 所示。

图 10.1 简易学籍管理界面

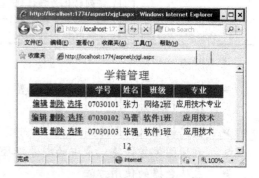

图 10.2 选定记录

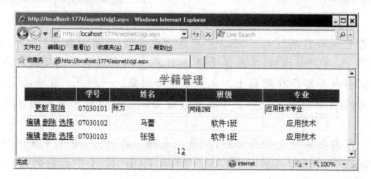

图 10.3 编辑记录

10.2.1 操作步骤

1. 创建数据库 aspnetdb

该步骤略。

2. 创建数据表 xjgl

创建数据表“xjgl”，设计如图 10.4 所示。

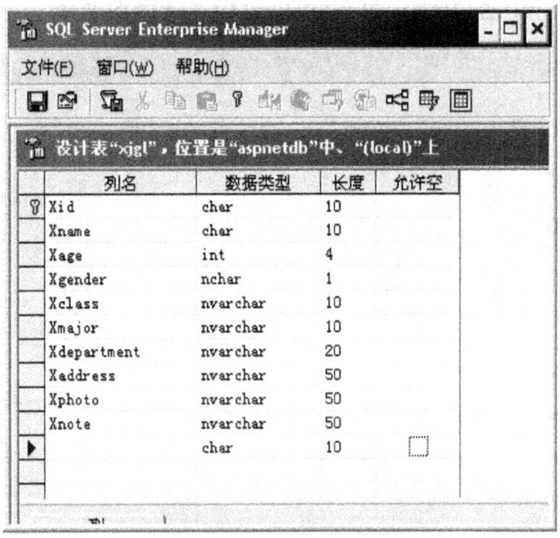

列名	数据类型	长度	允许空
Xid	char	10	
Xname	char	10	
Xage	int	4	
Xgender	nchar	1	
Xclass	nvarchar	10	
Xmajor	nvarchar	10	
Xdepartment	nvarchar	20	
Xaddress	nvarchar	50	
Xphoto	nvarchar	50	
Xnote	nvarchar	50	
	char	10	

图 10.4 数据表设计视图

3. 输入数据

在数据表中输入如下数据，如图 10.5 所示。

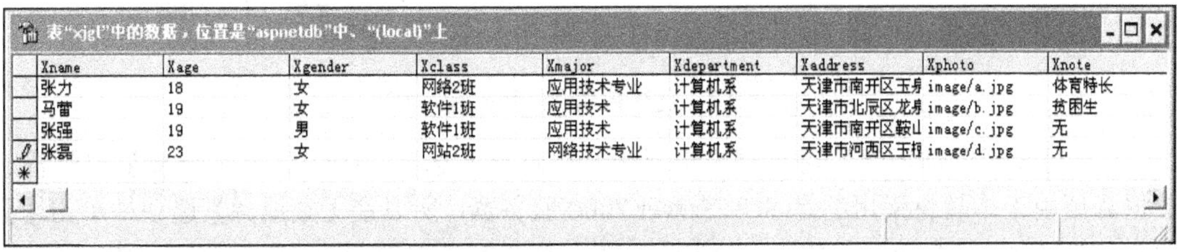

Xname	Xage	Xgender	Xclass	Xmajor	Xdepartment	Xaddress	Xphoto	Xnote
张力	18	女	网络2班	应用技术专业	计算机系	天津市南开区玉	image/a.jpg	体育特长
马蕾	19	女	软件1班	应用技术	计算机系	天津市北辰区龙	image/b.jpg	贫困生
张强	19	男	软件1班	应用技术	计算机系	天津市南开区鞍山	image/c.jpg	无
张磊	23	女	网站2班	网络技术专业	计算机系	天津市河西区玉	image/d.jpg	无

图 10.5 输入测试数据

注意：本例中字段 Xphoto 所列的图片应已备好并保存在“image”目录中。

4. 建立数据绑定控件并绑定到数据源控件

(1) 返回首页 Default.aspx 的设计视图，拖入一个 Lable 控件，设置 Text 属性值为“学籍管理”，并设置 Font 属性和 ForeColor 属性以调整文字的大小和颜色。

(2) 从工具箱中拖入 GridView 控件，单击快捷菜单按钮▶，展开快捷菜单，选择【新建数据源】选项，如图 10.6 所示。

(3) 在【选择数据源类型】对话框中，选择程序从“数据库”类型源取得数据，并指定 ID 为“SqlDataSources1”如图 10.7 所示，单击【确定】按钮。

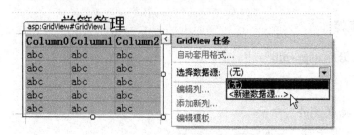

图 10.6 为 GridView 控件选择数据源

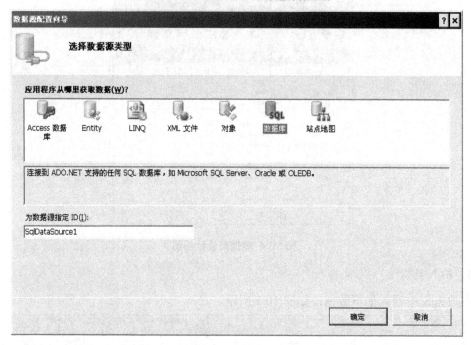

图 10.7 选择数据源类型并指定 ID

(4) 在【配置数据源】对话框中选择【新建连接】选项,弹出【添加连接】对话框。数据源项由于本教材采用的是 SQL Server 2000 服务器,所以在【数据源】选项中单击【更改】按钮选择"Microsoft SQL Server",数据提供程序项选择"用于 OLE DB 的.NET Framework 数据提供程序"。服务器名选择"."(表示本地服务器),若连接成功,在【选择或输入一个数据库名】项选择 aspnetdb,最后如图 10.8 所示。

注意:Visual Studio 2010 中 SQL Server 数据源只支持 SQL Server 2005 及以上,本例中采用的 SQL Server 2000,只能使用 OLE DB 方式。

(5) 在【将连接字符串保存到应用程序配置文件中】对话框中,选中【是,将此连接另存为】复选框,在文本框中设置连接字符串名称为"XjglConnectionString",如图 10.9 所示。

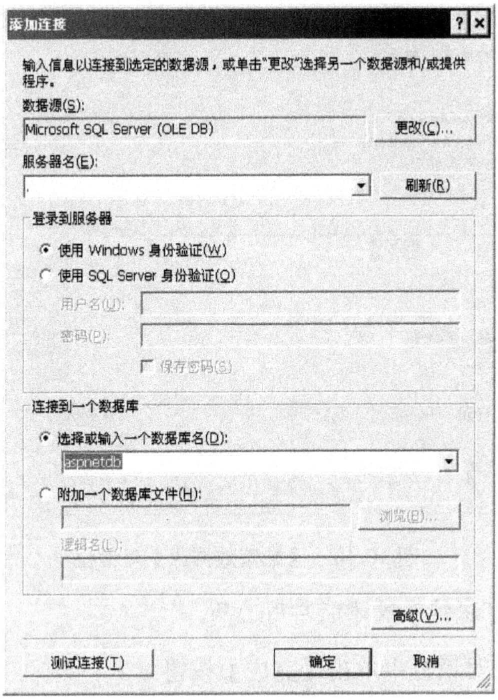

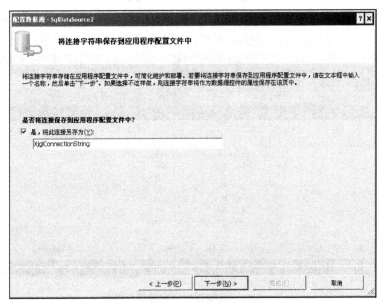

图 10.8 添加数据库连接

图 10.9 保存连接字符串

(6) 单击【下一步】按钮,在【配置 Select 语句】对话框的【希望如何从数据库中检索数据?】选项组中,选中【指定来自表或视图的列】单选按钮,并在【名称】的下拉列表中选择 "xjgl" 选项,列选择如图 10.10 所示。

(7) 单击【高级】按钮,在【高级 SQL 生成选项】对话框中,选中【生成 INSERT、UPDATE 和 DELETE 语句】与【使用开放式并发】复选框,并单击【确定】按钮。

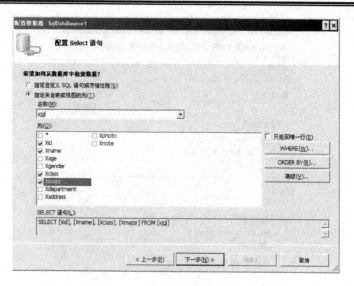

图 10.10 【配置数据源】对话框

注意：必须选定所有主键字段才能启用选项。

(8) 在【测试查询】对话框中单击【完成】按钮。

注意：可单击【测试查询】按钮，预览返回的数据。

(9) 单击【完成】按钮结束数据源的配置。Default.aspx 网页自动新增了一个 SqlDataSource 控件(已配置好)，GridView 控件也更新了显示效果，如图 10.11 所示。

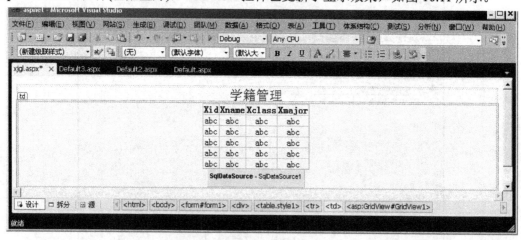

图 10.11 数据源绑定和配置后效果

5．自动套用格式，美化表格

在 GridView 的快捷菜单中选择【自动套用格式】命令，选择【秋天】选项，如图 10.12 所示。

6．编辑列

在 GridView 的快捷菜单中选择【编辑列】命令，将【可用字段】列表框中需要显示的字段添加到【选定的字段】列表框，并将"Xid"对应的【BoundField 属性】选项组中【外观】部分的 HeaderText 属性值改为"学号"，其他字段的该属性值分别为"姓名"、"班级"、"专业"、"系别"，如图 10.13 所示。

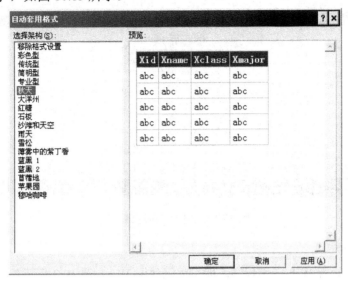

图 10.12　选择套用格式

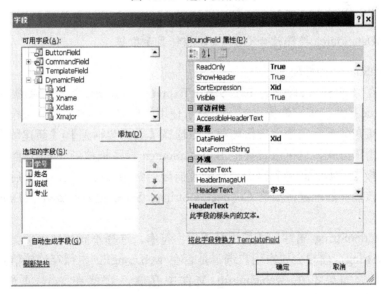

图 10.13　选定字段并编辑 HeaderText 属性

选定字段并编辑 HeaderText 属性后，页面显示效果如图 10.14 所示。

7. 分页、编辑、删除、选择

(1) 在 GridView 的快捷菜单中选择【启用分页】、【启用编辑】、【启用删除】和【启用选定内容】选项。

(2) 在 GridView 控件【属性】面板中设置 PageSizs 属性值为"3"，即可设置每页显示 3 条记录。

图 10.14 选定字段编辑结果

8. 浏览结果

单击按钮 ▶ 运行 Web 应用程序,即可显示如图 10.1～图 10.3 所示效果。

10.2.2 本节知识点

1. 用 SqlDataSource 控件结合 GridView 控件显示数据

1) SqlDataSource 控件配置

如果数据存储在 SQL Server、SQL Server Express、Oracle OLEDB 数据源,就应当使用 SqlDataSource 控件。该控件提供了一个易于使用的向导,引导用户完成配置过程。添加该控件可以直接在数据绑定控件的快捷菜单中选择【选择数据源】|【新建数据源】命令,本例既可以使用该方式,也可以直接把 SqlDataSource 控件拖放到 Web 页面,然后在智能标记菜单中选择【数据源配置】命令启动配置向导。两种方法的区别在于后一种不用选择数据源类型。该控件的配置主要有 ConnectionString、Selectedcommand 和 DataSourceMode 属性。

(1) ConnectionString 属性。该属性是连接字符串,选择不同的数据库类型会生成不同的 ConnectionString,向导会要求用户选择是否在 web.congfig 中保存连接信息,以便于维护和部署程序。如果不在 web.congfig 文件中存储,它就在 .aspx 页面上被存储为 SqlDataSource 的一个属性。

(2) Selectedcommand 属性主要用来确定将从数据库中提取什么样的信息,可以自定义 SQL 语句也可以指定表并在表中选择需要的字段。窗口中【Where】按钮用来添加一个或多个条件进行数据过滤。

"高级 SQL 生成项"主要用于生成"Insert"、"Update"、"Delete"语句,该属性可用的前提是数据库表必须有"主键"。若需要在 GridView 中实现"编辑"、"删除"功能必须选择此项。为保证数据一致性防止并发冲突需选择"实用开放式并发"。

(3) DataSourceMode 属性。该属性主要有 DataReader 和 DataSet 两种属性,且可在

SqlDataSource 控件的属性面板中设置。DataReader 提供只向前的只读读取方式，速度读取快。DataSet 可以使数据源控件功能更强大，能提供执行过滤、排序或分页等操作，但内存和处理的开销较大。

2) GridView 控件显示数据

GridView 控件显示数据只需要在该控件的快捷菜单中选择一个已配置完成的数据源即可显示数据，若需要显示的字段数目少于数据源提供的字段或要添加一些特殊字段列，如按钮列、超链接列、图像列等，或对显示样式进行定义等操作需要在字段编辑窗口实现。该窗口的打开方式为选择【便捷面板】|【编辑列】命令。

2. 用 AccessDatasource 控件结合 GridView 控件显示数据

AccessDataSource 控件用于从 Access 数据库中将数据提取到 ASP .NET 页面。这个控件的属性很简单，其中最重要的是 DataFile 属性，用来指定硬盘上的 .mdb 文件，其操作与 SqlDataSource 数据源的差别在于选择数据库类型为"Access 数据库"，然后弹出【选择 Microsoft Access 数据库】对话框，通过浏览选择文件(本例已经事先在 App_Data 目录下建立数据库 Aspnetdb.mdb)，如图 10.15 所示，其他部分操作与 SqlDataSource 数据源的操作相同。

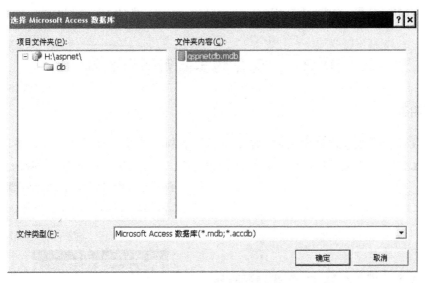

图 10.15　选择 Access 数据库文件

3. 对数据表进行分页、排序和选择

对数据表进行分页、排序和选择，只需在快捷菜单中选择相应的选项即可，如图 10.16 所示。

4. 利用模板美化显示

在 GridView 的快捷菜单中可以选择【自动套用格式】选项进行美化，如图 10.17 所示。

5. 编辑、删除数据的方法

编辑、删除数据只需要在快捷菜单中选择相应选项即可，如图 10.17 所示，但只有在数据源控件的"高级 SQL 生成选项"设置选中"INSERT、UPDATA、DELETE"选项才可以使用该项功能。另外需注意，当更新记录时记录中有空字段的时候会发生记录无法更新的情况，此时需要设置 GridView 控件的 DataKeyNames 属性，指定表的主键。

图 10.16 分页、排序和选择选项

图 10.17 实现编辑、删除

10.3 "深化版学籍管理"案例

【案例说明】

深化版学籍管理系统除实现对记录的选择、编辑、删除、翻页效果外，还增加了显示记录的详细信息、定义模板字段、插入记录等功能，如图 10.18～图 10.20 所示。

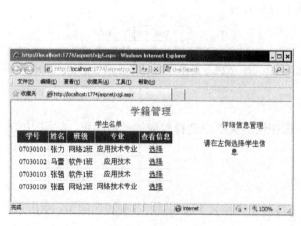
图 10.18 初始界面

图 10.19 显示选定记录的详细信息

第10章 数据控件

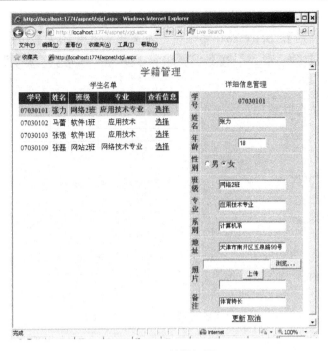

图 10.20 编辑记录

10.3.1 操作步骤

1. 设计网页布局

在页面中对应图 10.18，加入表格进行页面的布局。

2. 设计学生名单表

(1) 拖入 GridView 控件，其 ID 属性值为"GridView1"。首先按 10.2 节"学籍管理"案例进行设置，并在 GridView1 的快捷菜单中选择【分页】、【启动选定内容】选项，Pagesize 属性值设置为"3"，效果如图 10.21 所示。

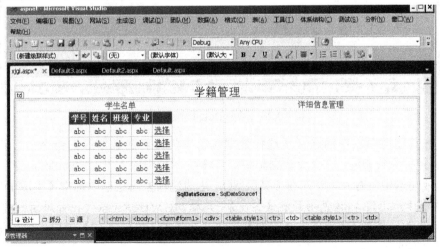

图 10.21 设置 GridView 控件后效果

(2) 在快捷菜单中选择【编辑列】选项，对【选择】列进行设置，将该列的 HeadText 属性设置为【查看详细】，SelectText 属性设置为【详细信息】(未显示)，如图 10.22 所示。

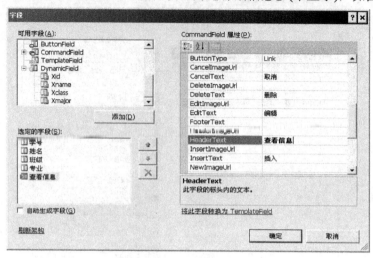

图 10.22 设置【选择】字段属性

3. 设计详细信息管理部分

1) 添加并设置 DetailsView 控件

(1) 在工具箱中将 DetailsView 控件拖至详细信息管理区域，如图 10.23 所示。

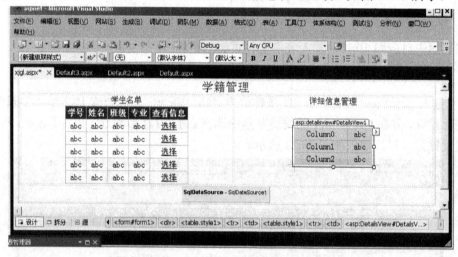

图 10.23 添加 DetailsView 控件

(2) 在其便捷面板中的选择【选择数据源】中的【新建数据源】命令，设置步骤与 GridView 控件大致相同：在【为数据源指定 ID】文本框中输入"SqlDataSource2"，在配置 Select 语句时选中所有列"*"，在【高级 SQL 生成选项】对话框中选中【生成 INSERT、UPDATA 和 DELETE】和【使用开放式并发】复选框，在 WHERE 条件设置对话框按图 10.24 所示进行设置，设置完成后单击【添加】按钮，在【WHERE 子句】窗口生成子句。设置结果如图 10.25 所示。

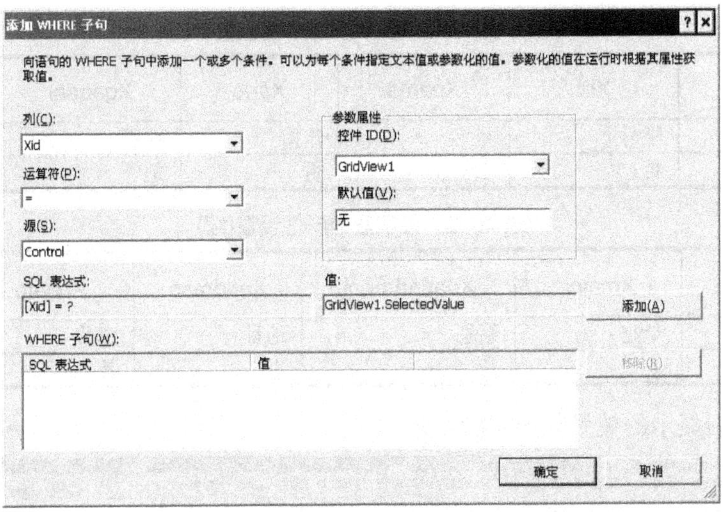

图 10.24 【添加 WHERE 子句】对话框

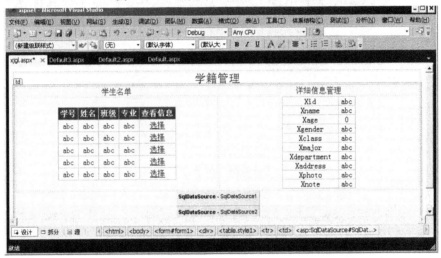

图 10.25 DetailsView 选择数据源后效果

(3) 修改选定字段的属性，如图 10.26 所示。具体修改的属性和值见表 10-1 和表 10-2。

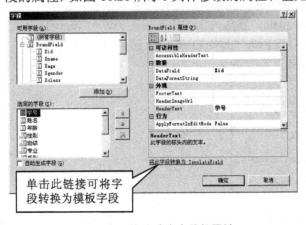

图 10.26 修改选定字段的属性

表 10-1 各字段的属性设置

字段 属性	Xid	Xname	Xage	Xgender	Xclass
HeadText	学号	姓名	年龄	性别	班级
是否模板字段	否	否	否	是	是

表 10-2 各字段的属性设置(续)

字段 属性	Xmajor	Xdepartment	Xaddress	Xphoto	Xnote
HeadText	专业	系别	地址	照片	备注
是否模板字段	是	是	否	是	是

修改属性后显示的效果如图 10.27 所示。

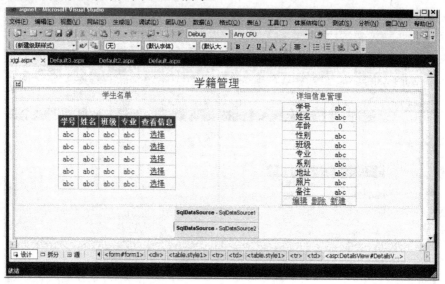

图 10.27 修改属性后的显示效果

2) 编辑模板字段

下面将在模板状态插入绑定控件。

(1) 打开 DetailsView 的快捷菜单，选择【编辑模板】选项，如图 10.28 所示。选择性别字段的 EditItemTemplate，删除内部的所有标签，添加 RadioButtonList 控件，其 Text 属性值与 Value 属性值分别设为"男"和"女"，如图 10.29 所示。

图 10.28 编辑模板

图 10.29 添加 RadioButtonList 控件

(2) 单击 RadioButtonList 控件的快捷按钮，选择编辑 DataBindings 选项，将 SelectedValue 属性绑定到 Xgender 字段，并选中【双向数据绑定】复选框，如图 10.30 所示。

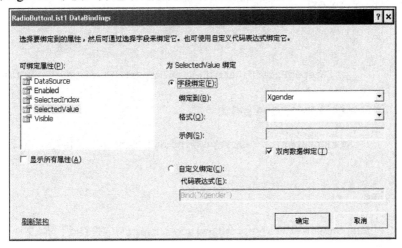

图 10.30　编辑 DataBindings 选项

(3) 打开 DetailsView 快捷菜单，选择【编辑模板】选项，对照片字段进行设置。

① 删除照片字段各模板内部原有标签。

② 选择 ItemTemplate 模板拖入 Image 控件，在 Image 控件的编辑 DataBindings 选项组中将 ImageUrl 属性绑定到自定义绑定，值为 "Eval("Xphoto")"。

③ 选择照片字段的 EditTemplate 模板，拖入文件上传控件 FileUpload，Button 控件和 TextBox 控件，其中 TextBox 的编辑 DataBindings 选项组中将 Text 值绑定到自定义表达式 Bind("Xphoto")。设置 Button 控件的 Text 属性值为"上传"。

(4) 编写上传代码。双击【上传】按钮输入如下代码。

```
protected void Button1_Click(object sender, EventArgs e)
    {
        FileUpload f1 = (FileUpload)DetailsView1.Rows[0].FindControl
("FileUpload1");
        TextBox TextBox1 = (TextBox)DetailsView1.Rows[0].FindControl ("TextBox1");
        TextBox1.Text = "image/" + f1.FileName;
        bool file1OK = false;
        String fileExtension;

        if (f1.HasFile)
        {
            fileExtension = Path.GetExtension(f1.FileName).ToLower();
            String[] allowedExtensions = { ".gif", ".png", ".jpeg", ".jpg" };
            for (int i = 0; i < allowedExtensions.Length; i++)
            {
                if (fileExtension == allowedExtensions[i] )
                {
                    file1OK = true;
                }
```

```
            }
        }
        if (file1OK)
        {
            try
            {
                f1.PostedFile.SaveAs(Server.MapPath("~/image/" + f1.FileName));
            }
            catch (Exception ex)
            {
                Response.Write("<script>window.alert('图片上传失败!')</script>");
            }
        }
        else
        {
            Response.Write("<script>window.alert('文件类型不符或文件过大(500KB 以内)!')</script>");
        }
    }
}
```

(5) 编辑 InsertItemTemplate 模板，步骤及方法同 EditTemplate 模板。设置后的效果如图 10.31 所示。

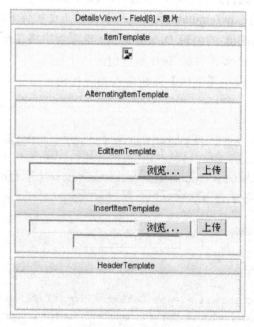

图 10.31　照片字段设置后效果

(6) 运行程序，即可显示案例说明中的效果。

10.3.2 本节知识点

1. 使用 DetailsView 控件显示处理数据

GridView 控件主要应用于列表显示数据，而 DetailsView 控件则主要用于单条记录的详细内容显示，类似地，将 GridView 控件的 PageSize 属性值设置为"1"，并将数据纵向排列。

DetailsView 控件可以实现对记录的分页、插入、编辑、删除功能。设置的方法与 GridView 控件相同。

2. GridView 控件与 DetailsView 控件共同处理数据

DetailsView 控件与 Gridview 控件可以同步显示处理数据，主要分以下步骤。
(1) 建立 GridView 控件及其数据源。
(2) 启用选定内容。
(3) 建立 DetailsView 控件及其数据源。
(4) 进入 DetailsView 控件对应数据源的【添加 WHERE 子句】对话框，设置好【列】、【运算符】及【列值来源】，本例中选择的来源是"Control(控件)"，参数中控件 ID 用于指定该条件值来源于哪个控件，本例中由于需要单击 GridView1 控件，并在 DetailsView 控件中显示数据，所以选择来源是"GridView1 控件"。若需要有默认显示，则在【默认值】文本框中输入相关内容，如图 10.32 所示。

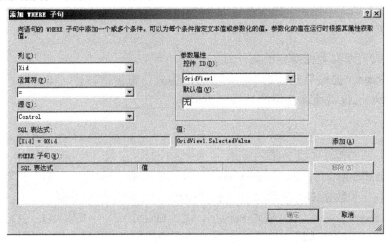

图 10.32　配置 DetailsView 数据源的 WHERE 子句

10.4　FormView 控件

FormView 控件与 DetailsView 控件非常相似，都可以分页浏览，也都支持编辑、删除和创建新记录。区别在于 DetailsView 控件能够自动创建一个包含字段名称和值的内部 HTML 标签结构，而 FormView 控件则只提供可以添加控件的空白区域。

与具有内置呈现(使用 AutoGenerateField，或在 Fields 集合中定义显示字段) 的 DetailsView 控件不同，FormView 控件显示界面需要自定义它的 ItemTemplate。因此，自动化程度要低于 DetailsView 控件，但却更加自由，而不限于表格的形式。与其他控件同时使用时可以自己添加一个 HTML 表来组织控件布局，因此更适用于复杂显示界面的需要。

本 章 小 结

本章通过"学籍管理"及"深化版学籍管理"案例概括性地介绍了数据源控件的建立与配置，以及 GridView 控件和 DetailsView 控件数据绑定控件的使用方法。

实际应用中，具体选择哪一个控件，可以考虑如下几点。

(1) 插入新记录，选择 DetailsView 控件和 FormView 控件。

(2) 更新或者删除数据，可以在 GridView 控件、DetailsView 控件或 FormView 控件中选择。

(3) 显示只读数据，可以通过任何一个控件。

(4) 根据布局选择控件。例如，同时显示多条记录选择 GridView 控件，如果一次只显示一条记录可以在 FormView 控件(一个空模板空间)和 DetailsView 控件(带有默认内部表)中选择。

习 题

1. 填空题

(1) 用于数值双向数据绑定的方法是_____。

(2) DataReader 提供只向前的_____读取方式，速度读取快。

(3) 访问 Access 数据库使用的数据源类型是_____。

2. 选择题

(1) 以下( )控件不支持插入记录。
  A．GridView B．FormView C．DetailsView D．都不可以

(2) 以下( )数据库类型可以使用 SqlDataSource 控件作数据源。
  A．Access B．SQL Server C．Orical D．SQL Server 6.5

(3) 以下( )控件模板只提供可编辑的空白的区域。
  A．GridView B．FormView C．DetailsView D．以上都可以

3. 判断题

(1) GridView 控件可以实现数据记录的插入。 ( )

(2) DetailsView 控件中更新记录功能要求数据表必需有主键。 ( )

(3) FormView 控件同 DtailsView 控件一样可以两列显示。 ( )

(4) Bind( )用于单向数据绑定。 ( )

(5) GridView 控件与 DetailsView 控件共同处理数据时共用一个数据源。 ( )

4. 简答题

(1) Access 数据库与 SQL Server 数据库分别使用什么数据源进行连接？
(2) 在 GridView 控件中启用分页，编辑、更新的必要条件各是什么？
(3) 哪些控件可以创建新记录，哪些不可以创建新记录？
(4) DetailsView 控件与 FormView 控件之间的区别是什么？

第 11 章 数据高级处理

教学目标：通过本章的学习，使学生了解 ADO .NET 技术的相关知识，掌握数据集、连接对象、命令对象、数据适配器等知识，能够利用这些对象编程实现访问 Access 和 SQL Server 数据库。

教学要求：

知 识 要 点	能 力 要 求	关 联 知 识
ADO .NET 技术	了解 ADO .NET 技术的基本概念	ADO .NET 技术
面向连接的数据访问技术	(1) 掌握 OleDbConnection 对象的主要属性和方法 (2) 掌握 OleDbCommand 对象的主要属性和方法 (3) 掌握 OleDbDataReader 对象的主要属性和方法	(1) 连接字符串 (2) OleDbConnection 对象 (3) OleDbCommand 对象 (4) OleDbDataReader 对象
面向无连接的数据访问技术	(1) 掌握 DataSet 对象的主要属性和方法 (2) 掌握 OleDbDataAdapter 对象的主要属性和方法	(1) DataSet 对象 (2) OleDbDataAdapter 对象
利用 ADO .NET 技术对 SQL Server 数据库编程	(1) 了解 SqlConnection 对象的主要属性和方法 (2) 了解 SqlCommand 对象的主要属性和方法 (3) 了解 SqlDataReader 对象的主要属性和方法	(1) SqlConnection 对象 (2) SqlCommand 对象 (3) SqlDataReader 对象

重点难点：

> OleDbConnection、OleDbCommand、OleDbDataReader 对象的属性和方法
> OleDbDataAdapter、DataSet 对象的属性和方法
> 编程实现访问 Access 和 SQL Server 数据库

【引例】

第 5 章已经介绍了控件，使用控件制作网页很方便，也很直观。这是因为直接提供了"半成品"，再建的时候只要简单配置一下就能用了。但是，也正因为是半个成品，所以，如果要做大的调整就不方便了。有时只有利用最基本的材料(砖、水泥、钢筋等建材)，才更有可能制作出精美绝伦的作品。

下面将要讲述的使用 ADO .NET 等技术处理数据就相当于使用最基本的材料制作网页。

11.1 "学生成绩表"案例

【案例说明】

本案例在 aspnetdb.mdb 数据库中创建一个名叫 StudentScore 的数据表，表结构见表 11-1，

然后制作一个名叫 ShowStudentScore.aspx 的动态网页,当该页面加载的时候,系统自动从数据库的学生成绩表中读出所有学生的语文、数学、英语成绩,并将学生成绩以表格的形式显示在页面上,运行结果如图 11.1 所示。

表 11-1　StudentScore 数据

字段名称	类　　型	宽　　度	必填字段	标　　题	说　　明
ID	自动编号		YES	编号	主键
StudentID	文本	50	NOT	学号	
Name	文本	50	NOT	姓名	
Math	文本	50	NOT	数学成绩	
English	文本	50	NOT	英语成绩	
Chinese	文本	50	NOT	语文成绩	

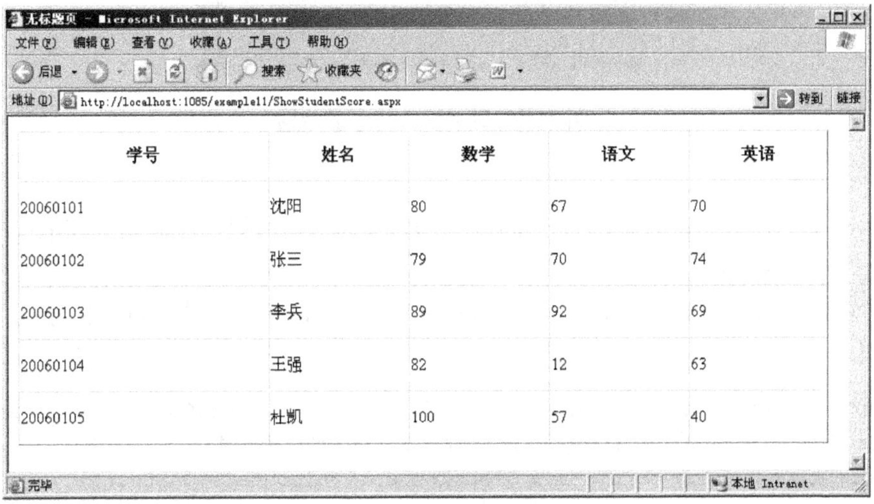

图 11.1　显示学生成绩网页

11.1.1　操作步骤

1. 新建网站

新建一个名叫 example11 的 Web 站点。在网站根目录下添加 App_Data 文件夹。

2. 界面设计

(1) 单击按钮 设计 切换到设计视图。
(2) 从工具箱中拖动 GridView 到中心工作区。

3. 数据库设计

打开 Access,新建一个名叫 aspnetdb 的数据库,保存在新建站点 example11 的 App_Data 目录下。在 aspnetdb 数据库窗口中,双击【使用设计器创建表】选项,打开表设计器。新建 StudentScore 表,设置完字段及数据类型后的表设计器如图 11.2 所示。

双击 StudentScore 表,在出现的数据窗口中输入图 11.1 所示的数据。

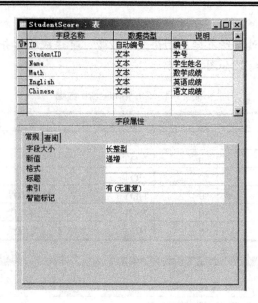

图 11.2 StudentScore 表结构

4. 编写代码

双击页面空白处，进入代码页"ShowStudentScore.aspx.cs"，在命名空间的引用部分加入"using System.Data.OleDb;"。

在"protected void Page_Load(object sender, EventArgs e)"下的一对花括号{ }之间输入如下代码。

```
        string connectionString = @"Provider=Microsoft.Jet.OLEDB.4.0;Data Source=
"+Server.MapPath("app_Data/aspnetdb.mdb");//定义连接字符串
        OleDbConnection conn = new OleDbConnection(connectionString);//创建连接对象
        conn.Open();  //打开数据库连接
        OleDbCommand cmd = new OleDbCommand( "SELECT StudentID as 学号,name as 姓
名,math as 数学,chinese as 语文,english as 英语 FROM StudentScore",conn);//定义
OleDbCommand 对象
        OleDbDataReader rdr;
        rdr = cmd.ExecuteReader();
        GridView1.DataSource = rdr;  //设置 GridView1 的数据源
        GridView1.DataBind();
        rdr.Close();
        conn.Close();
```

11.1.2 本节知识点

1. 数据处理的一般流程

ADO.NET 数据处理的流程一般有两种方式。

第一种方式对数据的操作过程中和数据库的连接一直都保持着，又叫连接模型。使用连接模型的流程如下。

(1) 创建一个数据库连接。

(2) 查询一个数据集合,即执行 SQL 语句或者存储过程。
(3) 对数据集合进行需要的操作。
(4) 关闭数据库连接。

第二种方式对数据的操作过程中和数据库的连接可以断开,又叫断开模型。使用断开模型的流程如下。

(1) 创建一个数据库连接。
(2) 新建一个记录集。
(3) 将记录集保存到 DataSet。
(4) 根据需要重复第(2)步,因为一个 DataSet 可以容纳多个数据集合。
(5) 关闭数据库连接。
(6) 对 DataSet 进行各种操作。
(7) 将 DataSet 的信息更新到数据库。

2. OleDbConnection 对象

OleDbConnection 对象用于建立与指定数据源的连接。使用 OleDbConnection 对象首先必须设置它的 ConnectionString 属性,在 ConnectionString 属性中需要指出要连接的数据源的类型、数据库的名称、用户名、密码等信息。连接不同类型的数据源要为 ConnectionString 属性设置不同的值。

连接 Access 数据库需要提供 Provider(数据提供者)和 Data Source(数据源)两个参数信息。Provider 参数给出了 Access 数据库引擎名称,Data Source 参数给出了 Access 数据库的 mdb 文件保存的具体路径。完整的 Access 的连接字符串格式如下。

```
Provider=Microsoft.Jet.OLEDB.4.0; source=数据文件名称;
```

连接 SQL Server 数据库需要提供 Provider、Data Source、Initial Catalog、user id 和 password 等参数信息。其中 Provider 给出了驱动的类型,Data Source 给出了要连接的 SQL Server 服务器的名称,Initial Catalog 给出了数据库的名字。user id 给出了要连接的数据库的合法用户名,password 给出了连接数据库的用户密码。如果连接的是本地的 SQL Server(采用信任连接方式),那么连接字符串如下。

```
Provider=SQLOLEDB;Data Source=.;Initial Catalog=aspnetdb;Integrated Security=True;
```

如果采用非信任连接的方式,那么采用如下的连接字符串。

```
Provider =SQLOLEDB;Data Source=数据库服务器名;user id=用户名;password=密码;
```

连接数据库使用 Connection 对象的 Open 方法。下面的代码片断使用 OleDbConnection 对象的 Open 方法,连接 SQL Serve 2008 数据库。

```
String connectionString ="datasource=aspnetdb;user id=sa;password=meichengcai";
OleDbConnection conn=new OleDbConnection (connectionString);
conn.Open();
```

Open、Close、BeginTransaction、GetSchema 是 OleDbConnection 的最重要的几个方法。

Open 方法使用 ConnectionString 所指定的设置打开数据库连接。Close 方法关闭与数据库的连接，使用 Open 方法打开数据库一定要使用 Close 方法关闭数据库。

BeginTransaction 方法开始数据库事务，返回一个事务对象。

GetSchema 方法用于获取数据库的结构信息，如表的字段信息等。

3. OleDbCommand 对象

OleDbCommand 对象用于执行 SQL 语句或存储过程，实现对数据源中的数据添加、删除、修改、统计、查询等操作。要使用 OleDbCommand 对象，必须设置它的 CommandText 属性、CommandType 属性和 Connection 属性。

CommandText 属性给出了要执行的 SQL 语句或存储过程的名称。

CommandType 属性给出了 CommandText 属性中设置值的类型。CommandType 属性的值有 3 种情况："CommandType.Text" 表示 SQL 语句；"CommandType.StoredProcedure" 表示存储过程的名称；"CommandType.TableDirect" 表示表名。

Connection 属性用于获取或设置 OleDbCommand 对象所使用的 Connection 对象。

Parameters 属性用于获取 OleDbCommand 对象所使用的参数集合，常用于参数查询或存储过程的参数传递。在 OleDbCommand 使用参数时，参数添加到 Parameters 集合中的顺序必须和存储过程中参数定义的顺序匹配。另外，返回参数必须是第一个被加入到 Parameters 集合中的参数。

ExecuteNonQuery、ExecuteScalar、ExecuteReader 是 OleDbCommand 对象的常用方法。

ExecuteNonQuery 用于执行不需要返回结果的 SQL 语句，如 Insert、Update、Delete 等，执行后返回受影响的记录条数。

ExecuteScalar 方法用于执行统计查询语句，执行后只返回查询所得到的结果集中第一行的第一列。

ExecuteReader 方法适用于执行后需要返回结果的 SQL 语句如 SELECT 语句，执行后返回一个 OleDbDataReader 对象。

4. OleDbDataReader 对象

OleDbDataReader 对象是基于连接模型工作的，在一个 OleDbConnection 对象上，如果有一个 OleDbDataReader 对象正在活动，那么在关闭之前不能对这个 OleDbConnection 对象发出其他的命令。对象每次从数据库中读一条记录到内存，因此使用 OleDbDataReader 对象读取数据的效率较高。OleDbDataReader 对象通过 OleDbCommand 对象的 ExecuteReader( )方法创建。

获取 OleDbDataReader 对象的数据有两种方法：通过与 GridView 等数据控件绑定，直接输出；或者利用循环将数据取出。下面这段代码利用 while 循环将学生成绩表中的学生姓名全部取出来加入到一个名叫 lstName 的列表框中。

```
string connectionString = @"Provider=Microsoft.Jet.OLEDB.4.0;Data Source=" +
Server.MapPath("app_Data/aspnetdb.mdb");//定义连接字符串
OleDbConnection conn = new OleDbConnection(connectionString);//创建连接对象
conn.Open();
```

```
    OleDbCommand cmd = new OleDbCommand("SELECT name  FROM StudentScore", conn);
//创建 OleDbCommand 对象
    OleDbDataReader rdr;
    rdr = cmd.ExecuteReader();
    while (rdr.Read())
        lstName.Items.Add(rdr["name"].ToString());
    rdr.Close();
    conn.Close();
```

FieldCount 是 OleDbDataReader 对象的常用属性,用于获取当前行中的列数。HasRows 属性用于判断当前的 OleDbDataReader 对象中是否有记录。

Read、Close、GetValue、GetName 方法是 OleDbDataReader 对象的常用方法。

Read 方法执行后使 OleDbDataReader 前进到下一条记录,Close 方法关闭当前的 OleDbDataReader 对象,GetValue 获取指定列的值,GetName 获取指定列的名称。

11.2 "深化版学生成绩表"案例

【案例说明】

本案例利用 ADO .NET 的断开模型,实现在 StudentScore 表中添加学生成绩,运行的界面如图 11.3 所示。

图 11.3 添加学生成绩界面

11.2.1 操作步骤

(1) 新建一个名叫 AddStudentScore.aspx 的页面。从工具栏中拖动 6 个 A Label 到中心工作区,分别修改这些控件的 Text 属性值为"学生成绩录入"、"学号"、"姓名"、"数学"、"语文"、"英语"。

(2) 从工具箱中拖动 A Label 到中心工作区,将【属性】窗口的 ID 属性值修改为"labMsg",清空 Text 属性的内容,将 ForeColor 属性值修改为"Red"。

(3) 从工具栏中拖动 5 个文本框控件 abl TextBox 到中心工作区。单击工作区中的文本框控件,将各控件的 ID 属性分别修改为"txtStudentID"、"txtName"、"txtMath"、"txtChinese"、"txtEnglish"。

(4) 单击工作区中的按钮控件 `ab Button`，将【属性】窗口中的 ID 属性值修改为"btnOK"，将 Text 属性值修改为"确定"。

界面最终效果如图 11.4 所示。

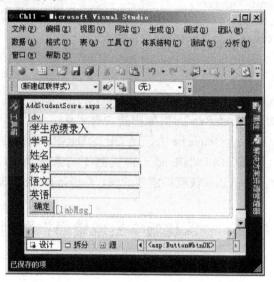

图 11.4 AddStudentScore.aspx 界面

双击【确定】按钮，进入代码页"AddStudentScore.aspx.cs"，在命名空间的引用部分加入 using System.Data.OleDb; using System.Data;。

在"protected void btnOK_Click(object sender, EventArgs e)"下的一对花括号{}之间输入如下代码。

```
try
    {
        string connectionString = @"Provider=Microsoft.Jet.OLEDB.4.0;Data Source=" + Server.MapPath("app_Data/aspnetdb.mdb");//定义连接字符串
        OleDbConnection conn = new OleDbConnection(connectionString);
        //定义连接对象
        conn.Open();
        OleDbDataAdapter oda = new OleDbDataAdapter("SELECT StudentID,name,math,english,chinese FROM StudentScore ", conn);    //定义OleDbDataAdapter对象
        DataSet ds = new DataSet();
        oda.Fill(ds, "studentScore");                  //填充数据集
        conn.Close();
        DataRow dr = ds.Tables["studentScore"].NewRow(); //创建一个新的数据行
        dr["StudentID"] = txtStudentID.Text;           //给数据行的列赋值
        dr["Name"] = txtName.Text;
        dr["Math"] = txtMath.Text;
        dr["english"] = txtEnglish.Text;
        dr["chinese"] = txtChinese.Text;
        ds.Tables["studentScore"].Rows.Add(dr);        //把数据行添加到数据表中
        OleDbCommandBuilder ocb = new OleDbCommandBuilder(oda);
        oda.Update(ds, "studentScore");                //执行更新操作
```

```
            labMsg.Text = "成绩录入成功！";
        }
        catch
        {
            labMsg.Text = "录入成绩的时候出现错误！";
        }
```

11.2.2 本节知识点

1. DataSet 对象

熟悉数据库知识的人都知道，一个数据库可以包含多张表，而一张表中有多条记录，一条记录又包括多个列或者叫多个字段。

在 ADO .NET 中 DataSet 是一个核心的概念，DataSet 类似于内存中的一个数据库，包含数据表、数据约束、表之间的关系等。

一个 DataSet 可包含一个或多个 DataTable(数据表) 对象。一个 DataTable 又包含了多个 DataRow(数据行)，而一个 DataRow 又包含了多个 DataColumn(数据列)对象。

DataRow 和 DataColumn 对象是 DataTable 的主要组件。使用 DataRow 对象及其属性和方法检索、插入、删除和更新 DataTable 中的值。若要创建新的 DataRow，需要使用 DataTable 对象的 NewRow 方法。

创建新的 DataRow 之后，需要使用 Add 方法将新的 DataRow 添加到 DataRowCollection 中。最后，调用 DataTable 对象的 AcceptChanges 方法以确认添加。

可通过调用 DataRowCollection 的 Remove 方法或调用 DataRow 对象的 Delete 方法，从 DataRowCollection 中删除 DataRow。

DataSet 的常用属性包括 Tables 属性，该属性用于获取表(DataTable)的集合。

AcceptChanges、RejectChanges、Copy、Clear 方法是 DataSet 的常用方法。AcceptChanges 方法提交对 DataSet 进行的所有更改；RejectChanges 方法撤销对 DataSet 进行的所有更改；Copy 方法返回一个新的 DataSet，此 DataSet 与当前 DataSet 具有相同的结构和数据；Clear 方法用于清空 DataSet 中所有的数据。

2. OleDbDataAdapter 对象

OleDbDataAdapter 对象用于从数据源中获取数据、填充 DataSet 中的表并将对 DataSet 的更改提交回数据源。

OleDbDataAdapter 对象有 4 个重要属性：SelectCommand、InsertCommand、UpdateCommand 和 DeleteCommand。其中 SelectCommand 用来执行查询操作，InsertCommand 用来执行添加操作，UpdateCommand 用来执行更新操作，DeleteCommand 用来执行删除操作。

使用 OleDbDataAdapter 对象读取数据，首先需要创建检索数据的 Command 对象，然后把这个 Command 对象赋值给 DataAdapter 对象的 SelectCommand 属性。当 DataAdapter 对象的 SelectCommand 设置完成后，就可以连接数据库，再调用 OleDbDataAdapter 的 Fill 方法，把数据发送到合适的数据容器中。

3. 更新数据的方法

在 .NET 中使用 ADO .NET 更新数据库的方法有两种：一种是直接更新数据源；另一

种是先更新数据集,再通过数据适配器的 Update 方法更新数据源。例如,本案例中的代码,oda.Update(ds, "studentScore")就是调用了数据适配器 oda 的 Update 方法,把对数据集对象 ds 中的 studentScore 所做的更新提交到数据库。

两种访问方式的区别如图 11.5 所示。

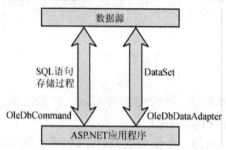

图 11.5　ADO .NET 更新数据的两种方法

11.3　对 SQL Server 进行操作

在 ADO .NET 中,微软专门针对访问 SQL Server 数据库提供了 System.Data.SqlClient 命名空间,在这个命名空间中包含了绝大多数对数据库操作的类和对象。例如,连接对象 SqlConnection、命令对象 SqlCommand、适配器对象 SqlDataAdapter 等,由于针对 SQL Server 数据库专门作了优化,利用这些对象可以提高数据访问的效率。使用这些对象对 SQL Server 编程和对 Access 编程代码极其相似,区别有以下两点。

(1) 引用的命名空间不同。在使用前要在引用部分添加代码"using System.Data.SqlClient;"。

(2) 使用的对象名称不同。System.Data.SqlClient 命名空间中的对象以及 System.Data.OleDb 命名空间中对象的对应关系见表 11-2。

表 11-2　两种命名空间中对象的名字及其对应关系

对象名称	System.Data.SqlClient 命名空间	System.Data.OleDb 命名空间
连接对象	SqlConnection	OleDbConnection
数据适配器对象	SqlDataAdapter	OleDbDataAdapter
数据读取对象	SqlDataReader	OleDbDataReader
命令对象	SqlCommand	OleDbCommand

下面介绍如何利用这些对象实现学生成绩的查询。

在 SQL Server 中新建一个名叫 aspnetdb 的数据库,在数据库中新建一张名叫 StudentScore 的表,表的结构如图 11.6 所示。

新建一个名叫"ShowStudentScoreInSQLServer.aspx"的页面,从工具箱中拖动 GridView 到中心工作区,双击页面空白处,在命名空间的引用部分加入 using System.Data.SqlClient;。

在"protected void Page_Load(object sender, EventArgs e)"下的一对花括号{ }之间输入以下代码。

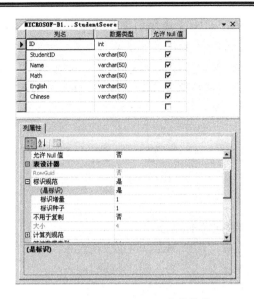

图 11.6 StudentScore 表的结构

```
    string connectionString = "Data Source=.;Initial Catalog=aspnetdb;Integrated Security =True";
    SqlConnection conn = new SqlConnection(connectionString);
    conn.Open();
    SqlCommand cmd = new SqlCommand("SELECT StudentID as 学号,name as 姓名,math as 数学,chinese as 语文,english as 英语 FROM StudentScore", conn);
    SqlDataReader rdr;
    rdr = cmd.ExecuteReader();
    GridView1.DataSource = rdr;
    GridView1.DataBind();
    rdr.Close();
conn.Close();
```

本 章 小 结

本章通过"学生成绩表"和"深化版学生成绩表"两个案例，介绍了基于 ADO .NET 的数据库访问技术。首先介绍了 OleDbConnection、OleDbCommand、OleDbDataAdapter、DataSet 对象的主要属性和方法以及使用这些对象对 Access 数据库的编程方法。然后介绍了 SqlConnection、SqlCommand、SqlDataReader 对象的主要属性和方法，以及使用这些对象对 SQL Server 数据库编程的方法。

【资料阅读】

ADO .NET 与相关对象

ADO .NET 是重要的应用程序级接口，用在 .NET 平台中提供数据访问服务。利用 ADO .NET 技术可以访问多种数据源，包括 SQL Server、文本文件、Excel 表格或者 XML

文件。应用程序可以通过 ADO.NET 连接到这些数据源实现显示、添加和修改等操作。

ADO.NET 包含众多对象，这些对象可分成两大类：一类是与数据库直接连接的对象，包含 Command 对象、DataReader 对象以及 DataAdapter 对象等，通过这些对象，可以在应用程序中完成连接数据源以及数据维护等相关操作；另一类则是与数据源无关的离线对象，如 DataSet 对象。

习 题

1. 选择题

(1) (　　)对象提供与数据源的连接。
    A. OleDbConnection　　　　B. OleDbCommand
    C. OleDbDataReader　　　　D. OleDbDataAdapter

(2) (　　)对象用于返回数据、修改数据、运行存储过程及发送或检索参数信息的数据库命令。
    A. OleDbConnection　　　　B. OleDbCommand
    C. OleDbDataReader　　　　D. OleDbDataAdapter

(3) (　　)对象使用 Command 对象在数据源中执行 SQL 命令，以便将数据加载到 DataSet 中，并使对 DataSet 中的数据的更改与数据源保持一致。
    A. OleDbConnection　　　　B. OleDbCommand
    C. OleDbDataReader　　　　D. OleDbDataAdapter

(4) Connection 对象的(　　)属性，设置或获取用于打开数据源的连接字符串，给出了数据源的位置、数据库的名称、用户名、密码以及打开方式等。
    A. DataSource　　　　　　 B. ConnectionString
    C. State　　　　　　　　　D. Database

(5) (　　)方法用于执行统计查询，执行后只返回查询所得到的结果，集中第一行的第一列，忽略其他的行或列。
    A. ExecuteReader( )　　　　B. ExecuteScalar( )
    C. ExecuteSql( )　　　　　 D. ExecuteNonQuery( )

(6) (　　)方法用于执行不需要返回结果的 SQL 语句，如 Insert、Update、Delete 等，执行后返回受影响的记录的行数。
    A. ExecuteReader( )　　　　B. ExecuteScalar( )
    C. ExecuteSql( )　　　　　 D. ExecuteNonQuery( )

2. 简答题

(1) ADO.NET 有哪几种数据提供程序？分别适用于哪些数据库系统？
(2) 简述 DataAdapter 对象和其他对象的关系。

第 12 章　应用程序配置

教学目标：通过本章的学习，使学生在掌握基本 ASP .NET 程序设计方法的基础上，理解虚拟目录和真实目录的设置方法及含义，了解 ASP .NET 配置程序的意义和特点，掌握 ASP .NET 配置文件的基本格式及常用的配置文件的设置方法，对应用程序的功能进行优化。

教学要求：

知 识 要 点	能 力 要 求	关 联 知 识
真实目录和虚拟目录	(1) 理解真实目录的含义 (2) 虚拟目录的创建方法	采用 IIS 创建站点及虚拟目录的方法
两个共享目录	App_Code 和 App_Data 目录的作用	(1) 共享目录的应用环境 (2) 共享目录的设置
网站配置文件 web.config	(1) 掌握 web.config 的格式及创建方法 (2) 掌握常用配置文件的使用方法	(1) web.config 配置文件的功能 (2) web.config 配置文件的注意事项
网站全局文件 Global.asax	(1) 掌握 Global.asax 的格式 (2) 掌握 Global.asax 文件的创建方法	(1) Global.asax 全局文件的功能 (2) Global.asax 的使用环境

重点难点：

- ➤ 虚拟目录的创建方法和实际应用
- ➤ 网站配置文件 web.config 的格式和创建方法
- ➤ 常用配置文件的设置方法
- ➤ 网站全局文件 Global.asax 的格式
- ➤ App_Code 和 App_Data 目录的作用

【引例】

程序员设计程序类似于建筑师设计建造大楼，大楼的图纸结构设计好之后，可以进行施工，当大楼主体结构完成后，这栋大楼并不能通过验收，还有一些很重要的工作要做，主要是一些辅助工程，如水电安装、消防设施、防盗设施、有线电视网铺设、宽带的铺设等，这些对大楼整体而言也是很重要的，只有这些后续的工作都完成后，这栋大楼才可以成功交付使用。那么当程序员将应用程序的主体设计完成后，还需要对应用程序的功能进行完善，如设置应用程序的运行环境、提高应用程序的安全可靠性、使应用程序便于移植及对应用程序中的一些事件进行控制等，这些功能可以在主程序以外的一些配置文件中完成，通过这些配置文件对应用程序进行宏观调控。

如图 12.1 所示的 Web 应用程序就采用了一些配置文件对程序的功能进行简单的设置处理。

图 12.1　Web 程序示例

12.1　概　　述

1．IIS 的安装

在开始使用 ASP.NET 之前，首先需要建立 ASP.NET 的操作平台，然后需要对 ASP.NET 站点进行配置。目前 .NET 应用程序只能在 Windows 类的操作系统上运行，支持 ASP.NET 的操作系统主要包括 Windows XP SP3、Windows Server 2003 SP2、Windows Vista SP1、Windows 7 等。由于目前国内 Windows XP 系统较为常见，所以下面就以 Windows XP SP3 为例介绍安装 IIS(Internet 信息服务)的方法(其他系统安装类似)。若在【控制面板】|【管理工具】中看不到【Internet 信息服务】的图标，则表明该系统未安装 IIS，其具体的安装步骤如下。

(1) 插入 Windows XP 安装光盘，选择【控制面板】|【添加/删除程序】|【添加/删除 Windows 组件】命令，弹出【Windows 组件向导】对话框，如图 12.2 所示。

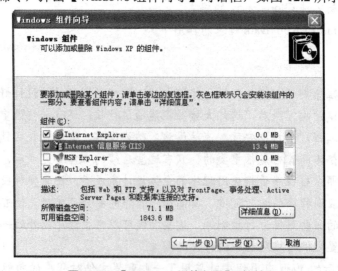

图 12.2　【Windows 组件向导】对话框

(2) 在图 12.2 中选中【Internet 信息服务(IIS)】复选框，再单击【详细信息】按钮检查要安装的内容，弹出【Internet 信息服务(IIS)】对话框，如图 12.3 所示。

(3) 在图 12.3 中单击【确定】按钮，返回到【Windows 组件向导】对话框，再单击【下一步】按钮，系统开始配置【Internet 信息服务(IIS)】组件，安装成功后，在系统盘新建网站目录，默认目录为 C:\Inetpub\wwwroot，从而创建一个 IIS Admin 服务。用户可以选择【控制面板】|【管理工具】|【服务】命令，打开【服务】界面，可以看到 IIS Admin 服务已启动，如图 12.4 所示。

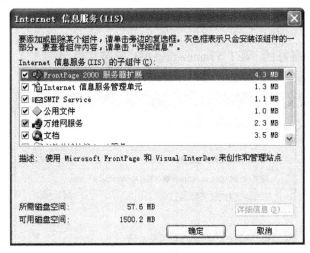

图 12.3 【Internet 信息服务(IIS)】对话框

图 12.4 【服务】界面

2. .NET Framework 4.0 的安装

.NET Framework 具有一套与公共语言运行库紧密集成的类库，该类库是完全面向对象的，使用该类库可以创建多种类型的应用程序，这有助于提高应用程序开发的效率。微软公司从发布 .NET Framework 以来，已经经历了几次的更新和升级，

本书使用的开发工具 Microsoft Visual Studio 2010 对应的.NET Framework 是 4.0 版本。如果本机已经安装了 Microsoft Visual Studio 2010，则.NET Framework 4.0 也会随同安装，此步骤可跳过。

ASP .NET 是微软.NET Framework 的一部分，在设计 ASP .NET 页面时，程序员需要充分利用.NET Framework 的一些新特性，.NET Framework 由两个主要部分组成：公共语言运行库和.NET Framework 类库。如果需要在本机编译和测试 ASP .NET 程序，则需要同时安装 IIS 和.NET Framework，且一般而言先安装 IIS，然后安装.NET Framework。

在安装.NET Framework 4.0 程序之前，必须先安装 32 位 windows 图像处理组件(WTC)，否则系统会提示产生阻塞问题，从而不能安装该程序。下面简要介绍.NET Framework 4.0 的安装方法。

(1) 双击已经准备好的 .NET Framework 4.0 安装文件，打开 Microsoft .NET Framework 4.0 安装程序对话界面，如图 12.5 所示。

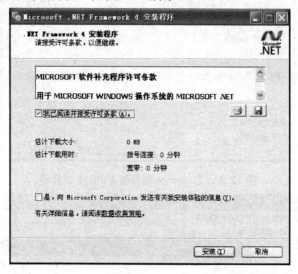

图 12.5　Microsoft .NET Framework 4.0 安装程序

(2) 在图 12.5 中，选中"我已阅读并接受许可条款(A)"前的方框，然后单击【安装(I)】按钮，打开【安装进度】界面，如图 12.6 所示。

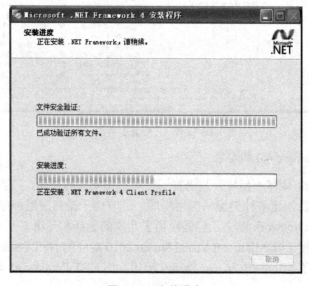

图 12.6　安装进度

(3) 在图 12.6 中，安装进度执行完毕后，会打开【安装完毕】界面，单击【完成】按钮，即可完成.NET Framework 4.0 程序的安装，如图 12.7 所示。

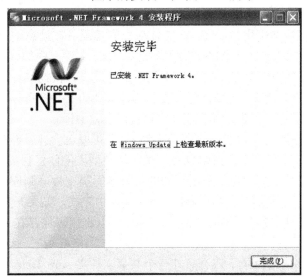

图 12.7 安装完毕

3．两个共享目录的作用

在利用 ASP .NET 创建 Web 应用程序时，可以包含多种文件类型，很多文件类型由 ASP .NET 支持和管理，除此以外，还能够利用系统创建一些具有特殊用途(如用于存储源代码)的文件或文件夹，ASP .NET 应用程序可以对这些文件进行识别并进行特殊处理，这些应用程序文件夹及其功能见表 12-1。

表 12-1 ASP .NET 应用程序文件夹

文 件 夹 名	功 能 描 述
App_Browsers	该文件夹包含识别个别浏览器并定义浏览器功能的文件
App_GlobalResources	该文件夹包含编译到具有全局范围的程序集中的资源文件
App_LocalResources	该文件夹包含与应用程序中的特定页、用户控件或母版页关联的资源文件
App_Themes	该文件夹包含用于定义 ASP .NET 网页和控件外观的文件集合
App_WebReferences	该文件夹包含用于定义在应用程序中的引用协定文件(.wsdl 文件)、架构(.xsd 文件)和发现文档文件(.disco 和 .discomap 文件)
Bin	该文件夹包含在应用程序中引用的控件、组件或其他代码的已编译程序集(.dll 文件)
App_Code	该文件夹包含应用程序一部分进行编译的实用工具类和业务对象的源代码文件
App_Data	该文件夹包含由系统提供的专用的数据库和一些专用的数据表文件

下面主要对 App_Code 和 App_Data 两个共享目录的功能进行介绍。

1) App_Code 文件夹

App_Code 文件夹位于 Web 应用程序的根目录下，该文件夹中存储的是应用程序的一部分动态编译的类文件，例如，.cs、.vb 和 .jsl 文件的源代码文件就可以存放在 App_Code

文件夹中，它们将作为应用程序的一部分进行编译。App_Code 文件夹中的类文件可以包含任何可识别的 ASP.NET 组件——自定义控件、辅助类、build 提供程序、业务类、自定义提供程序、HTTP 处理程序等。

在应用程序中将自动引用 App_Code 文件夹中的代码，在动态编译的应用程序中，当对应用程序发出首次请求时，ASP.NET 编译 App_Code 文件夹中的代码，特别在开发时，对 App_Code 文件夹的更改会导致整个应用程序重新编译。根据 App_Code 文件夹及其在 ASP.NET 应用程序中的定义，一些自定义类和其他源代码文件都可以在该文件夹中进行创建，并在 Web 应用程序中使用，而不必单独对它们进行编译。

App_Code 文件夹除了可以包含一些类文件外，还可以包含并且能自动地处理代表数据架构的 XSD 文件，可以在该文件夹中放置任意文件类型以便创建强类型对象，这些文件要求使用相同的语言进行编写，如果采用不同的语言编写类文件，则应该为相应的类文件创建特定语言子目录，这些设置可以在 web.config 文件中完成。如果开发的移动 Web 应用程序要将一些特定的代码在多个页面之间进行共享，可以将代码保存在 App_Code 文件夹中。

2) App_Data 文件夹

在 Web 应用程序的根目录下还有另外一个共享文件夹 App_Data，它是 ASP.NET 提供程序存储自身数据的默认位置，主要用来存放由系统提供的专用的数据库和一些专用的数据表，这些数据存储通常以文件的形式存在，如 SQL Server Express 数据库、Access 数据库、文本文件等，这些数据文件用来维护角色信息和成员资格，一些能够执行应用程序的用户账户可以读取、写入和创建该文件。例如，默认的 ASP.NET 账户对该文件夹拥有完全的访问权限，假如在某一时刻要改变 ASP.NET 账户，那么一定要确保授予新账户对该文件夹的读/写访问权。

12.2 "一个简单的网页浏览计数器"案例

【案例说明】

本案例制作的 ASP.NET 网页实现简单的网页浏览计数功能，每当执行本网页一次，计数器的值就自动加 1，同时在该程序中通过配置 web.config 文件对页面显示的文本格式进行控制，通过 Global.asax 文件来设置站点计数功能，以此达到抛砖引玉的目的。为了让读者更好地理解真实目录和虚拟目录的含义，将本案例程序 Default.aspx 置于系统默认的根目录 C:\Inetpub\wwwroot 以外，设置目录 C:\myweb\Default.aspx 存放该程序。

当在应用程序的真实目录 C:\myweb\Default.aspx 下运行该程序时，显示的效果如图 12.8 所示。

当对真实目录 C:\myweb 设置一个虚拟目录 virtueroot 时，在虚拟目录下运行该程序时，显示的效果如图 12.9 所示。

图 12.8　真实目录运行效果　　　　　　图 12.9　虚拟目录下运行效果

12.2.1　操作步骤

1．创建解决方案

选择【开始】|【所有程序】|【Microsoft Visual Studio 2010】|【Microsoft Visual Studio 2010】命令，启动 Visual Studio 2010 创建一个空网站，在文件的保存位置下拉列表框中输入新创建的目录"C:\myweb"，默认情况下，新创建的空网站的解决方案资源管理器中包含了一个名为"web.config"的配置文件，如图 12.10 所示。选择【网站】|【添加新项】命令，在弹出的【添加新项】对话框中选择【Web 窗体】选项，再单击【添加】按钮，可以看到在应用程序的解决方案资源管理器中新增了一个 Default.aspx 文件。

图 12.10　新网页默认结构

2．添加控件

(1) 在打开的"Default.aspx"界面中，单击位于窗口左下侧的设计按钮  切换到设计视图。

(2) 在设计视图空白区域的合适位置分别输入"欢迎使用 ASP.NET！"和"访问量统计："文字信息，并添加一个 Web 服务器控件 Label，并命名为"lblPageCount"，该标签控件用于显示执行 Web 应用程序的次数，如图 12.11 所示。

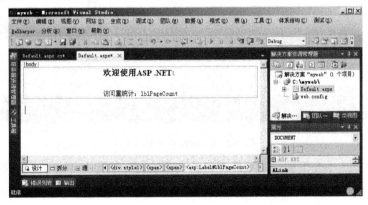

图 12.11　设计视图

3. 编写代码

在设计视图中双击中间空白区域，即可进入代码页"Default.aspx.cs"，在"protected void Page_Load(object sender, EventArgs e)"下的一对花括号{}之间输入如下代码。

```
this.lblPageCount.Text = Application["PageCount"].ToString();
```

代码页"Default.aspx.cs"如图 12.12 所示。

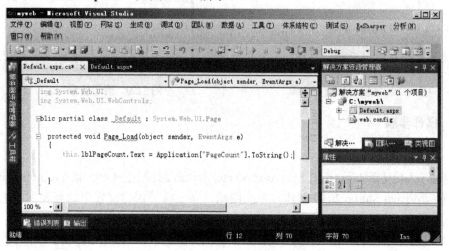

图 12.12　代码页"Default.aspx.cs"

4. 设置 web.config 配置文件

(1) 打开应用程序窗口，在"解决方案资源管理器"中双击打开 web.config 配置文件，如图 12.13 所示。

图 12.13　web.config 文件

(2) 在图 12.13 中左侧窗口是系统提供的 web.config 配置文件的模板，这里根据应用程序的配置要求在<configuration>　<system.web>和</system.web>　</configuration>　标记之间输入如下代码。

```
<globalization fileEncoding="gb2312"
        requestEncoding="gb2312"
        responseEncoding="gb2312"/>
```

添加代码后如图 12.14 所示。

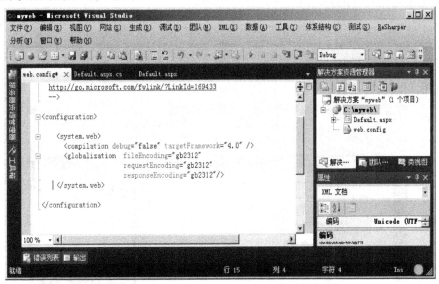

图 12.14　Default.aspx 文件相关的 web.config 文件

5．添加 Global.asax 文件

(1) 在应用程序窗口中，选择【网站】|【添加新项】命令，在【添加新项】对话框中选择【全局应用程序类】选项，再单击【添加】按钮，可以看到在应用程序的【解决方案资源管理器】中新增了一个 Global.asax 文件，如图 12.15 所示。

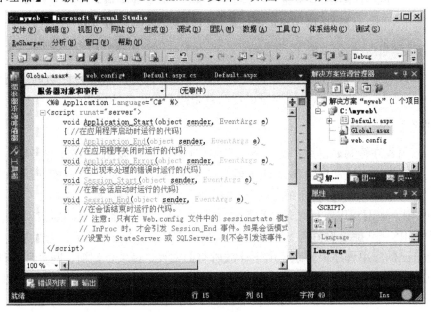

图 12.15　Global.asax 文件

(2) 在图 12.15 中左侧窗口是系统提供的 Global.asax 全局应用程序类文件模板，根据应用程序的功能在 Application_Start( )事件的{ }中输入如下代码。

```
Application.Add("PageCount",0);
```

在 Session_Start( )事件的{ }中输入如下代码。

```
Application.Lock();
Application["PageCount"]=(int)Application["PageCount"]+1;
Application.UnLock();
```

添加代码后如图 12.16 所示。

图 12.16　Default.aspx 文件相关的 Global.asax 文件

6. 测试程序

单击工具栏中的【运行】按钮 ▶ 在本机启动应用程序，系统会自动调用浏览器显示 Default.aspx 网页，这里可以看到程序运行的效果图，最后关闭网页。

7. 发布到 Web 服务器

Web 应用程序编写好以后，必须将 ASP.NET 应用程序发布到 Web 服务器，才能浏览程序的执行结果。比较常见的 Web 服务器有 Apache 和 IIS，而 ASP.NET 应用程序只能在 IIS 服务器上运行，这里主要介绍利用 IIS 服务程序来配置 Web 服务器。

在 IIS 中，应用程序根目录是一种特殊类型的 IIS 虚拟目录，是 Web 应用程序的边界，系统配置好 IIS 服务后，会在系统盘创建默认目录 C:\Inetpub\wwwroot，开发者也可以根据需要创建自己的应用程序根目录，用于存放所有的文件、模块、句柄、网页和各种代码等。IIS 能够在同一个网站设置多个 ASP.NET 应用程序，并且对于每一个虚拟目录都可以设置成为 ASP.NET 应用程序，在采用 IIS 新建网站时，系统的主目录默认就是一个 ASP.NET 应用程序。

(1) 在安装了 IIS 服务组件的系统中，选择【控制面板】|【管理工具】|【Internet 信息服务(IIS)】命令，系统将打开 IIS 服务界面，单击计算机名称旁的【+】按钮，再单击展开的目录中"网站"前的【+】按钮，再单击【默认网站】按钮，可以看到系统设置的默认网站(不同的系统设置可能有所差别)，如图 12.17 所示。

(2) IIS 服务器主要通过 Web 站点服务的属性来对网站的相关功能进行配置，在图 12.17 中右击【默认网站】按钮，在弹出的快捷菜单中选择【属性】命令，可以弹出【默认网站 属性】对话框，如图 12.18 所示。

图 12.17　系统设置的【默认网站】　　　图 12.18　【默认网站 属性】对话框

(3) 在图 12.18 中选择【网站】选项卡，可以看到系统将【IP 地址】默认设置为"全部未分配"，其直接对应于本机的 localhost 域名，也可以在【IP 地址】下拉列表框中输入指定的 IP 地址，这样在客户端的浏览器中可以通过 IP 地址来访问该网站，与在浏览器中输入 "http://localhost/…" 来访问该网站的效果是相同的。

(4) 在图 12.18 中选择【主目录】选项卡，可以看到系统将本地路径默认设置为 "C:\Inetpub\wwwroot"，它是用来存放网站文件的真实目录，主目录直接映射到 Web 站点的域名，包含站点的主页或索引文件，且包含指向其他页面的链接。可以在浏览器地址栏中输入本机的 IP 地址或者输入 "http://localhost/" 来指向该目录。也可以单击【浏览】按钮进行更改，本案例的应用程序文件存放目录为 "C:\myweb"，这里可以将 Web 服务器的主目录设置为 "C:\myweb"，如图 12.19 所示。

(5) 在图 12.19 中选择【文档】选项卡，可以看到系统设置的默认首页 Default.htm、Default.asp、index.htm 等，也可以根据需要添加新的默认文档，或者删除、或者通过向上向下的按钮调整默认文档的顺序等，这里可以通过单击【添加】按钮将案例应用程序的主页加入到默认文档列表。【文档】选项卡设置的主页默认文档就是用户在浏览器地址栏中输入一个地址时所打开的页面，如图 12.20 所示。

以上是配置一个 Web 服务的一般步骤，不同的管理者有不同的要求，可以根据不同的运行环境进行适当的设置。

图 12.19　设置主目录　　　　　　　图 12.20　设置默认文档

8. 设置虚拟目录运行应用程序

在设置虚拟目录之前，必须明确应用程序的根目录是一种特殊类型的 IIS 虚拟目录，而虚拟目录不包含在主目录中，它只是对应文件系统中的一个文件夹，在浏览器中显示网站信息时如同位于主目录中，它的实质就是指向真实目录的指针，使用虚拟目录有助于组织网站资源，当用户要在主目录以外的其他目录发布网站时，必须建立虚拟目录，在创建虚拟目录时可以设置一个比实际路径短的别名，浏览器可以通过别名访问此目录，从而使应用程序更加安全。下面结合本案例介绍在 IIS 中如何创建一个名为"virtueroot"的虚拟目录。

(1) 在【Internet 信息服务】界面中右击【默认网站】节点，在弹出的快捷菜单中选择【新建】|【虚拟目录】命令，系统会弹出【虚拟目录创建向导】对话框，如图 12.21 所示。

(2) 单击【下一步】按钮，系统进入【虚拟目录别名】对话框，如图 12.22 所示。

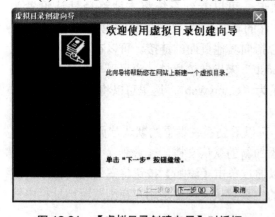
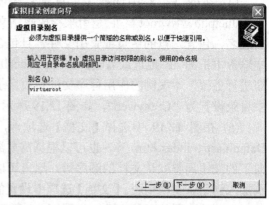

图 12.21　【虚拟目录创建向导】对话框　　　　　图 12.22　【虚拟目录别名】对话框

(3) 在【虚拟目录别名】对话框中输入虚拟目录别名"virtueroot"，这个名称可以根据需要设定，再单击【下一步】按钮，进入【网站内容目录】对话框，如图 12.23 所示。

(4) 在【网站内容目录】对话框中输入应用程序所在的文件的真实路径，这里应用程序的文件存放在目录 C:\myweb 下，如图 12.23 所示，别名"virtueroot"的虚拟目录的路径就指向目录 C:\myweb，此时可以在浏览器的地址栏中输入"http://localhost/ virtueroot……"来访问目录 C:\myweb 下的应用程序。

(5) 在图 12.23 中单击【下一步】按钮，进入【访问权限】对话框，在这里设置虚拟目录的访问权限，使用默认设置就可以了，如图 12.24 所示。

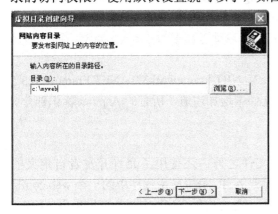

图 12.23 【网站内容目录】对话框

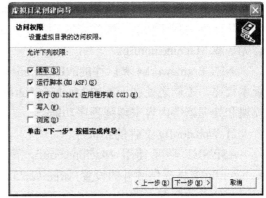

图 12.24 【访问权限】对话框

(6) 依次单击【下一步】、【完成】按钮，虚拟目录创建完毕，此后可以在浏览器地址栏中进行测试。

12.2.2 本节知识点

1. 网站配置文件 web.config

对于每一个 Web 应用程序而言，在它的目录中都会包含 web.config 文件，该文件可以存储 Web 应用程序的配置参数，是 XML 格式的纯文本文件，主要配置包含会话状态的行为或安全措施的设置位置等。.Net 运行库会将这些配置文件读入内存来设置各.Net 运行时的参数，且这些参数是层叠的，从而通过这些配置信息完善程序功能。

web.config 文件可以出现在 ASP .NET 应用程序服务器的任何目录中，当采用 ASP.NET 创建一个应用程序后，系统会在根目录下创建一个默认的 web.config 配置文件，所有的子目录都继承它的配置设置，也可以在子目录下创建一个新的 web.config 文件。除继承父目录的配置信息外，还可以在子目录中定义新的配置信息，也可以对父目录中的配置进行修改或重写。用户可以根据需要配置自己的应用程序，使应用程序的配置显得有层次，同时也易于在不同的应用领域进行转换，有助于增加 Web 应用程序的灵活性。

1) Machine.config 文件

.NET Framework 提供的配置管理范围广泛，允许管理员管理 Web 应用程序及其环境。这些基于 XML 格式的配置文件，其中一些用于控制计算机范围的设置，另一些用于控制应用程序级的配置。

在系统盘 C:\Windows\Microsoft.NET\Framework\V4.0.30319\Config 文件夹中，可以发现有一个 Machine.config 文件，该文件主要存储的是影响整个机器的配置信息，用于将计算机范围的策略应用到本地计算机上运行的所有.NET Framework 应用程序，也就是指所有的.NET Framework应用程序都从Machine.config文件继承基本配置设置和默认值，要注意的是Machine.config文件中的某些配置设置不能在位于层次结构级别较低的配置文件中被重写。

通常web.config文件继承自.netFramework安装目录的Machine.config文件，它的大部分配置都来自Machine.config文件，同时web.config文件也可以覆盖Machine.config文件中已有的某些配置信息，更为灵活的是web.config文件支持程序开发人员添加自定义的配置信息从而丰富程序功能。要注意区别在于ASP.NET启动时加载的是web.config，而服务器会先加载Machine.config。

.NET Framework4和以往的.NET Framework2、.NET Framework3.0、.NET Framework3.5版本相比，不同之处在于新的Machine.config文件中增加注册了所有的Asp.net标识部分、模块和处理器等内容来增强程序功能。

2) Web.config文件的结构

ASP.NET除了使用Machine.config配置文件之外，还使用了允许开发者自定义的web.config文件提供额外的设置，如图12.25所示是ASP.NET应用程序中的一个web.config配置文件，该配置文件位于应用程序的根目录下，是标准的XML文档，可以采用ANSI、UTF-8或Unicode格式进行编码，所有配置信息都位于<configuration>和</configuration>根标记之间，标注间的配置信息包括配置节处理程序部分、配置节设置部分和<appSettings>等。

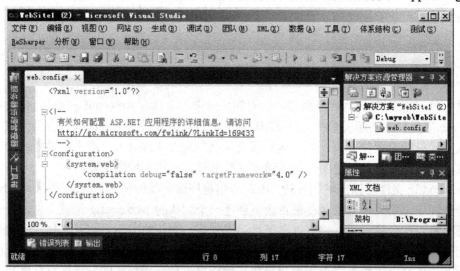

图 12.25 web.config 配置文件

从图12.25中可以看到ASP.NET4中由系统创建的初始Web.config配置文件非常简单，其内容为空或者是只包含如图12.25中所示的几行信息。这是因为在.NET框架4中，一些主要的配置信息被转移到Machine.config文件中，用户的应用程序可以从Machine.config配置文件中进行继承，从而使web.config文件变得简洁。

web.config文件中的<configuration>配置节的配置信息包括两大块：一个是配置节处理程序声明部分，另一个是配置节设置部分。

配置节处理程序声明部分出现在<configSections>和</configSections>标记之间配置文件的顶部，在<section>标记中包含的每个声明都被用来提供特定的配置数据集的节名称和处理该节中配置数据的.NET Framework 类名。

配置节设置部分位于<configSections>标记之后，它包含了实际的配置设置，其根标记为<system.web>和</system.web>，系统大部分的网站参数设置都可以在这里完成，且每个配置节都包含带有该部分设置属性的子标记。一般地只需要处理如下三个配置节信息。

<system.web>配置块是关于整个应用程序的配置，主要涉及一些网站运行时的信息，通常在一个 web.config 配置文件中可以有多个<system.web>配置块，程序员可以创建自己的<system.web>配置块。

<appSettings>配置块用于自定义配置，通常设置一些常量，用于配置一些网站的应用配置信息，如程序作者、标题等。

<connectionStrings>配置块主要用于配置网站的数据库连接字符串信息。

在 web.config 配置文件中，可以包含一些系统提供的通用配置节，开发者也可以在该文件中自己添加一些定制的配置设置，基本结构如下所示。

```xml
<?xml version="1.0" encoding="utf-8"?>
<configuration>
 <configSections>
   <!--配置节处理程序声明部分 -->
 </configSections>
 <appSettings>
   <!--开发者定制配置部分 -->
 </appSettings>
 <system.web>
   <!--网络类的配置部分-->
 </system.web>
 <system.web>
   <!--ASP .NET 类的设置部分-->
 </system.web>
 ......
</configuration>
```

特别注意 Web.config 配置文件是区分大小写的；标记"<!-- -->"表示注释部分，如"<!--开发者定制配置部分-->"就是一个注释说明语句。

3) ASP.NET 配置文件的嵌套配置设置与层次结构

所谓嵌套的配置设置是指可以在一个 ASP.NET 应用程序中同时应用多个 web.config 文件，这些文件可以出现在不同的目录层次中，这种层次结构的设置可以让程序员在适当的目录级别实现应用程序所需级别的配置信息，这样又不影响较高目录级别中的配置设置。

如图 12.26 所示的应用程序中存在着多个配置文件，它们分别是应用程序根目录下的 web.config 文件，此文件提供了整个网站都可用的配置信息；其次是位于应用程序子文件夹中的 web.config 文件，此文件提供了所在的目录及其所有子目录都可用的配置信息。这里只列举了两级配置文件，程序员可以根据需要在应用程序目录中创建多级子目录并添加相应的配置文件。

这里可以将应用程序根目录下的 web.config 文件和其子目录下的 web.config 文件作一比较，打开图 12.26 中 web1 文件夹目录下的 web.config 配置文件，可以看到如图 12.27 所示的 web.config 文件的结构,这里 Visual Studio 2010 为这个配置文件只是生成了代码骨架,结构极其简单,其他的配置信息可以由程序员自己定义。

图 12.26　一个应用程序中存在多个 web.config 文件

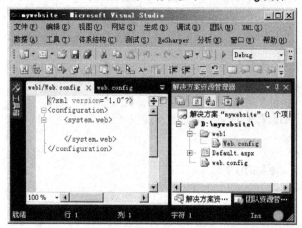

图 12.27　应用程序中子文件夹下的 web.config 文件

　　由此可见在应用程序所处的系统中存在 3 种形式的配置文件,它们分别是 C:\Windows\Microsoft.NET\Framework\V4.0.30319\Config 文件夹下的 Machine.config 配置文件和 web.config 配置文件、位于网站根目录下的 web.config 配置文件及由程序员在网站子目录中创建的 web.config 配置文件。3 种形式的配置文件相互之间的关系如图 12.28 所示。

　　上图中处于下层的 web.config 文件的配置设置可以继承上层父目录中的配置项,而下层子目录中的配置项又会覆盖父目录中的配置项,使得它们之间存在一种继承关系。这里要特别强调的是父级目录中具有的配置项信息,但是没有在其他下级子目录中出现,那么其他下级子目录使用该父级配置文件中的配置信息。

4) 常用功能的配置

　　ASP.NET 配置文件将应用程序配置与应用程序代码分开。通过将配置数据与代码分开,可以方便地将设置与应用程序关联,在部署应用程序之后根据需要更改设置,在运行时对 web.config 文件的修改不需要重启 IIS 服务器就可以生效(注：<processModel>节例外)。开发者可以根据需要对配置文件进行设置,以下对常用的一些配置段进行介绍。

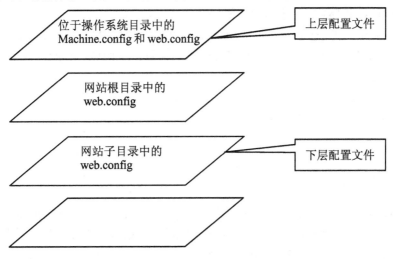

图 12.28 不同层次配置文件的相互关系

当在 Visual Studio .NET 中创建 ASP .NET 应用程序后,开发者可以在项目中添加具有基本结构的 web.config 文件,可以以该文件为模板来设置一些与系统相关的配置节。除此以外,还可以采用 Visual Studio 2010 中的 ASP .NET 网站管理工具进行配置,选择【网站】|【ASP .NET 配置】命令,打开网站管理工具的配置界面。

(1) 配置数据连接字符串。在 web.config 文件的 <configuration> 标记中找到 <connectionStrings> 标记,如果没有该标记,可自行添加,并在 <add> 标记中输入相应的参数,就可以创建数据库连接字符串,而且在一个 web.config 文件中可以创建多个连接字符串,如下例所示。

```
<configuration>
  <connectionStrings>
    <add
    name="ConnectionStringName"
    ConnectionString="Data Source=数据库的路径;
Database=数据库名字;
Integrated Security=true;
User Instance=true"
    providerName="System.Data.SqlClient" />
  </connectionStrings>
  <system.web>
   ...
  </system.web>
</configuration>
```

在上述配置中还可以设置其他的参数,如 User ID、Password、Initial Catalog 等以增强配置文件的功能。

(2) 配置 <authentication> 节。在 web.config 文件的 <configuration> 标记的子标记 <authentication> 和 </authentication> 之间用于设置应用程序的身份验证策略,该配置只能在

计算机、站点或应用程序级别声明，在 ASP.NET 中支持 Windows、Forms、Passport、None 这 4 种身份验证，具体含义将在第 13 章介绍。

以下示例为基于 Passport 的身份验证配置，在一个启用 Passport 的 Web 站点收到一个 HTTP 请求时，HTTP 模块将对该请求进行有效的检查，从而做出相应的处理。

```
<configuration>
  <system.web>
    <authentication mode="Passport">
      ...
    </authentication>
  </system.web>
</configuration>
```

（3）配置<authorization>节。在 web.config 文件的<configuration>标记的子标记<authorization>和</authorization>之间用于设置应用程序的授权策略，容许或拒绝不同的用户或角色访问，该配置可以在计算机、站点、应用程序、子目录或页等级别中声明，必须与<authentication>节配合使用，在<authorization>和</authorization>之间可以采用通配符"？"表示匿名(未经身份验证的)用户、"*"表示任何人，基本语法格式如下。

```
<configuration>
  <system.web>
    <authorization>
      <allow users="*" />
      <!-- 允许所有用户 -->
      <!-- <allow  users="[逗号分隔的用户列表]"
              roles="[逗号分隔的角色列表]"/>
        <deny  users="[逗号分隔的用户列表]"
              roles="[逗号分隔的角色列表]"/>
      -->
    </authorization>
  </system.web>
</configuration>
```

在上述<authorization>配置节中，标记"<!-- -->"表示注释，其中的内容可以根据需要选择使用，allow 表示允许访问，deny 表示不允许访问。

（4）配置<sessionState>节。在 web.config 文件的<configuration>标记的子标记<sessionState>用于设置会话状态，基本语法格式如下。

```
<configuration>
  <system.web>
    <authorization>
      <sessionState
      mode="StateServer"
      cookieless="True"
      timeout="15"/>
        ...
    </authorization>
```

```
        </system.web>
    </configuration>
```

上述配置文件中的相关属性说明如下。

① mode 属性用于设置存储会话状态，它的取值可以是 off(不存储)、InProc(采用 cookie)、StateServer(采用状态服务器)、SqlServer(在 SqlServer 中存储)。

② cookieless 属性用于设置是否 cookie，它的取值可以是 True(不使用 cookie 会话标示客户)、False(启用 cookie 会话状态)。

③ timeout 属性用于设置会话维持的时间数，默认值是 20，单位为分钟。

(5) 配置<globalization>节。在 web.config 文件的<configuration>标记的子标记<globalization>和</globalization>之间用于设置应用程序的全球化配置，例如，可以设置请求和响应的编码方式、日期时间格式和默认的文件编码等设置，如下例所示。

```
<configuration>
  <system.web>
    <!--设置应用全局环境-->
    <globalization fileencoding="gb2312"
    requestencoding="gb2312"
    responseencoding="gb2312"/>
    ...
  </system.web>
</configuration>
```

上述设置保证文件、请求及返回均以 GB2312 格式进行编码，确保浏览器正确显示页面信息。下面对配置文件中常用的相关属性进行说明。

fileencoding 属性指定 ASP .NET 程序的默认文件的编码方式。

responseencoding 属性指定 Response 响应的编码方式，默认编码格式是 UTF-8(UTF-8 是 Unicode 中的一个使用方式，UTF 是 Unicode Translation Format 的缩写，即把 Unicode 转为某种格式)。

requestencoding 属性指定 Request 请求的编码方式，默认编码格式是 UTF-8。

一般情况下要将 responseencoding 属性和 requestencoding 属性设置成相同的值。

5) web.config 文件的新增功能

在实际的应用中，程序员会发现微软在 ASP.NET4.0 的配置文件方面做了较大的改进和突破，减小了 web.config 文件的大小和复杂度，改变了之前其他版本应用程序配置文件非常复杂的局面，使得 web.config 文件容易管理和读取，提高了编程的效率。

此外，在 Microsoft Visual Studio 2010 中，也新增加了一些功能，例如，为应用程序的 release 版本和 debug 版本提供相应的配置支持，特别是在生成 Web 应用程序时提供了 web.config、web.debug.config 和 web.release.config 这 3 个配置文件。其中 web.config 包含 debug 和 release 共享的设置，而 web.debug.config 配置文件针对 debug 版本设置，web.release.config 配置文件则针对 release 版本设置。

2. 网站全局文件 Global.asax

1) Global.asax 文件概述

Global.asax 文件(也称全局应用程序类)是一个 ASP .NET 应用程序文件，它是可选的，并且一个 Web 应用程序中最多只能有一个 Global.asax 文件,该文件位于 Web 应用程序的根目录下,是 ASP.NET 应用程序中非常重要的一个文件。该文件的主要功能包括提供应用程序和会话的开始及清除代码以及设置应用程序的整体参数,实现应用程序的安全性以及其他一些任务,如会话状态的开始和结束等。

Global.asax 文件并不是一个独立的类文件,当第一次激活或请求程序中的任何资源或 URL 时,ASP.NET 会分析 Global.asax 并将其编译到一个动态生成的.NET Framework 类(该类是从 HttpApplication 基类派生的),然后使用该派生类表示应用程序。用户不会直接请求执行 Global.asax 文件,Global.asax 文件会自动执行脚本块来响应特定的应用程序事件。

程序员可以在 Global.asax 文件中添加一些处理程序级别的事件和代码,ASP.NET 页面框架能够自动识别出对 Global.asax 文件所做的任何更改。在 ASP.NET 页面框架检测到该变化后,会执行一系列应用请求,同时重新启动应用程序,包括关闭所有的浏览器会话,去除所有的状态信息,并重新启动应用程序域。因此只有在希望处理应用程序事件或会话事件时,才开始创建它。也可以通过配置 ASP.NET,以便自动拒绝任何直接的通过 URL 访问 Global.asax 文件的请求,使得外部用户不能获取或查看 Global.asax 文件的内部代码。

在创建一个 ASP.NET 应用程序时,程序员可以根据需要在 ASP.NET 项目中添加一个 Global.asax 文件。创建方法为选择项目文件后,在打开的应用程序窗口中,选择【网站】|【添加新项】命令,在【添加新项】对话框中选择【全局应用程序类】选项,再单击【添加】按钮,可以看到在应用程序的【解决方案资源管理器】中新增了一个 Global.asax 文件,而这只是其中的一种方式,也可以通过其他方法添加 Global.asax 文件。如图 12.29 所示是 ASP.NET 项目中添加的一个 Global.asax 文件。

从图 12.29 中可以看出,Visual Studio 2010 生成的初始 Global.asax 文件只是一个代码框架,只包含了基本的事件和应用,而不包含任何 HTML 或者 ASP.NET 标签,此外在 Global.asax 文件中编写程序代码的方式和在 Web 窗体中编写代码的方式也是一样的,具体的程序代码开发者可以根据需要进行编写。

图 12.29　Global.asax 文件结构

2) Global.asax 文件中的事件

Global.asax 文件提供编写响应全局事件的事件处理程序的功能。但是在 Visual Studio 2010 生成的 Global.asax 文件中只是指定了几个预定义了名称的方法。实际上 Global.asax 文件中可供使用的应用程序事件是很多的，这些事件大致可以分为两类：一类是每次请求都会发生的事件，包括与请求相关的和响应相关的事件，另一类是只在某些特定情况下才发生的事件。这里对 Global.asax 文件中的一些事件及其功能作简要的介绍。

以下是每次请求都会触发的事件，按其触发的先后顺序排列如下。

(1) Application_BeginRequest：该事件在收到每个请求时发生。

(2) Application_AuthenticateRequest：该事件在执行验证前发生，在这个事件处理程序的代码中允许实现自定义安全管道。

(3) Application_AuthorizeRequest：该事件发生在为请求授权之前，可以用这种方法给用户赋予特殊的权限。

(4) Application_ResolveRequestCache：该事件在 ASP.NET 确定是否应该生成新的输出或者由缓存填充前触发。在任何情况下都将执行该事件处理程序。

(5) Application_AcquireRequestState：该事件在获取会话状态之前执行。

(6) Application_PreRequestHandlerExecute：该事件在将请求发送到服务于请求的处理程序对象之前触发。

(7) Application_PreSendRequestHeaders：该事件在 ASP.NET 页面框架发送 HTTP 头给浏览器时触发。

(8) Application_PreSendRequestContent：该事件在 ASP.NET 页面框架向浏览器发送内容时触发。

(9) Application_PostRequestHandlerExecute：该事件在 ASP.NET 事件处理程序(如某页或某个 XML Web service)执行完毕时触发，此时 Response 对象将获得由客户端返回的数据。

(10) Application_ReleaseRequestState：该事件在释放和更新试图状态时触发。

(11) Application_UpdateRequestCache：该事件在信息加入到输出缓存前被调用。

(12) Application_EndRequest：该事件在每个请求结束时发生，适合在此时清理代码。

以下这些事件并不是每次请求都发生，而是在特定条件下才会触发，如下所示。

(1) Application_Start：该事件在应用程序开始执行时发生，这个事件处理程序提供应用程序范围的初始化代码。

(2) Session_Start：该事件在有新的请求或新的会话开始时发生，常用于初始化用户特定的信息。

(3) Application_Error：该事件在 ASP .NET 程序有错误时发生。

(4) Session_End：该事件在会话结束时发生。

(5) Application_End：该事件在应用程序结束时发生。应用程序的结束可能是因为 IIS 被重启或者文件的更新或者进程回收导致应用程序切换到一个新的应用程序域等。

(6) Application_Disposed：这个方法在.Net 垃圾回收器准备收回它占用的内存时被调用，也就是当 CLR 从内存中移除应用程序时触发。

一般情况下，在 Global.asax 文件中常用的有 7 个事件，它们是 Application_Start、

Session_Start、Application_Error、Session_End、Application_End、Application_BeginRequest、Application_End Request。

Global.asax 文件在 ASP.NET 应用程序中占有极其重要的地位，提供了大量的事件方法来处理应用程序级请求或用来完成程序的启动和终止或处理用户会话等功能，要明确这些事件的应用场合，把握它们的功能及其触发的先后顺序，只有这样才能编写出功能强大的应用程序。

本 章 小 结

本章主要以一个简单的网页浏览计数器作为案例，阐述了真实目录和虚拟目录之间的关系，并具体介绍了创建虚拟目录的方法；其中 Global.asax 文件和 web.config 文件是应用程序中两个非常重要的文件，Global.asax 文件提供了应用程序和会话的开始及清除代码以及设置应用程序整体的参数，而 web.config 文件主要包含应用程序的配置，并介绍了这两个文件的结构及如何创建和配置 Global.asax 文件和 web.config 文件。

习 题

1. 填空题

(1) 比较常见的 Web 服务器有_____和_____，而 ASP.NET 应用程序只能运行在_____服务器上。

(2) web.config 配置文件是标准的_____文档，该文件可以采用 ANSI、UTF-8 或 Unicode 格式进行编码，所有配置信息都位于_____和_____根标记之间。

(3) App_Code 文件夹一般位于 Web 应用程序的_____。

(4) 在 ASP.NET 中支持_____、_____、_____、None 4 种身份验证。

2. 简答题

(1) 简要叙述 web.config 文件的功能。
(2) 简要叙述 Global.asax 文件的功能及结构。
(3) 试指出 web.config 文件的结构及其特点。
(4) 简要叙述真实目录和虚拟目录之间的联系和区别。

3. 操作题

(1) 试创建一个虚拟目录，虚拟目录名字为"wwwapp"。
(2) 根据 web.config 文件结构，配置数据库连接功能。

第13章 基于角色的安全技术

教学目标：通过本章的学习，理解基于角色的安全技术的特点，掌握利用控件创建安全网页和直接调用 Membership 等 API 的方法进行用户和角色的管理。

教学要求：

知识要点	能力要求	关联知识
身份验证与基于角色的身份验证	(1) 了解 ASP.NET 所能支持的身份验证 (2) 理解 Form 身份验证 (3) 理解用户授权和角色的概念	(1) 身份验证的4种方式 (2) Form 身份验证的工作流程 (3) 用户授权与角色 (4) ASP.NET 基于角色的安全的特点
ASP.NET 身份验证的工作方式	(1) 掌握为网站创建合理的目录结构 (2) 掌握 ASP.NET 网站管理工具的使用方法	(1) 创建网站目录结构 (2) 配置网站访问安全
登录控件	(1) 掌握登录控件的作用和常用配置方法 (2) 了解安全验证信息存放方式	(1) 为各网页设置功能 (2) 登录控件 (3) 安全验证信息的存放 (4) 成员资格管理与角色管理 (5) 成员资格数据表的秘密
使用非 SQL Server 2005 Express 数据库进行身份验证	(1) 掌握使用基于 SQL Server 2000 数据库进行安全认证 (2) 掌握使用基于 Access 数据库进行安全认证	(1) 使用 SQL Server 2000 数据库的方法 (2) 使用 Access 数据库的方法
身份验证 API	(1) 掌握使用 MemberShip 类管理用户 (2) 掌握使用 Roles 类管理角色 (3) 掌握验证用户的编码方式	(1) 用户的管理 (2) 角色的管理 (3) 常用验证用户的一个例子

重点难点：

- ASP.NET 基于角色的安全认证的机制
- 为网站配置安全认证的工作步骤
- 安全验证信息的存放方式
- 登录控件的配置与使用
- 使用 SQL Server 2000 和 Access 数据库进行身份验证的配置方法
- 采用编码方式直接调用 API 进行用户与角色的管理

【引例】

很多网站的内容并非大家共享，部分网页服务是针对特定用户使用的。那么，大家都是通过浏览器上网，怎么区别这些浏览者中哪些是特定用户呢？解决的办法就是身份验证。例如，网易的邮箱用户，如果要进入自己的邮箱(非大家共享的内容)，需要输入用户名和密码进行登录，正确了才允许进入。这就是一个典型的身份验证，如图 13.1 所示。

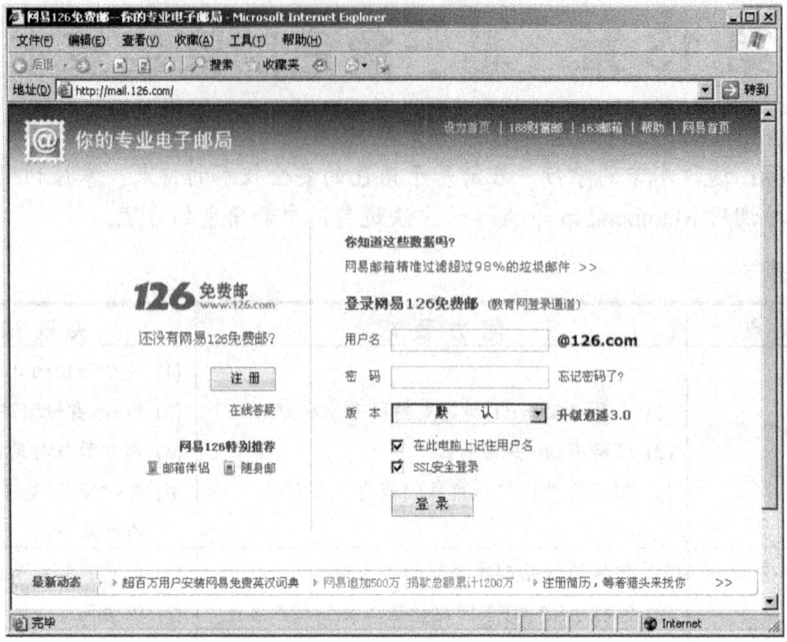

图 13.1 网易邮箱用户登录进行身份验证

与登录功能配套的还有注册、恢复密码、修改密码、退出登录等相应的功能。

13.1 概　　述

Internet 虽然是一个面向全球的开放型网络系统，然而其中有些网页并不是对所有用户都无条件开放的，例如：

(1) 一些用于网站后台管理的网页只允许网站管理员进入。
(2) 有些网站设立的收费项目，只对那些进行了注册并交纳了费用的用户开放。
(3) 有些商业网站实行"会员制"，只有经过注册的会员，才有权参加某些商业活动。
(4) 一些远程教育网站允许学生查阅自己的成绩但不允许修改成绩。

类似的情况还可以列出很多，这些情况给网站的设计提出了新的要求，即为了网站的合法权益和安全，必须对特定的网页实施保护。当用户进入网站时要进行身份验证，并在验证的基础上授权。这里涉及的 3 个词语也可这样理解：①身份——我是谁；②身份验证——这就是我；③授权——这是我能做的。

作为一个动态网站，这种身份验证功能已经成为设计中必不可少的部分。

13.2 身份验证

13.2.1 身份验证的 4 种方式

ASP .NET 中支持 None、Form、Windows、Passport 4 种方式进行身份验证，含义如下。

(1) None：不进行授权与身份验证。

(2) Form：基于 Cookie 的身份验证机制，可以自动将未经身份验证的用户重定向到自定义的"登录网页"，只有登录成功后，才可查看特定网页的内容。

Cookie(或 Cookies)在英文中是小甜品的意思，这个词总能在浏览器中看到，食品怎么会跟浏览器有关联呢？在用户××浏览以前登录过的网站时，可能会在网页中出现："你好××！"的信息，令人感觉很亲切，就好像是吃了一个小甜品一样。

这其实是网站通过访问用户主机里的一个小文本文件来实现的，因此这个文件就被称为 Cookie。所以 Cookie 是某些网站为了辨别用户身份而储存在用户主机上的数据(通常经过加密)，用户可以改变浏览器的设置，使用或者禁用 Cookie。

若要查看所有保存到本机的 Cookie，可以选择"Internet Explorer 浏览器"的【工具】|【Internet 选项】|【常规】|【设置】|【查看文件】命令。这些文件通常是以"Cookie:User@Domain"格式命名的，User 是本机用户名，Domain 是所访问网站的域名。

(3) Windows：基于 Windows 的身份验证，适合于在企业内部 Intranet 站点中使用。要使用这种验证方式，必须在 Microsoft Internet 信息服务(IIS)中禁用匿名访问，由 IIS 执行身份验证工作。

(4) Passport：通过 Microsoft 的集中身份验证服务执行。这种认证方式适合跨站应用，即用户只需一个用户名及密码就可以访问任何成员站点。使用 Passport 验证需要安装 Passport 软件开发工具包进行二次开发。

具体让一个 ASP.NET 网站使用哪一种验证方式，是通过配置 web.config 文件内 authentication 属性来完成的，默认使用的是 Windows 身份验证。验证方式的配置可以手工修改，也可以使用系统提供的"ASP.NET 网站管理工具"自动修改。

Form、Windows、Passport 这 3 种身份验证方式中，最常用的也是本章所讲解的是 Form 验证，即通过"登录网页"来检测用户输入的用户名和密码，对该用户进行身份验证，并指派可访问的资源，如图 13.2 所示。

图 13.2 Form 验证方式的"登录网页"

13.2.2 Form 身份验证的工作流程

用户要发出登录请求，需要在"登录网页"上填写一个表单(一般填写用户名和密码两项，如图 13.1 所示)，并将该表单提交到服务器。服务器在接受该请求并验证成功之后，将向用户的本地计算机写入一个记载身份验证信息的 Cookie。在后续的浏览网页中，浏览器每次向服务器发送请求时都会携带该 Cookie，这样用户就可以保持住身份验证状态。

下面的情景描述了某用户(假设是"小明")通过浏览器访问一个使用 Form 验证方式的网站的流程模型。其中，Web 服务器端含有 4 个网页，分别如下。

- 公开的首页 H。
- 登录网页 L。
- 受限的 A 网页。
- 受限的 B 网页。

(1) 小明希望查看 A 网页，但匿名用户不可以访问这个页面，因此当小明试图访问 A 网页时，浏览器显示一个登录页面 L，如图 13.3 所示。

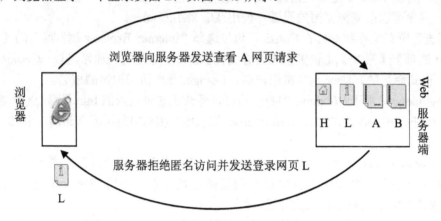

图 13.3　查看 A 网页显示登录网页 L

(2) 小明现在面对着登录网页 L。由于小明已经在该站点注册过，因此他使用自己的用户名和密码组合登录该网站，服务器验证确实为小明后，才将网页 A 返回给小明的浏览器，同时，将 Cookie(下图用☺表示)也发过去。小明的浏览器和服务器之间的交互过程如图 13.4 所示。

图 13.4　登录网页后查看到了 A 网页

(3) 小明现在可以正常浏览 A 网页了。现在小明希望通过 A 网页上的一个链接查看 B 网页。在发送该请求时，小明的浏览器同时将 Cookie 的一个副本发送到服务器，让服务器知道是小明想要查看这个 B 网页。服务器通过 Cookie 确认了小明的身份，所以按照请求将 B 网页发送给小明，如图 13.5 所示。

图 13.5 查看到 B 网页

(4) 如果小明现在请求站点的首页 H，浏览器仍会将 Cookie 和对首页 H 的请求一起发送到服务器，因此即使网页不是受限的，Cookie 仍会被传递回服务器。由于首页 H 没有受到限制，服务器不会考虑 Cookie，直接忽略它并将首页 H 发送给小明。

(5) 小明接着返回 A 网页。因为小明本机上的 Cookie 仍然是有效的，所以该 Cookie 仍会被送回服务器。服务器也仍然允许小明浏览 A 网页。

(6) 小明离开计算机临时接了个电话。当他重新回到计算机前时，已经超过了 20 分钟。小明现在希望再次浏览 B 网页，但是他本机上的 Cookie 已经过期了。服务器在接收 B 网页请求时没有得到 Cookie，认不出小明了，所以拒绝这个请求，而将登录网页 L 发回浏览器，小明必须重新登录。

一般都会将用户计算机上的 Cookie 设置为在一段时间后过期。在上面的情景中，服务器为 Cookie 指定了 20 分钟的有效期，这意味着只要在 20 分钟之内向服务器发送过请求，本机的 Cookie 就将一直保持活动状态。然而，如果 20 分钟之内没有向服务器发出请求，用户将必须重新登录才能查看受限的内容。

13.3 用户授权与角色

从 13.2 节可以看出，网站的用户分为两大类，一类是匿名用户，即非登录用户，只能查看网站中的公共网页；另一类是登录用户，不但可以查看公共网页，还可以访问受限的网页，如图 13.6 所示。

这种将用户只分为匿名用户与登录用户的分配方式比较简单，常应用于一些小型的网站，往往登录用户就是网站管理员自己，登录后可以使用后台的管理网页发布或维护网站公共信息。

实际工作中，更多的情况是，登录用户的类别多于一个。解决的方法就是定义若干用户组，各组拥有不同权限，然后再将用户账户添加到适当的组中，则此用户就拥有了该组定义的权限，如图 13.7 所示。

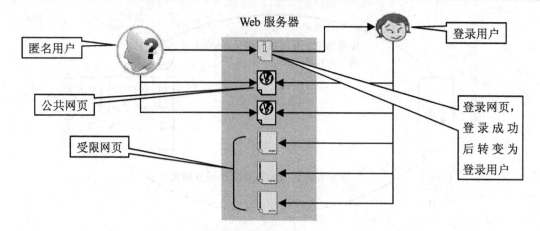

图 13.6　匿名用户与登录用户访问网站中各网页

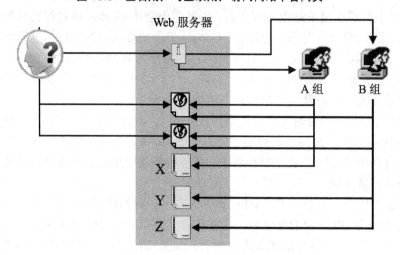

图 13.7　所属不同组的登录用户访问网站中各网页

图 13.7 中，匿名用户只能访问登录网页和两个公共网页；登录后，如果所属为 A 组用户，可以访问两个公共网页和受限网页 X；如果所属为 B 组用户，可以访问两个公共网页和受限网页 Y、Z。也就是说，公共网页所有用户都可看，受限网页则根据登录用户的所属组预先设置好的权限决定是否可访问。

ASP.NET 中，对具有相同权限的一类用户或者用户组，称为"角色"。所以，在图 13.7 中共有两个角色：A 组是一个角色，B 组是另一个角色。

一个用户，被划分为哪个角色，则具有该角色的权限。一旦用户成为某个角色的成员之后，就可以基于角色为用户授权。当然，用户所属的角色是可以更改的，随之拥有的权限也会更改。正如一个科技公司，一个职员可以从开发部门转到销售部门，他的工作职能也随之改变了。

13.4　ASP.NET 基于角色的安全技术特点

为了管理好用户，首先应根据网站功能定义所有可能的角色，其次再为每个用户分配角色。这些信息均存于网站数据库的用户注册表中。其原理见表 13-1。

表 13-1 用户注册表

编号	姓名	密码	角色	安全设置
1	张宏伟	asdf 123	教师	"网站管理员"角色可以查看所有网页 "教师"角色可以查看教师网页和学生网页 "学生"角色只可以查看学生网页
2	梁丰硕	sdfg890-	教师	
3	赵瑞来	dfgh=234	学生	
4	李晓凤	zxcv`123	学生	
5	马识途	mst666#66	网站管理员	
6	燕南归	yngl999.9	学生	

注:安全设置项一般存于 web.config 文件中

用户的验证实质上是一个查询过程。当用户进入登录页面时,先要求用户输入自己的姓名和密码,再到用户注册表中查询。如果在表中找到了可以匹配的记录时,说明该用户可以登录,然后取出用户对应的角色字段,根据分配给角色的权限让用户转入相应的网页。

ASP.NET 中,对于基于角色的网站安全管理自动化程度很高。

(1) 系统默认自动产生比表 13-1 更加完善、规范的 SQL Server 2005 数据库,保存在网站"App_Data"专用目录下。

(2) 可以借助相关工具及修改相关配置,将基于角色的网站安全管理建立在 SQL Server 2000、Access 或其他数据库上。

(3) 可以利用 Visual Studio 2010 中的"ASP .NET 网站管理工具"对用户和角色进行图形界面管理。

(4) 提供了"登录"相关的 7 个控件,可以方便构建用户认证系统,如"登录"、"注册"、"恢复密码"等。

13.5 "用户管理系统"案例

【案例说明】

本案例将制作一个基于角色为用户授权的动态网站,用户与角色分配依照表 13-1。数据库采用默认的"SQL Server 2008 Express"(采用 SQL Server 2000 和 Access 数据库的方法将在 13.5.2 节知识点中介绍)。首页显示效果如图 13.8 所示。

当用户处于未登录状态时,单击【学生入口】、【教师入口】、【管理员入口】3 个超链接都无法查看对应的网页内容,而是被自动重定向到用户登录网页 login.aspx,如图 13.9 所示。

只有输入了正确的用户名和密码(如用户名"张宏伟",密码"asdf 123"),并且所属角色(张宏伟的角色是"教师")被允许才可进入相应网页中(例如,刚才是由学生入口重定向到这个登录页的,那么通过了这次的验证才被允许进入学生页),如图 13.10 所示。

这时,用户"张宏伟"返回了首页,由于安全设置中教师角色被授权允许进入教师网页,所以能够进入并查看教师网页。

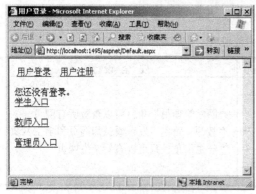
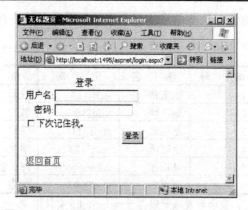

图 13.8　首页显示效果　　　　图 13.9　自动重定向到用户登录网页 login.aspx

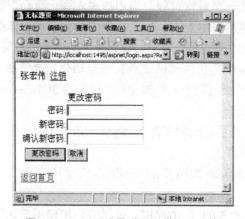

图 13.10　经过登录后显示学生页内容

但是，如果用户"张宏伟"想进入"管理员入口"，由于安全设置中教师角色无权进入管理员网页，所以网站拒绝访问并再次重定向到登录网页。

13.5.1　操作步骤

1．创建网站目录结构

由于网站中网页繁多，且权限安全等级多样，所以，为便于管理，最好先建立若干子目录，并将安全等级相同的网页放在同一个子目录下。

(1) 打开 Visual Studio 2010 创建 ASP.NET 空网站，并保存在"D:\website\aspnet"。

(2) 为"用户管理系统"案例网站新建文件夹和添加新 Web 窗体，目录结构如图 13.11 所示。

2．配置网站访问安全

基于角色的网站安全管理，可以使用"ASP.NET 网站管理工具"以图形化方式完成这些工作，内容如下。

- 创建相应的角色和用户。
- 配置安全策略，即设定访问规则，网站的各个目录允许的角色或用户访问。
- 将用户添加到对应角色中。

(1) 选择【网站】|【ASP .NET 配置】命令，启动【ASP .NET 网站管理工具】，如图 13.12 所示。

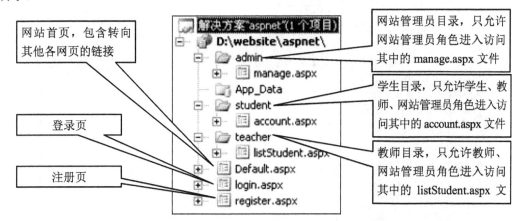

图 13.11 "用户管理系统"案例网站目录结构

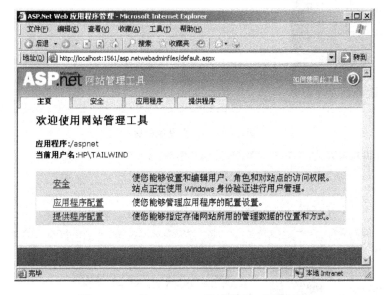

图 13.12 【ASP .NET 网站管理工具】界面

(2) 选择【安全】选项卡，选择【使用安全设置向导按部就班地配置安全性】命令，进入【安全设置向导】窗口，窗口左侧加粗显示当前的操作步骤是【步骤 1：欢迎】，如图 13.13 所示。

单击【下一步】按钮可进入下一个步骤。

(3) 在【步骤 2：选择访问方法】窗口选择【通过 Internet】命令。

(4) 在【步骤 3：数据存储区】窗口直接单击【下一步】按钮。

(5) 在【步骤 4：定义角色】窗口选中【为此网站启用角色】复选框，单击【下一步】按钮，显示【创建新角色】窗口，分别添加"网站管理员"、"教师"、"学生" 3 个角色，如图 13.14 所示。

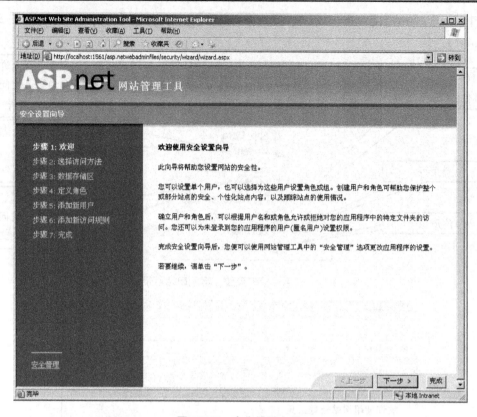

图 13.13 安全设置向导

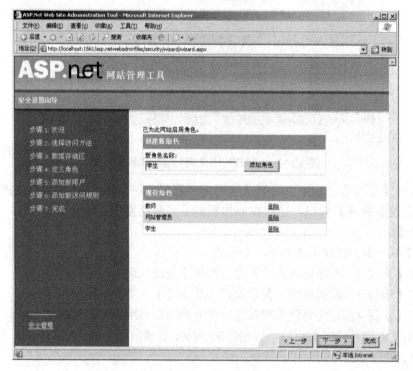

图 13.14 添加角色后的效果

(6) 在【步骤 5：添加新用户】窗口中，参照表 13-1，依次创建前 5 个用户，如图 13.15 所示。

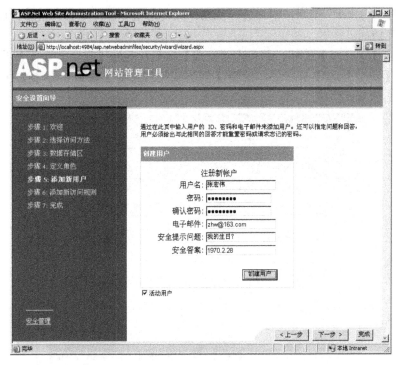

图 13.15　创建用户

(7) 在【步骤 6：添加新访问规则】窗口中，首先单击【为此规则选择一个目录】下的按钮田展开网站目录，选择"admin"节点，设置允许角色"网站管理员"访问，拒绝所有用户访问，如图 13.16 所示。

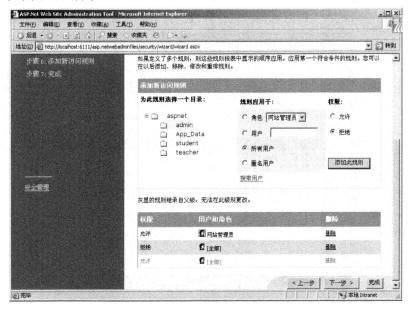

图 13.16　添加新访问规则

(8) 选择"student"节点,添加访问规则:允许角色"教师"、"学生"、"网站管理员"访问,拒绝所有用户访问。

(9) 选择"teacher"节点,添加访问规则:允许角色"教师"和"网站管理员"访问,拒绝所有用户访问。

(10) 单击【下一步】按钮,再单击【完成】按钮,返回【安全】选项卡界面。

(11) 在【安全】选项卡界面,选择【创建或管理角色】命令,显示如图 13.17 所示界面。

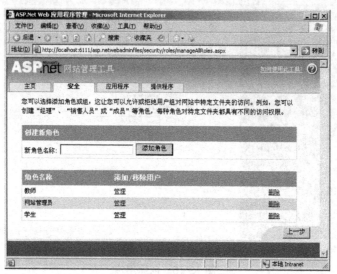

图 13.17　创建或管理角色

(12) 依次选择角色"教师"、"网站管理员"和"学生"后的【管理】命令,按照表 13-1 所示规则将各用户添加到对应角色中,如图 13.18 所示。中途随时可以返回到【安全】选项卡对"用户"、"角色"、"访问规则"进行修改。完成后关闭"ASP .NET 网站管理工具"。

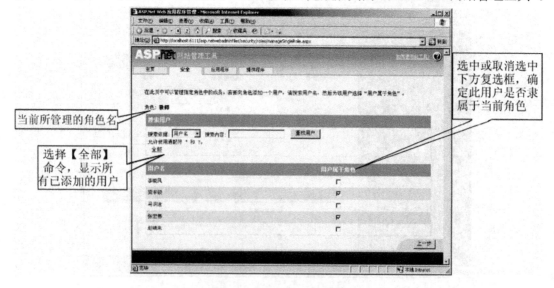

图 13.18　为教师角色添加成员

(13) 完成设置。最终生成的信息保存在数据库和 4 个 "web.config" 文件中，网站目录结构及相关 "web.config" 文件作用以及关键代码如图 13.19 所示。

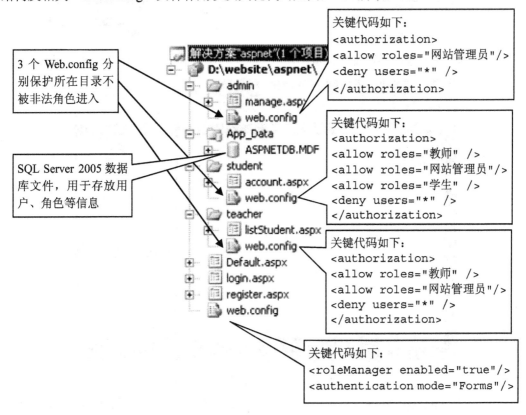

图 13.19　经 "ASP .NET 网站管理工具" 配置后的网站目录结构

3．为各网页设置功能

（1）双击打开 Default.aspx 文件，从工具箱的标准面板拖入 5 个超链接控件 HyperLink，分别设置各自的 Text 和 NavigateUrl 属性，以链接到其他 5 个.aspx 网页文件。属性设置见表 13-2。

表 13-2　超链接控件属性设置

Text 属性	NavigateUrl 属性
用户登录	~/login.aspx
用户注册	~/register.aspx
学生入口	~/student/account.aspx
教师入口	~/teacher/listStudent.aspx
管理员入口	~/admin/manage.aspx

从工具箱的登录面板拖入一个登录显示控件 LoginView，单击该控件【快捷任务】按钮，确保选择视图为 "AnonymousTemplate"，在控件内输入文本 "您还没有登录。"，如图 13.20 所示。

然后再选择视图为 "LoggedInTemplate"，在控件内输入 "欢迎"，再从工具箱的登录面板拖入一个登录名控件 LoginName 放在文字后，如图 13.21 所示。

这将确保网页提醒用户是否已经登录。最终设计效果如图 13.22 所示。

图 13.20 AnonymousTemplate 视图

图 13.21 LoggedInTemplate 视图

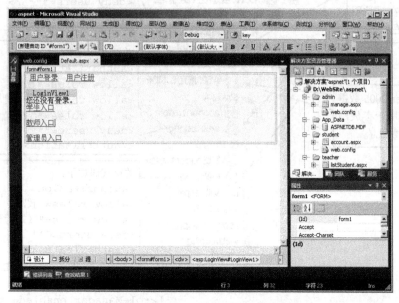
图 13.22 Default.aspx 页设计效果

(2) 打开 login.aspx 文件，从工具箱的登录面板将登录控件 Login 拖入网页中；再拖入超链接控件 HyperLink，设置其 Text 属性值为"返回首页"，NavigateUrl 属性值为 "~/Default.aspx"，如图 13.23 所示。

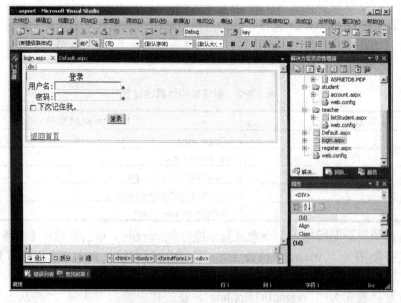
图 13.23 login.aspx 页设计效果

(3) 打开 register.aspx 文件，将注册控件 CreateUserWizard 拖入网页；再拖入超链接控件 HyperLink，设置其 Text 属性值为"返回首页"，NavigateUrl 属性值为"~/Default.aspx"，如图 13.24 所示。

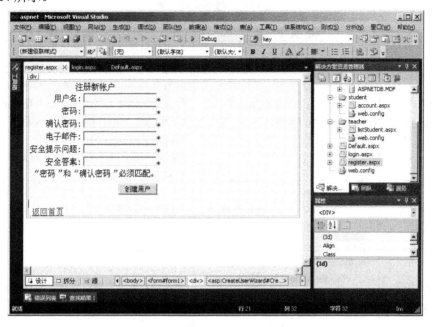

图 13.24　register.aspx 页设计效果

(4) 分别打开 account.aspx、listStudent.aspx、manage.aspx 这 3 个文件，在每个网页中拖入以下 3 个登录控件：登录用户名控件 LoginName、登录状态控件 LoginStatus、修改密码控件 ChangePassword；再拖入超链接控件 HyperLink，设置其 Text 属性值为"返回首页"，NavigateUrl 属性值为"~/Default.aspx"，如图 13.25 所示。

图 13.25　网页设计效果

(5) 设置"Default.aspx"为起始页，单击【启动】按钮或按 F5 键运行，即可实现图 13.8 所示效果。

13.5.2　本节知识点

1. 安全验证信息的存放

在前面的案例中，使用了 Visual Studio 2010 中的"ASP .NET 网站管理工具"新建了用户和角色，并对其进行了安全设置。然后，相关数据则自动保存在 4 个 web.config 文件和

App_Data 目录下的 ASPNETDB.MDF 数据库文件中。目录结构参见图 13.11，各文件作用见表 13-3。

表 13-3 数据保存说明

文件	相关内容	说明

根目录中的 web.config	`<roleManager enabled="true"/>`
	`<authentication mode="Forms"/>`
		允许使用基于角色的安全管理
		使用 Forms 方式进行身份验证，并且默认调用名为 login.aspx 的网页进行登录验证
		若自定义其他名字的网页作为登录页，则应修改`<authentication mode="Forms"/>`语句，更改为
		`<authentication mode="Forms">`
		`<forms loginUrl="自定义登录网页名" />`
		`</authentication>`

admin 目录中的 web.config	`<authorization>`
	　`<allow roles="网站管理员" />`
	　`<deny users="*" />`
	`</authorization>`
		允许网站管理员角色进入本目录，但拒绝其他所有用户

teacher 目录中的 web.config	`<authorization>`
	　`<allow roles="教师" />`
	　`<allow roles="网站管理员" />`
	　`<deny users="*" />`
	`</authorization>`
		允许教师角色和网站管理员角色进入本目录，但拒绝其他所有用户

student 目录中的 web.config	`<authorization>`
	　`<allow roles="教师" />`
	　`<allow roles="网站管理员" />`
	　`<allow roles="学生" />`
	　`<deny users="*" />`
	`</authorization>`
		允许学生角色、教师角色和网站管理员角色进入本目录，但拒绝其他所有用户

ASPNETDB.MDF	内含 11 个表和相关存储过程	数据库中包括用于用户管理的若干专用数据表，这些数据表将自动记录登录用户、角色以及它们的相关数据

在"`<authorization>`...`</authorization>`"中配置的顺序非常重要，系统总是按照从前向后逐条匹配的办法，并且执行最先的匹配者。例如，将顺序颠倒如下。

```
<authorization>
  <deny users="*" />
  <allow roles="网站管理员" />
</authorization>
```

则所有的用户(包括 roles="网站管理员")都不允许访问该目录下的文件。所以应该注意调整好对某个目录配置的顺序。

2. 成员资格管理与角色管理

有两种方法对注册用户和角色进行管理，一种是利用"ASP .NET 网站管理工具"，只是这种方式适合在用户和角色固定的情况下，静态地管理；另一种是通过程序调用

ASP.NET 中的相关 API(应用程序接口)，动态完成管理。

例如，在前面实例中，如果一个匿名用户选择了注册新账户功能获得了一个账号，但是，由于新账号未隶属于任何角色，所以首页中的 3 个入口链接还是无法进入。若为了将其添加到某个角色中，网站管理员在 Web 服务器端启动"ASP.NET 网站管理工具"进行设置却不现实。所以，最常用的方法是编写一个网页，通过程序调用 ASP.NET 的相关 API，如 MemberShip 类和 Roles 类等，实现对成员资格与角色的在线管理。

13.8 节将会介绍调用 API 进行成员资料和角色管理相关知识。

3. 成员资格数据表

成员资格和角色管理功能的核心是利用自动生成的数据库 ASPNETDB.MDF 中的 11 个表，与角色有密切关系的数据表是 aspnet_Roles 和 aspnet_UsersInRoles。与用户有密切关系的数据表是 aspnet_Users 和 aspnet_Membership。这 4 个数据表之间还存在关联，它们之间的数据关系如图 13.26 所示。

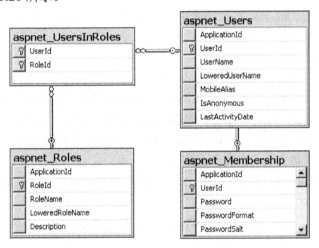

图 13.26 数据表关系

4. 登录控件

ASP.NET 系统提供了一组用户管理控件，利用这些控件可以非常方便地完成用户管理和基于角色的安全策略的设计工作。这些控件都在工具箱的登录面板内，如下所示。

(1) 用户登录控件 Login。
(2) 创建新用户控件 CreateUserWizard。
(3) 登录视图控件 LoginView。
(4) 登录用户名控件 LoginName。
(5) 登录状态控件 LoginStatus。
(6) 改变密码控件 ChangePassword。
(7) 恢复密码控件 PasswordRecovery。

这些控件不仅定义了初步外观(可以进一步修改)，还定义了标准行为。例如，有的控件可以用于创建用户的注册、登录和密码恢复界面的外形并实现其功能。也有一些控件主要用于向用户显示不同的信息。例如，利用 LoginView 控件可以定义不同的模板，将其显示给不同角色的成员等。

1) 用户登录控件

用户登录控件(Login)是基于角色的安全技术的核心控件。该控件的作用是进行用户认证，确定新到的用户是否已经登录。该控件的界面如图 13.27 所示。

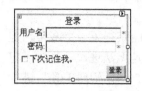

图 13.27　用户登录控件

该控件对应的代码如下。

```
<asp:Login ID="Login1" runat="server">
```

开始生成的界面不一定符合需要，需要改变时，单击【快捷任务】按钮，选择【自动套用格式】选项，为控件选择其他界面。

Login 控件不仅生成了显示界面，还定义了相应的行为。由于系统已经自动生成了数据表，而且数据表的表名、字段名以及位置都已经固定，因此只需将 Login 控件拖入到窗体中，不需要编写任何代码，也不需设置任何其他属性就可以使用。

执行 Login 控件的结果或者登录成功，或者登录失败。为了帮助用户的后续操作应该对这两种结果都提供帮助。

当登录成功时，后续的操作如下。

(1) 转向新页面。Login 控件的 DestinationPageUrl 属性用于设置跳转的页面地址。

(2) 改变视图。利用本页面的 LoginView 控件改变视图，显示基于角色的不同界面。

(3) 显示登录状态。利用 LoginStatus 控件显示登录状态，以便随时退出登录状态。

(4) 表示对登录用户的欢迎。利用 LoginName 控件编写欢迎语句。

登录失败时通常需要进行的操作如下。

(1) 提示错误信息，要求重新登录。Login 控件的 FailureText 属性用于确定登录失败时的提示文本。

(2) 创建新用户。通过 CreateUserWizard 控件创建新用户，以完成登录前的准备工作。

(3) 恢复密码。通过 PasswordRecovery 控件帮助用户恢复密码。

为此，在 Login 控件中最好设置与上述控件相应的链接，设置的方法如下。

(1) 利用属性 CreateUserText 和 CreateUserUrl 相结合指向创建新用户界面。前者为显示的文本，后者是网页的地址(URL)。

(2) 利用属性 PasswordRecoveryText 和 PasswordRecoveryUrl 相结合指向恢复密码的网页。前者是显示文本，后者是网页的地址(URL)。

(3) 利用属性 HelpPageText 和 HelpPageUrl 相结合指向帮助网页。前者是显示文本，后者是网页的地址(URL)。

(4) 属性"VisibleWhenLoggedIn"用于设置当用户身份验证成功后是否自动隐藏自己。如果将其设为 True 时，一旦登录成功，Login 控件自己将被隐藏起来。

在 Login 控件中提供了 4 个事件，利用这些事件可以增强控件的功能。

(1) BefoteLogin：此事件发生在登录表验证之前。利用这一事件可以检查输入数据的语法和格式是否正确，以便及时提示错误并中断后续的操作。

(2) AfterLogin：该事件发生在认证成功后，使用户能够在登录成功后附加一些程序以便做进一步处理。

(3) Authenticate：该事件发生在根据事件而提供一个固定的认证模式的时候，可以详细说明用户数据是否已经被验证成功。通常，可以利用一个用户个人服务来执行自己的认证机制。

(4) LoginError：该事件发生在用户输入数据错误，认证停止的时候。利用此事件可以在错误发生，停止认证后做进一步的处理。

2) 创建新用户控件

利用 CreateUserWizard(创建新用户)控件可以在登录表中增加新用户，并为新用户登记相应的参数。该控件界面如图 13.28 所示。

图 13.28 创建新用户控件

控件相应的代码如下。

```
<asp:CreateUserWizard ID="CreateUserWizard1" runat="server">
    <WizardSteps>
        <asp:CreateUserWizardStep runat="server">
        </asp:CreateUserWizardStep>
        <asp:CompleteWizardStep runat="server">
        </asp:CompleteWizardStep>
    </WizardSteps>
</asp:CreateUserWizard>
```

界面中的用户名(User Name)、密码(Password)是新用户的主要标志。安全提示问题(Security Question)以及安全答案(Security Answer)是为了防止用户忘记自己密码的提示。

在 ASP.NET 对密码的设置有比较严格的要求。为保证密码不容易被人猜中，默认密码的设置要符合"强密码"(strong password)的要求。强密码必须满足如下要求。

(1) 至少 7 个字符。

(2) 字符中至少包括一个大写或小写的字母。

(3) 字符中至少包括一个非数字亦非字母的特殊符号，如"！"、"@"、"#"、"$"、"."、","等。

另外，该控件还有一个强大的功能就是可以在用户完成所有的注册项后，自动给用户的邮箱发送用户注册信息的邮件，如感谢注册等。邮件中也可以包括用户注册的信息(用户名、密码等)。

发送邮件功能需要配置该控件的 MailDefinition 属性，使用方法是创建一个扩展名为.txt 的文本文件，用于填写邮件正文内容，并将文件名称赋给 MailDefinition 属性的 BodyFileName，文件内容除普通文字外，还可以包含一些特殊的符号，如<%username%>和<%password%>等，用来代替实际的用户名和用户密码，例如：

欢迎您登录本网站

您的名字是：<%username%>

您的密码是：<%password%>

需要说明的是，该控件发送邮件功能需要 SMTP 服务的支持。所以，如果本机已安装并激活了一个本地 SMTP 服务，就可以马上使用了。如果想使用非本地的 SMTP 服务，如互联网搜狐的免费 SMTP 服务，则必须在 web.config 文件内添加图 13.29 所示虚线框内的代码进行相应的设置(假设已经事先申请了搜狐邮箱 aspnetbox@sohu.com)。

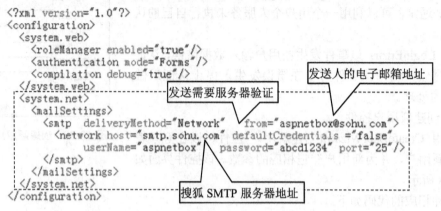

图 13.29 web.config 文件中 SMTP 服务的设置

3) 登录状态与登录姓名控件

一般当用户成功登录后，会显示用户当前登录的身份，如"欢迎×××用户登录"的提示，同时也会显示"LOGOUT(退出)"的提示。这里可以利用 LoginName 和 LoginStatus 控件来实现这一功能。

LoginName 用于显示注册用户的名字，通过 FormatString 属性可以增加一些格式的描述。如果用户没有被认证，该控件就不会在页面上产生任何输出，而"LoginStatus(登录状态)"控件则提供了一个方便的超链接，它会根据当前验证的状态，在登录和退出操作之间进行切换，如果用户尚未经过身份验证，则显示指向登录页面的链接。如果用户已经进行了身份验证，则显示使该用户能够退出的链接。利用不同的属性，这两个显示的内容都是可以被修改的。通常可以根据登录和退出的状态在控件上加上照片等个性化的东西。

这两个控件对应产生的代码分别如下。

```
<asp:LoginName ID="LoginName1" runat="server" />
<asp:LoginStatus ID="LoginStatus1" runat="server" />
```

在 LoginStatus 控件中为了能够正确退出，还可以将下面两个属性进行设置。

(1) LogoutAction 属性：设成 Redirect(默认是 Refresh)。

(2) LogoutPageUrl 属性：指定退出的网页链接，通常是登录网页。

4) 登录视图控件

LoginView 控件结合导航控件能够根据当前用户的角色自动显示不同的导航界面，实现基于角色的网站浏览功能。默认该控件只包括两个模板：匿名(未登录)模板(AnonymousTemplate)与已登录模板(LoggedInTemplate)，可以对匿名用户和已登录的用户分别显示不同的导航界面。

如果在应用项目中设置了多个不同的角色时，控件将自动增加多种不同的模板，用来为不同角色显示不同的导航界面。每个登录后的用户将只能按照自己所充当的角色查看自己权限以内可以访问的网页，从而可以直观地保护网页。

注意：这只是视图上的保护，并不能代替 web.config 文件的作用，一些用户还有可能直接利用 URL 地址进入受保护的网页。因此视图的保护还应该和 web.config 相结合才能既有效又方便地保护网页。

下面是添加多种不同模板的方法。

(1) 将 LoginView 控件拖入窗体，选择快捷菜单中的【编辑 RoleGroups】命令，打开角色组编辑界面，将已经设置的角色(如 admin、teacher、student)增加到该界面中。

(2) 在查看 LoginView 控件的模板时，将看到除原来的两个模板以外又增加了 3 个角色的模板，如图 13.30 所示。

图 13.30　多角色模板

(3) 分别选择不同角色的模板，放入导航控件，导航控件中链接的网页应按照本角色的权限设置。

5) PasswordRecovery 控件和 ChangePassword 控件

PasswordRecovery 控件能够通过电子邮件帮助恢复忘记的密码。只要用户在注册时正确地填写了电子邮箱地址并且配置正确，并在该控件中提交了请求，它就会自动把密码发送到用户的电子邮箱中。同 CreateUserWizard 控件一样，需要配置 web.config 文件和该控件的 MailDefinition 属性来定义发送给用户的电子邮件的属性，此控件提供了 3 种视图模板。

(1) 用户名：用于初始化控件，用户需要在这里填上登录名。
(2) 问题：在用户寻找遗忘的密码时必须回答的问题。
(3) 成功：当用户输入的密码正确，或者已经用 E-mail 发送给用户的时候。

PasswordRecovery 控件的界面如图 13.31 所示。

ChangePassword 控件的用法和 PasswordRecovery 相似，也有 MailDefinition 属性，通过设置该属性可以设置发送给用户的电子邮件格式。修改密码(ChangePassword)控件的界面，如图 13.32 所示。

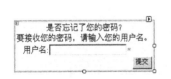　　　　

图 13.31　PasswordRecovery 控件界面　　　图 13.32　ChangePassword 控件界面

13.6　使用 SQL Server 2000 数据库的方法

ASP.NET 中基于角色的安全技术默认使用 SQL Server 2005 Express 特定数据库，通常命名为 ASPNETDB.MDF，以文件的形式保存在系统目录"App_Data"内。如果要使用 SQL

Server 2000 作为默认数据库,需进行"生成 SQL Server 2000 数据库"和"更改 web.config 配置"的操作。

13.6.1 生成 SQL Server 2000 数据库

(1) 执行"C:\WINDOWS\Microsoft.NET\Framework\v4.0.30319\aspnet_regsql.exe"命令,启动【ASP .NET SQL Server 安装向导】,如图 13.33 所示,并单击【下一步】按钮。

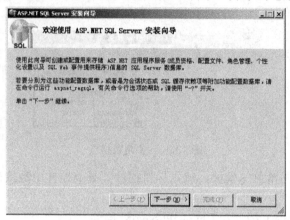

图 13.33 【ASP .NET SQL Server 安装向导】启动界面

(2) 在【选择安装选项】界面选择【为应用程序服务配置 SQL Server】命令,并单击【下一步】按钮。

(3) 在【选择服务器和数据库】界面填好 SQL Server 2000 服务器地址和登录用户、密码,并为数据库起个名字,如 aspnetdb,如图 13.34 所示,单击【下一步】按钮,再单击【完成】按钮。

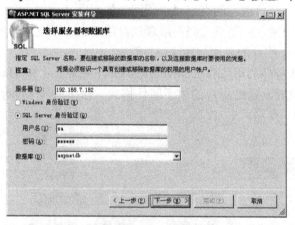

图 13.34 【选择服务器和数据库】界面设置

【ASP .NET SQL Server 安装向导】将安装和配置所有支持应用程序服务的数据库架构和存储过程。

13.6.2 更改 web.config 配置

ASP.NET 内置有一个名为 LocalSqlServer 的连接字符串,默认情况下,它配置为使用 SQL

Server 2005 Express 数据库，以及成员关系、角色、个性化、配置文件和状态监视等服务。

若使应用程序自动利用新创建的 SQL Server 2000 数据库实现基于角色的安全认证，就需要在 web.config 网站配置文件中，用同名 LocalSqlServer 的指向 SQL Server 2000 数据库的新连接字符串，覆盖默认的连接 SQL Server 2005 Express 数据库的字符串值。

具体代码如图 13.35 所示。

```
<connectionStrings>
  <remove name="LocalSqlServer"/>    ← 删除默认连接字符串
  <add name="LocalSqlServer"         ← 添加同名连接字符串，内容指向 SQL Server 2000
    connectionString="Data Source=192.168.7.182;Initial Catalog=aspnetdb;UID=sa;PWD=ftao"
    providerName="System.Data.SqlClient"/>
</connectionStrings>
```

图 13.35　配置 web.config 文件指向 SQL Server 2000 数据库

经以上配置后，本章的案例即可应用于 SQL Server 2000 数据库。

13.7　使用 Access 数据库的方法

ASP.NET 提供了强大的基于角色的安全管理，登录系列控件的使用更能大大提高开发效率。但是，.NET 2.0 仅内置了唯一的 SQL Server Providers。这就是说，如果使用 ASP.NET 提供的强大功能，必须且只能安装使用 SQL Server 数据库。但就国内目前而言，大多数中小型网站和个人网站使用的都是 Access 数据库，这是因为，Access 的移植和调试很方便，而购买 SQL 数据库空间的费用是比较昂贵的。

.NET 2.0 也提供自定义 provider 的功能用来使用其他数据库，自定义 Access providers，至少要经过 3 个步骤。

(1) 创建一个 Access 数据库，这个数据库包含 provider 必须的结构。以往当使用 SQL Server Providers 时，相应的 SQL Server 数据库是由 .NET 2.0 运行时自动创建的，而 Access 数据库则需要手动创建。

(2) 编写实现 provider 功能的逻辑代码。

(3) 在 web.config 文件中配置网站，通知 .NET2.0 运行时使用 Access providers 代替默认的 SQL Server Providers。

也就是说，以上只需 3 个文件就足够了。一个包含特定字段和关系结构的 Access 数据库，一个实现具体功能的程序集，一个包含特定配置的 web.config 文件。这些工作对初学者而言是有一定难度的。

微软公布了一个名为 Sample Access Providers 的参考实例，提供免费下载，前面所说的 3 个文件都可以从中得到，网站地址如下。

http://download.microsoft.com/download/5/5/b/55bc291f-4316-4fd7-9269-dbf9edbaada8/sampleaccessproviders.vsi

从参考实例中得到所需 3 个文件的方法如下。

(1) 执行下载到本地的"sampleaccessproviders.vsi"命令，打开【Visual Studio 内容安装程序】界面。

(2) 单击【查看 Windows 资源管理器中的文件】按钮，看到两个文件，其中一个名为"ASP .NET Access Providers.zip"，解压后可以找到 ASPNetDB.mdb 和 web.config 这两个文件。

(3) 所得文件中还有一个名为"Samples"的目录，在其子目录"AccessProviders"中有 7 个 C#源代码文件，可以使用 C#编译器把它们编译成一个 SampleAccessProviders.dll 文件。

这样，所需的 3 个文件就齐全了，见表 13-4。其他文件可以删除。

表 13-4 使用 Access providers 所需的 3 个文件

文件	作用
ASPNetDB.mdb	模板数据库，包含必要的字段和关系
SampleAccessProviders.dll	包含必要的运算逻辑
web.config	配置文件，指定 SampleAccessProviders 作为网站的 provider

以上 3 个文件也可从本教材的支持网站上下载，地址为 http://www.qacn.net/bookSupport/pku_aspnetCase/download/SampleAccessProviders.rar

下面简单介绍创建基于 Sample Access Providers 网站的方法。

(1) 打开 Visual Studio 2010，新建一个网站，使用新的 web.config 文件替换原有文件。

(2) 把 ASPNetDB.mdb 添加到网站的"App_Data"文件夹。

(3) 在【解决方案资源管理器】窗口内，右击网站项目名，选择【添加 ASP .NET 文件夹】|【Bin】命令，然后将 SampleAccessProviders.dll 文件添加到"Bin"文件夹。

(4) 选择【网站】|【ASP .NET 配置】命令，打开"ASP .NET 网站管理工具"，选择【提供程序】选项卡，单击【为每项功能选择不同的提供程序(高级)】链接。可以看到，成员资格提供程序已使用的是"AccessMembershipProvider"，角色提供程序使用的是"AccessRoleProvider"，如图 13.36 所示。

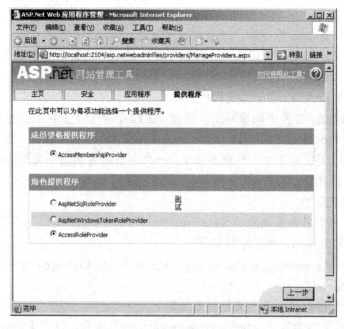

图 13.36 成员资格和角色提供程序均使用 Access Provider

其余的使用方法已经与使用 SQL Server Providers 没有什么区别了,同样可以通过"ASP .NET 网站管理工具"创建、配置相应的角色和用户,并继续使用登录控件。

最终相关数据保存在 Access 数据库的 ASPNetDB.mdb 文件中。

13.8 直接调用 API 进行高级控制

前面的案例对于用户和角色的管理是静态设置的,灵活性不强。如果直接调用 ASP .NET 提供的相关 API(应用程序接口)的方法,则可以通过编写程序对成员及角色进行更高级别的控制。实际上,前面所说的"ASP .NET 网站管理工具"中对用户和角色的管理就是使用这些 API 方法来实现的。

对用户和角色的管理主要使用的有 5 个类,均位于 System.Web.Security 命名空间中,见表 13-5。

表 13-5 对用户和角色管理的 5 个类

类 名	作 用
Membership 类	可以完成创建和删除用户、检索用户信息、生成随机密码、登录验证等工作
MembershipUser 类	描述在成员数据存储中特定的注册用户信息,它包含了众多的属性来获取和设置用户信息。一般通过诸如 CreateUser、GetUser 方法获得该对象
Roles 类	可对角色进行创建、删除、读取,以及为用户进行角色的分配
FormsAuthentication 类	在需对用户进行身份验证的应用程序中使用,主要包括两个方法:RedirectToLoginPage 方法将浏览器重定向到已配置的 LoginUrl,以便用户可以登录到应用程序;RedirectFromLoginPage 方法将通过身份验证的用户重定向回最初请求的受保护 URL
User 类	获取有关发出页请求的用户的信息

类中的方法和属性使用都很简单,很多从名称就可以判断出其作用。下面通过一些例子来说明用户和角色管理 API 中几个常用的方法和属性。

13.8.1 用户的管理

用户的管理需要使用 Membership 类和 MembershipUser 类,前者从宏观角度处理用户,如添加、删除用户等。后者从微观角度对某一个用户进行具体的管理,如修改密码、查看上次的登录时间等。下面列出几个常用的方法。

(1) 创建一个新用户。用户信息如下。
- 用户名:"燕南归"
- 初始密码:"yngl999.9"
- 电子邮箱:yng@163.com
- 密码提示:"我喜欢的运动是?"
- 密码提示回答:"乒乓球"
- 是否允许用户登录:是
- 用户创建是否成功状态:存入状态枚举值 mcs 中

代码如下。

```
MembershipCreateStatus mcs;
Membership.CreateUser("燕南归", "yngl999.9","yng@163.com","我喜欢的运动是？","乒乓球",true,out mcs);
```

(2) 验证用户名与密码是否有效，有效返回为 True，无效则返回为 False。

```
if(Membership.ValidateUser("燕南归","yngl999.9"))
{
Response.Write("用户验证成功");
}
```

(3) 查找用户"燕南归"，获取该用户所有信息的一个集合(返回为一个 MembershipUser 类)，然后对该用户进行具体的处理。

```
//获取"燕南归"的所有信息集合，赋值给 MembershipUser 类的 mu
MembershipUser mu = Membership.GetUser("燕南归");

// 修改"燕南归"的密码,由旧密码"yngl999.9"改为"I'myngl999"
mu.ChangePassword("yngl999.9", "I'myngl999");
Membership.UpdateUser(mu);

//设置用户"燕南归"的电子邮箱地址为"yng@163.com"
mu.Email = "yng@163.com";
Membership.UpdateUser(mu);

//获取用户"燕南归"当前是否在线，返回为 True 表示在线,返回 False 为不在线
if (mu.IsOnline)
{
    Response.Write("该用户还在线");
}
else
{
    Response.Write("这个用户已经离开本站了");
}

//获取用户"燕南归"上次登录本网站的日期和时间
Response.Write("还记得上次遇见你是在" + mu.LastLoginDate.ToString());
```

(4) 删除用户"燕南归"，并删除相关的数据。

```
Membership.DeleteUser("燕南归",true);
```

13.8.2 角色的管理

对角色的管理主要使用 Roles 类，常用的方法有以下几种。

(1) 判断是否已存在"新闻发布员"角色，否则就新建"新闻发布员"角色。

```
if (Roles.RoleExists("新闻发布员"))
```

```
{
    Response.Write("该角色已经存在，不能重复创建！");
}
else
{
    Roles.CreateRole("新闻发布员");
}
```

(2) 删除现有角色"新闻发布员"。

```
Roles.DeleteRole("新闻发布员");
```

(3) 列出网站所有角色。由于 Roles.GetAllRoles( )返回的是一个字符串数组集合，所以可以用循环分别列出。

```
foreach (string strRoleName in Roles.GetAllRoles())
{
    Response.Write(strRoleName + "<br/>");
}
```

(4) 将用户"燕南归"添加到"学生"角色。

```
Roles.AddUserToRole("燕南归","学生");
```

(5) 列出隶属"学生"角色的用户。

```
foreach (string strName in Roles.GetUsersInRole("学生"))
{
    Response.Write(strName + "<br/>");
}
```

(6) 判断用户"燕南归"是否属于"学生"角色。

```
if(Roles.IsUserInRole("燕南归","学生"))
{
    Response.Write("燕南归是学生");
}
```

(7) 将用户"燕南归"从"学生"角色中移去。

```
Roles.RemoveUserFromRole("燕南归","学生");
```

13.8.3 验证与获取用户

可以使用 Membership.ValidateUser( )方法和 FormsAuthentication.RedirectFromLoginPage( )方法很方便地自制一个登录验证程序。关键代码如下所示，其中 txtUsername 和 txtPassword 均为文本框控件，用于接受用户名和密码；labMessage 为标签控件，用于显示提示信息。

```
if (Membership.ValidateUser(txtUsername.Text, txtPassword.Text))
{
    FormsAuthentication.RedirectFromLoginPage(txtUsername.Text,true);
}
else
```

```
        {
            labMessage.Text = "登录失败，请检查输入的用户名和密码是否正确！";
        }
```

如果某些页面需要获取当前已经登录的用户信息，可以使用 User 类，常用如下 3 种方式。

(1) 判断当前用户是否已经登录(即是否已经被验证)。

```
        User.Identity.IsAuthenticated
```

若返回为 True，则表示已经登录；若为 False，则未登录，即匿名用户。

(2) 判断当前用户是否属于"学生"角色。

```
        User.IsInRole("学生")
```

(3) 获取当前登录用户的账号名。

```
        User.Identity.Name ;
```

本 章 小 结

目前基于角色的安全技术已经成为网站的普遍需要。设计应用此种技术的程序，特别是设计一套功能完备的保护程序是一项艰巨的任务。但是由于这些程序的功能和模式都相对稳定，因此系统有可能为设计者完成大部分功能。.NET 框架就是根据这一特点，对传统方法做了进一步的封装和抽象，提供了智能工具和组合控件，将用户管理和网页安全方法的大部分复杂工作，包括数据表的生成、连接、添入数据和查询等都隐藏在内部自动进行，这就大大简化了设计过程。

在系统强力的支持下，现在进行基于角色的安全管理，主要是将网页进行合理的分类，并放置于不同的目录下，然后使用 web.config 保护目录下的文件。可以直接在 web.config 文件中撰写保护策略，也可以利用网站管理工具或者调用 Membership 等 API 方法写入。

系统提供的 7 个控件一旦生成，就具备了基本的显示界面和比较完善的功能。设计者只需根据情况进行设置和修改，以符合应用程序的实际需要。

习 题

1. 填空题

(1) LoginStatus 控件用于显示用户的_____，以便可以随时退出登录状态。

(2) LoginName 控件用于自动显示登录的_____。

(3) 当利用 CreateUserWizard 控件创建新用户时，密码不能随意设置，必须符合以下 3 项条件：_____；_____；_____。

(4) 帮助用户恢复密码可以利用_____控件进行设计。

(5) 帮助用户修改密码可以利用_____控件进行设计。

2. 选择题

(1) ASP.NET 中基于角色的安全技术默认使用(　　)数据库。
    A．SQL Server 2000　　　　　　B．SQL Server 2005 Express
    C．Access　　　　　　　　　　D．以上都支持

(2) 在一个子目录的 web.config 文件中有如下一段代码。

```
<authorization>
  <allow roles="admin"/>
  <allow roles="manager"/>
  <deny users="*"/>
  <allow roles="sales"/>
</authorization>
```

允许访问此子目录下的网页的角色有(　　)。
    A．admin　　　　　　　　　　B．manager
    C．admin 和 manager　　　　　D．admin, manager 和 sales

(3) 用户登录控件(Login)中的 DestinationPageUrl 属性代表(　　)。
    A．登录成功的提示　　　　　　B．登录成功时转向的网页
    C．登录失败时转向的网页　　　D．登录失败时的提示

3. 判断题

(1) 所谓角色(role)是若干具有相同访问权限用户的集合。　　　　　　　(　　)
(2) 只能给每个用户分配一个角色。　　　　　　　　　　　　　　　　　(　　)
(3) 登录视图控件(LoginView)只能有两种模板，因而只能载入两种视图。(　　)

4. 简答题

(1) 简述 ASP.NET 对基于角色的安全技术的支持。
(2) 简述利用 ASP.NET 网站管理工具定义角色、创建用户和指定访问规则的步骤。

5. 操作题

(1) 在系统中设置 3 种角色并分配给多个用户，这些用户的权限各不相同；在登录视图控件(LoginView)中为这 3 种角色设置不同的网站视图。以实现不同角色访问网站时的不同结果。

(2) 在网页中设置控件，编写代码利用 Membership API 来创建新用户。

第 14 章 常用内置对象

教学目标：通过本章的学习，使学生了解 ASP .NET 5 个常用内置对象的基本功能，掌握每个对象的常用属性、集合和方法。

教学要求：

知 识 要 点	能 力 要 求	关 联 知 识
Application 对象	(1) 掌握 Application 对象的功能 (2) 掌握 Application 对象的常用集合和方法	Application 对象的 Contents 集合、Lock 方法和 UnLock 方法
Session 对象	(1) 掌握 Session 对象的功能 (2) 掌握 Session 对象的常用集合、属性和方法	Session 对象的 Contents 集合、SessionID 属性、TimeOut 属性
Server 对象	(1) 掌握 Server 对象的功能 (2) 掌握 Server 对象的常用方法	Server 对象的编码、解码的方法和 MapPath 方法
Response 对象	(1) 掌握 Response 对象的功能 (2) 掌握 Response 对象的常用集合、属性和方法	Response 对象的 Write 方法、Redirect 方法和 Buffer 属性
Request 对象	(1) 掌握 Request 对象的功能 (2) 掌握 Request 对象的常用集合、属性和方法	Request 对象的常用属性及 Form 集合、QueryString 集合

重点难点：

- Application 对象的 Contents 集合、Lock 方法和 UnLock 方法
- Session 对象的 Contents 集合、SessionID 属性
- Server 对象的 MapPath 方法
- Response 对象的 Write 方法、Redirect 方法和 Buffer 属性
- Request 对象的属性及 Form 集合、QueryString 集合

【引例】

ASP .NET 中的 5 大对象犹如 Web 服务器中的 5 员大将，各有重要作用。
(1) Response 对象是一个优秀的指挥家，指挥浏览器镇定自若。
(2) Request 对象则是一位谍报员，能将浏览器提交的各种信息予以收集。
(3) Application 对象是位无私奉献者，善于资源共享。
(4) Session 对象记忆力高超，可以将当前来访者记住。
(5) Server 对象任劳任怨，只愿为大家提供优良服务。
拥有 5 大对象的 Web 服务器从此对各项工作应对自如。

14.1 5 大对象功能概述

对象是一个封装的实体，其中包括数据和程序代码。一般不需要了解对象内部是如何运作的，只需知道对象的主要功能即可。每个对象都有其方法、属性和集合，用于完成特

定的功能,方法决定对象做什么,属性用于返回或设置对象的状态,集合则可以存储多个状态信息。

ASP.NET 提供了许多内置对象,可以完成许多功能。例如,可以在页面之间传递变量、跳转,向页面输出数据,获取页面数据以及记录信息等。下面是 ASP.NET 常用的 5 个内置对象能实现的主要功能,见表 14-1。

表 14-1 ASP.NET 5 大内置对象及主要功能

对象名称	功　　能
Application 对象	存储所有用户的共享信息
Session 对象	存储用户的会话信息
Server 对象	可以使用服务器上的一些高级功能
Response 对象	向客户端输出信息
Request 对象	获取客户端信息

14.2 "计数器"案例

【案例说明】

"计数器"案例使用 ASP.NET 5 大内置对象中的 Application 对象和 Response 对象完成,用户在进入页面时,页面显示"本网页已被 n 人访问了!",n 为用户的个数,效果如图 14.1 所示。

图 14.1 简易网页计数器

14.2.1 操作步骤

1. 创建一 Web 窗体文件

(1) 打开或新建一站点。

(2) 在站点中为项目添加 Web 窗体,将窗体文件命名为"Example-14-1.aspx"。

2. 添加脚本

进入代码编辑视图,在 Page_Load 事件过程中输入代码,如下所示。

```
protected void Page_Load(object sender, EventArgs e)
{
    //第一次进入页面,Application 对象赋值为 1
```

```
        if (Application["userNumber"] == null)
        {
            Application["userNumber"] = 1;
        }
        else
        {
            Application.Lock();//防止其他用户在同一时刻对Application对象值进行修改
            //Application对象值在原来的基础上加1
            Application["userNumber"] = (int)Application["userNumber"] + 1;
            Application.UnLock();//允许其他用户对Application对象值进行修改
        }
        Response.Write ("本网页已被" + Application["userNumber"] + "人访问了！");
    }
```

3. 测试页面

运行程序或按快捷键 F5 测试程序，效果如图 14.1 所示。

14.2.2 本节知识点

1. 公共对象 Application

Application 对象是公共对象，主要用于在所有用户间共享信息，所有用户都可以访问该对象中的信息并对信息进行修改。该对象多用于创建网站计数器和聊天室等。

可以把 Application 对象看成是一种特殊的变量，同所有的变量一样，该对象也有自己的生命周期，通常在网站开始运行时生命期开始，网站停止运行时生命期结束。

Application 对象没有内置属性。下面对 Application 对象常用的集合和方法进行介绍。

1) Application 对象的集合

Application 对象常用的集合为 Contents 集合，用于保存并共享用户应用程序信息，语法格式如下。

```
Application.Contents["Key值"]="字符串"|变量
```

其中，Key 值为 Contents 集合的索引，相当于数组的下标。例如，Application.Contents["userNumber"]表示一个索引为"userNumber"的 Contents 集合的元素。Application.Contents["userNumber"]="hello"表示把字符串"hello"写到该 Application 对象中，所有的用户就都可以通过 Application.Contents["userNumber"]访问到"hello"这个字符串。

Contents 集合是 Application 对象的默认的集合，书写时可以将 Contents 省略，例如，Application.Contents["userNumber"]可以写成 Application ["userNumber"]。

2) Application 对象的方法

Application 对象提供了两种常用的方法：Lock 方法和 Unlock 方法，用于处理多个用户同时向 Application 对象写入数据时可能会存在的写入数据不一致的问题。

Lock 方法可以将 Application 对象"锁定"，阻止其他用户修改 Application 对象中的信息，确保某一时刻只能有一个用户对该对象的信息进行修改。当用户完成修改信息，使用 Unlock 方法将 Application 对象"解锁"，下一个用户才能对 Application 对象中的信息进行修改，语法格式如下。

```
Application.Lock ()
```

和

```
Application.Unlock()
```

对于"计数器"案例代码编辑模式中的下列语句，使用 Lock 方法和 Unlock 方法实现了"锁定"和"解锁"的功能。

```
Application.Lock();
Application["userNumber"] = (int)Application["userNumber"] + 1;
Application.UnLock();
```

语句中在对 Application["userNumber"]的值修改之前使用了 Application.Lock( )语句"锁定"，防止其他用户在同一时刻也对该对象的值进行修改，修改完成后使用了 Application.UnLock( )语句"解锁"，其他用户才可以对该对象中的值进行修改。

下面的例子使用 Application 对象制作一个简易聊天室，在聊天室页面中有一个 TextBox 控件，用于输入信息，ID 属性值为"txtWord"，一个 Button 控件，用于提交信息，ID 属性值为"btnSubmit"，用户提交的信息在页面的上方显示，效果如图 14.2 所示。

图 14.2　简易聊天室

进入代码编辑视图，在 Page_Load 事件过程中输入代码，如下所示。

```
protected void Page_Load(object sender, EventArgs e)
{
    if (Application["chatRoom"] == null)
    {
        Application["chatRoom"] = "欢迎！" + "<br>";
    }
    else
        Response.Write(Application["chatRoom"]);
}
```

此段代码表示，如果聊天室第一次被使用，也就是 Application["chatRoom"]的值为空，那么就显示"欢迎"，如果不是第一次使用，那么就直接向客户端输出 Application 对象中的值。

在 btnSubmit_Click 事件过程中输入代码，如下所示。

```
protected void btnSubmit_Click(object sender, EventArgs e)
```

```
{
    Response.Write(txtWord.Text);
    Application.Lock();
    Application["chatRoom"] = Application["chatRoom"].ToString() + txtWord.Text
    + "<br>";
    Application.UnLock();
    Response.Write("<br>");
    txtWord.Text = "";//发言提交后文本框清空
```

2. 发送对象 Response

Response 对象多用于向客户端输出信息。

1) Response 对象的方法

Response 对象的 Write 方法用于向客户端浏览器输出信息，语法如下。

```
Response. Write("字符串"|变量)
```

下面例子使用 Response 对象的 Write 方法向客户端浏览器输出了信息，如图 14.3 所示。

图 14.3 Response 对象的 Write 方法实例

在代码编辑模式中的 Page_Load 事件过程中输入代码，如下所示。

```
protected void Page_Load(object sender, EventArgs e)
    {
        string format = "hh:mm:ss";
        string strDate = DateTime.Now.ToString(format);
        Response.Write("您好,您的访问时间是");
        Response.Write(strDate);
    }
```

其中，使用 DateTime.Now 取得当前系统的时间，使用 ToString 方法将当前系统时间转换为"hh:mm:ss"格式，并赋给字符串型变量 strDate。使用 Response 对象的 Write 方法分别向客户端浏览器输出了"您好,您的访问时间是"和 strDate 字符串变量。

Response 对象的 Redirect 方法主要用于从一个页面跳转到另一个页面，可以是站点内的页面也可以是站点外的页面，语法格式如下。

```
Response. Redirect ("页面URl地址");
```

下面的例子使用 Response 对象的 Redirect 方法实现了从登录页面到注册页面的站内跳转，当单击登录页面的【注册】按钮时，跳转到注册页面，如图 14.4 所示。

图 14.4　Response 对象的 Redirect 方法实例

在登录页面中插入了几个控件,其中的一个按钮控件 ID 属性值设置为"btnRegistor",双击该按钮进入代码编辑视图输入代码,如下所示。

```
protected void btnRegister_Click(object sender, EventArgs e)
{
    Response.Redirect("responseredirect2.aspx");
}
```

如果改为 Response.Redirect("http://www.sohu.com"),那么单击按钮后会进入搜狐网的主页。

2) Response 对象的属性

Response 对象的 Buffer 属性用于设置输出页面在服务器端的缓冲方式,其值可以设置为 True 或 False。设置为 True 时,当客户申请页面,服务器把所有脚本处理完后放入缓冲区内,一次性地向客户端输出,这样节省了与客户连接的次数,从而节省了时间,并且当很多用户申请同一页面时,服务器不必为每个用户重新执行程序,直接把缓冲区中的内容发送给客户,减少了服务器的负荷,提高了用户的访问效率。缺点是,对于比较大的页面,有时可能会有些延迟。当设置为 False 时,表明服务器边处理脚本边向客户端输出,有时可以解决服务器响应迟缓的问题,但是在与用户报文交互过程中浪费了大量的网络资源(如带宽),语法格式如下。

```
Response.Buffer = true|false;
```

下面的例子服务器向客户端输出 1 到 10 000,Buffer 属性值分别设置为 True 或 False,可以感觉到 1 到 10 000 输出到页面所用时间的差别,如图 14.5 所示。

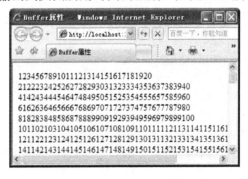

图 14.5　向客户端输出 1 到 10 000

进入代码编辑视图,在 Page_Load 事件过程中输入代码,如下所示。

```csharp
protected void Page_Load(object sender, EventArgs e)
{
    Response.Buffer = true|false;
    for (int i = 1; i <= 10000; i++)
    {
        Response.Write(i);
        if(i % 20 == 0)//每行输出20个数据时换行
        {
            Response.Write("<br>");
        }
    }
}
```

14.3 "深化版计数器"案例

【案例说明】

对于14.2节中的"计数器",存在用户重复刷新和同一IP地址反复登录的问题,导致计数器计数的增加,这样并不能反映实际的访问人数。针对"计数器"的不足之处,可以使用Application对象、Session对象和Request对象共同完成一个"深化版计数器",来解决重复刷新和同一IP地址反复登录时计数器仍然计数的问题。

14.3.1 操作步骤

1. 创建一Web窗体文件

(1) 打开或新建一站点。

(2) 在站点中为项目添加Web窗体,将窗体文件命名。

2. 添加脚本

在代码编辑视图中的Page_Load事件过程中输入代码,如下所示。

```csharp
protected void Page_Load(object sender, EventArgs e)
{
    if (Application["userNumber"] == null)
    {
        Application["userNumber"] = 1;
    }
    else
    {
        string ip = Request.UserHostAddress;
        if ((Session["count"] == null) & (Application[ip] == null))
        {
            Application[ip] = 1;
            Session["count"] = 1;
            Application.Lock();
```

```
            Application["userNumber"] = (int)Application["userNumber"] + 1;
            Application.UnLock();
        }
        Response.Write("本网页已被访问" + Application["userNumber"] + "次！");
    }
}
```

本代码比简易版的计数器多了两个判断条件"Session["count"] == null"和"Application[ip] == null"，用来判断是否是同一用户重复刷新或同一 IP 地址反复登录。

14.3.2 本节知识点

1. 私有对象 Session

Session 对象用来存储用户一次会话过程中的信息。会话开始于浏览器第一次与服务器连接并打开，结束于与服务器连接结束并关闭或重新刷新页面或请求新页面的过程。可以把 Session 对象看成是一种特殊的变量，该对象有自己的生命周期，一般来说，在网页打开时生命期开始，网页关闭时生命期结束，也就是说 Session 对象的值在这个期间不会消失。可以通过设置 Session 对象的 TimeOut 属性来决定生命期，超过该设定时间 Session 值也会自动释放。

1) Session 对象的集合

Session 对象的 Contents 集合用来保存会话过程中的信息，该信息在整个会话过程中的所有页面之间是共享的，任何一个程序都可以使用它，语法格式如下。

```
Session.Contents["Key值"]="字符串"|变量
```

其中，Key 值为 Contents 集合的索引，相当于数组的下标。例如，要在一个索引为"userName"的 Contents 集合元素中保存"Tom"字符串信息，应该是 Session.Contents["username"]="Tom"。

Contents 集合是 Session 对象的默认集合，书写时可以省略，所以也可以写为 Session["username"]="Tom"。

下面例子在提交页面中输入姓名"Tom"，单击【提交】按钮后在接受页面"SessionContents2.aspx"中显示"欢迎你 Tom"信息，如图 14.6 所示。

图 14.6　Session 对象的 Contents 集合实例

在提交页面中，插入了一个 TextBox 控件和一个 Button 控件，ID 属性值分别为"txtUsername"和"btnSubmit"。

双击 Button 控件，进入代码编辑视图，在 btnSubmit_Click 事件过程中输入代码，如下所示。

```
protected void btnSubmit_Click(object sender, EventArgs e)
{
    Session["userName"] = txtUsername.Text;
    Response.Redirect("sessionContents2.aspx");
}
```

代码表示，单击【提交】按钮后，把 TextBox 控件中的值赋给一个索引为"username"的 Session 集合元素，使用 Response 对象的 Redirect 方法跳转到"SessionContents2.aspx"页面。

在接受页面的代码编辑视图中的 Page_Load 事件过程中输入代码，如下所示。

```
protected void Page_Load(object sender, EventArgs e)
{
    Response.Write("欢迎你"+Session["userName"]);
}
```

代码表示，在本页面中输出"欢迎你"和在提交页面中已经赋值的 Session 对象中的值。

2) Session 对象的属性

Session 对象的常用属性有 SessionID 属性和 TimeOut 属性。

SessionID 属性返回用户的会话标识。用户与服务器建立连接后，服务器会给每个会话分配一个唯一的标识，并作为 Cookie 值的一部分发送给客户端。有了该标识，服务器就可以跟踪访问者的一些活动情况。

下面的例子使用 Session ID 属性获取会话的标识。用两个窗口打开同一页面，在第一个页面中生成一个会话标识，并且记录了刷新次数，重新打开一个页面，页面的会话标识发生变化，表明已经开始了一个新的会话，服务器为用户重新分配了一个会话标识，并且刷新次数也从 1 重新开始计数。结果如图 14.7 所示。

图 14.7 SessionID 属性实例

在本页面的代码编辑视图中的 Page_Load 事件过程中输入代码，如下所示。

```
protected void Page_Load(object sender, EventArgs e)
{
    Response.Write("您的会话标识为: " + Session.SessionID+"<br>");
    if (Session["count"] == null)
        Session["count"] = 1;
```

```
        else
            Session["count"] = (int)Session["count"] + 1;
        Response.Write("本页面被刷新的次数为" + Session["count"]);
    }
```

从上面的例子可以看出，会话开始于浏览器与服务器建立连接，结束于与服务器结束连接。

Session 对象的 TimeOut 属性用于设置 Session 对象的生命期，默认的时间是 20 分钟，可以根据实际情况来设定，语法格式如下。

```
Session.Timeout = n (n 为时间，单位为分钟);
```

下面的例子使用 Session 对象的 TimeOut 属性设置了 Session 对象的生命周期为 1 分钟。刷新了页面 6 次，一分钟后重新刷新，页面重新开始计数，效果如图 14.8 所示。

图 14.8　Session 对象的 TimeOut 属性实例

在代码编辑视图中的 Page_Load 事件过程中输入代码，如下所示。

```
protected void Page_Load(object sender, EventArgs e)
{
    Session.Timeout = 1;
    if (Session["count"] == null)
        Session["count"] = 1;
    else
        Session["count"] = (int)Session["count"] + 1;
    Response.Write("本页面被刷新的次数为" + Session["count"]);
}
```

3) Session 对象的方法

Session 对象只有一个方法，即 Abandon 方法，用来强制结束会话。

```
protected void Page_Load(object sender, EventArgs e)
{
    if (Session["count"] == null)
        Session["count"] = 1;
    else
        Session["count"] = (int)Session["count"] + 1;
    Response.Write("本页面被刷新的次数为" + Session["count"]);
    Session.Abandon();
}
```

对于记录页面刷新次数的例子,如果改为以上代码可以发现,页面刷新时,刷新次数都为1,因为每次页面执行时都调用Abandon方法结束会话,从而删除了Session对象中的值。

2. 接收对象Request

Request对象多用于获取客户端向服务器端发出的HTTP请求中的客户端的信息。

1) Request对象的属性

用户在向服务器发送页面请求时,除了将请求页面的URL地址发送给服务器外,也将客户端浏览器的信息及客户端的一些信息发送给服务器,使用Request对象的相关属性就可以获得这些信息。另外,Request对象也可获得服务器端的相关信息(如服务器的当前路径)。Request对象的相关属性及功能见表14-2。

表14-2 Request对象的常用属性及功能

属性	功能
ApplicationPath	获取服务器上ASP.NET应用程序的虚拟应用程序根路径
Path	获取当前请求的虚拟路径
UserAgent	获取客户端浏览器的原始用户代理信息
UserHostAddress	获取远程客户端的主机的IP地址
UserHostName	获取远程客户端的DNS名称

下面的例子通过Request对象的属性获取了客户端请求的相关信息并输出,如图14.9所示。

图14.9 Request对象常用属性实例

在代码编辑视图中的Page_Load事件过程中输入代码,如下所示。

```
protected void Page_Load(object sender, EventArgs e)
{
    Response.Write("当前请求的虚拟路径为:" + "<br>");
    Response.Write(Request.Path + "<br>");
    Response.Write("客户端IP地址为:" + "<br>");
    Response.Write(Request.UserHostAddress + "<br>");
    Response.Write("客户端请求的URL地址为:" + "<br>");
    Response.Write(Request.Url + "<br>");
}
```

2) Request 对象的集合

Request 对象的常用集合有 Form 集合和 QueryString 集合。

Form 集合用来接收通过表单提交的信息。下面的例子使用该 Form 集合获取页面 Textbox 控件中的文本信息，在页面中显示"您的姓名是：Tom"，如图 14.10 所示。

图 14.10　Request 对象的 Form 集合实例

在代码编辑视图中的 Page_Load 事件过程中输入代码，如下所示。

```
protected void btnSubmit_Click(object sender, EventArgs e)
{
    Response.Write("您的姓名是："+Request.Form["txtUsername"]);
}
```

QueryString 集合用来接收查询字符串中的信息。

下面例子获取了地址栏查询字符串中的信息，效果如图 14.11 所示。

当在地址栏输入"http://localhost/requestQuerystring.aspx?userName=Tom"时，表明要把一个值为"Tom"的变量"userName"输入程序 requestQuerystring.aspx，"？"是分隔符。

在代码编辑视图中的 Page_Load 事件过程中输入代码，如下所示。

```
protected void Page_Load(object sender, EventArgs e)
{
    Response.Write("欢迎你"+Request.QueryString["userName"]);
}
```

图 14.11　Request 对象的 QueryString 集合实例

从代码中可以看出，程序使用 Request.QueryString["userName"]语句获取了查询字符串中 userName 变量中的值。

14.4 服务器对象 Server

Server 对象可以使用服务器上的一些高级功能。这里只介绍它的常用的几组方法。

14.4.1 HtmlEncode 方法和 HtmlDecode 方法

有些时候需要在页面中显示 HTML 标记，如果在页面中直接输出标记，浏览器会把标记解释成 HTML 语言输出，对于这种情况，可以使用 HtmlEncode 方法对标记字符串进行编码处理。HtmlDecode 方法和 HtmlEncode 方法是一对相反的过程，将编码后的标记解码。

下面的例子使用 Response 对象在页面中输出了 3 段文本，如图 14.12 所示。

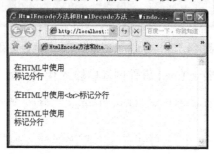

图 14.12 HtmlEncode 方法和 HtmlDecode 方法实例

代码编辑模式中对应的代码如下所示。

```
protected void Page_Load(object sender, EventArgs e)
{
    String str = "在 HTML 中使用<br>标记分行";
    Response.Write(str);
    Response.Write("<p>");
    str = Server.HtmlEncode(str);
    Response.Write(str);
    Response.Write("<p>");
    str = Server.HtmlDecode(str);
    Response.Write(str);
}
```

网页文件的源代码如图 14.13 所示。

图 14.13 网页文件的源代码

从源代码中可以看出，在没有使用 HtmlEncode 方法之前，使用 Response 对象输出

"<br>"是被当做换行标记来使用的,编码后变为"
",IE 才能将其解析为文本"
"。

14.4.2 UrlEncode 方法和 UrlDecode 方法

在网页之间参数传递时,有时传递的数据是要在地址栏中显示,也就是查询字符串信息,此类信息中不能出现一些特殊字符,如空格、#、@和&等,也不能出现汉字,如果需要传送这些信息,需要使用 UrlEncode 方法进行编码,以保证信息可以顺利地传递,UrlDecode 方法是 UrlEncode 方法的一个相反的过程,就是将编码还原。

下面例子中使用 UrlEncode 方法将"邮箱:123@126.com"编码,使用 UrlDecode 方法将编码还原,页面中第一行为原始文本信息,第二行为编码后的信息,第三行为解码后的信息,如图 14.14 所示。

图 14.14 UrlEncode 方法和 UrlDecode 方法实例

代码编辑模式中对应的代码如下所示。

```
protected void Page_Load(object sender, EventArgs e)
{
    String str = "邮箱:123@126.com";
    Response.Write(str);
    Response.Write("<br>");
    str = Server.UrlEncode(str);
    Response.Write(str);
    Response.Write("<br>");
    str = Server.UrlDecode(str);
    Response.Write(str);
}
```

14.4.3 MapPath 方法

MapPath 方法可以将相对路径或虚拟路径转换为服务器上的物理路径。

下面的例子使用 MapPath 方法显示各类物理路径,如图 14.15 所示。

代码编辑模式中对应的代码如下所示。

```
protected void Page_Load(object sender, EventArgs e)
{
    Response.Write("服务器主目录的物理路径为: ");
```

```
            Response.Write(Server.MapPath("~"));
            Response.Write("<br>");
            Response.Write("当前目录的物理路径为：");
            Response.Write(Server.MapPath("./"));
            Response.Write("<br>");
            Response.Write("当前文件的物理路径为：");
            Response.Write(Server.MapPath("mappath.aspx"));
        }
```

图 14.15　MapPath 方法实例

本 章 小 结

本章主要介绍了 ASP.NET 的 5 大内置对象的常用方法、属性和集合的使用。Response 对象主要体现在向浏览器发送相关信息；Request 对象主要用于接受浏览器提交的信息；Application 对象体现在公共方面；Session 对象则体现在私有方面；Server 对象是 Web 服务器相关的对象。有兴趣的读者可以参考相关资料查阅其他部分的内容。

习　　题

1. 填空题

(1) ASP.NET 5 大内置对象有_____、_____、_____、_____、_____。

(2) 可以为所有用户共享的对象是_____，可以在一次会话过程中共享的对象是_____。

2. 选择题

(1) 计数器如果需要防止重复刷新计数和同一 IP 地址反复登录计数，应该使用的对象有(　　)。

　　A. Response　　　B. Request　　　C. Session　　　D. Application

(2) 使用 Response 对象向客户端输出数据时，如果要将处理完的数据一次性地发送给客户端，Buffer 的属性值应该设置为(　　)。

　　A. True　　　　　　　　　　　　　B. False

(3) Session 对象的默认的生命期为( )。
   A．10 分钟   B．20 分钟   C．30 分钟   D．40 分钟

3. 简答题

(1) 简述 ASP .NET 5 大内置对象的主要功能。

(2) 为什么要对 Application 对象进行"锁定"和"解锁"？应该在什么时候进行？

4. 操作题

制作"深化版"聊天室，要求有登录页面，用户登录后会显示"欢迎你，某某某"，发言时会显示"某某说：********"。

第 15 章 主题、用户控件和母版页

教学目标：通过本章的学习，掌握主题、用户控件及母版页的相关技术，合理运用以创建风格一致的多个网页，实现站点的一致外观。

教学要求：

知 识 要 点	能 力 要 求	关 联 知 识
主题	(1) 理解主题的结构安排和基本使用方法 (2) 掌握主题使用的相关技巧	(1) 创建主题的目录结构 (2) 主题使用中的注意事项 (3) 同一控件多种定义的方法 (4) 将主题应用于整个网站
用户控件	(1) 理解用户控件的作用和使用方法 (2) 掌握 Web 页到用户控件的手工转换技巧	(1) 使用用户控件 (2) 将 Web 窗体页转换为用户控件
母版页	(1) 理解母版页和内容页的作用和使用方法 (2) 理解母版页的工作机制 (3) 掌握 Web 页应用到母版页的转换技巧	(1) 创建母版页 (2) 创建内容页 (3) 母版页的工作机制 (4) 将已建成的网页放入母版页中

重点难点：

➢ 主题的结构安排和基本使用方法
➢ 用户控件的使用方法
➢ 母版页的工作机制和使用方法

【引例】

同一个网站，即使由再多的网页组成，每个网页也都应该具有一致的风格。例如，浏览亚马逊的网站，如图 15.1～图 15.3 所示。

图 15.1 亚马逊网站首页

图 15.2 亚马逊网站网页 1

图 15.3 亚马逊网站网页 2

首页和两个内容页，虽然信息内容不同，但从颜色、结构、导航、版权等各方面来看大体是一致的，这就是风格一致。

15.1 概 述

在 Internet 上很少看到没有统一风格的网站。统一的风格通常体现在以下几个方面。
(1) 一个公共标题和整个站点的菜单系统。
(2) 页面左侧的导航条，提供一些页面导航选项。
(3) 提供版权信息的页脚和一个用于联系网管的二级菜单。
(4) 相似的色彩、字体。

这些元素将显示在所有页面上，它们不仅提供了最基本的功能，而且这些元素的统一风格也使得用户意识到他们仍处于同一个站点内。

随着网站功能的增强，网站逐渐变得庞大起来。现在一个网站包括几十、上百个网页已是常事。这种情况下，如何简化对众多网页的设计和维护，特别是如何解决好对一批具有同一风格网页界面的设计和维护，就成为比较普遍的难题。ASP .NET 2.0 提供的主题、用户控件和母版页技术，从统一控件的外貌，局部到全局风格的一致，提供了最佳的解决方案。

15.1.1 主题

主题(Theme)是 ASP .NET 2.0 提供的一种新技术，利用主题可以为一批服务器控件定义外貌。例如，可以定义一批 TextBox 或者 Button 服务器控件的底色、前景色，或者定义 GridView 控件的头模板、尾模板样式等。

系统为创建主题制定了一些规则，但没有提供什么特殊的工具。这些规则是对控件显示属性的定义必须放在以.skin 为扩展名的皮肤文件中，而皮肤文件必须放在"主题"目录下，而"主题"目录又必须放在专用目录"App_Themes"下。

每个专用目录下可以放多个主题目录，每个主题目录下可以放多个皮肤文件。只有遵守这些规定，在皮肤文件中定义的显示属性才能够起作用。

15.1.2 用户控件

用户控件(User Control)是一种自定义的组合控件，通常由系统提供的可视化控件组合而成。在用户控件中不仅可以定义显示界面，还可以编写事件处理代码。当多个网页中包括相同部分的用户界面时，可以将这些相同的部分提取出来，做成用户控件。这一点与 Dreamweaver 中"库"的概念类似。

一个网页中可以放置多个用户控件。通过使用用户控件不仅可以减少编写代码的重复劳动，还可以使得多个网页的显示风格一致。更为重要的是，一旦需要改变这些网页的显示界面，只需要修改用户控件本身，经过编译后，所有网页中的用户控件都会自动跟着变化。

用户控件本身就相当于一个小型的网页，同样可以为它选择单文件模式或者代码分离模式。然而用户控件与网页之间还是存在着一些如下的区别。
(1) 用户控件文件的扩展名为.ascx 而不是.aspx。
(2) 在用户控件中不能包含<HTML>、<BODY>和<FORM>等定义整体页面属性的 HTML 标签。

(3) 用户控件可以单独编译，但不能单独运行。只有将用户控件嵌入到.aspx 文件中时，才能随 ASP.NET 网页一起运行。

除此以外，用户控件与网页非常相似。

15.1.3 母版页

母版页(Master Page)的作用类似 Dreamweaver 中的"模板"，都是为网站中的各网页创建一个通用的外观。它是一个以.master 为扩展名的文件。在母版页中可以放入多个标准控件并编写相应的代码，同时还给各窗体页留出一处或多处的"自由空间"。

一个网站可以设置多种类型的母版页，以满足不同显示风格的需要。

母版页与用户控件之间的最大区别在于：用户控件是基于局部的界面设计，而母版页是基于全局的界面设计。用户控件只能在某些局部上使各网页的显示取得一致，而母版页却可以在整体的外观上取得一致。用户控件通常被嵌入到母版页中一起使用。

下面通过 3 个案例，分别对主题、用户控件和母版页进行讲解。

15.2 "多变网页"案例

【案例说明】

本案例通过主题技术，使得同一个网页能够轮换显示两种不同的外观效果。网页初始效果如图 15.4 所示。单击【Button】按钮后显示效果如图 15.5 所示。

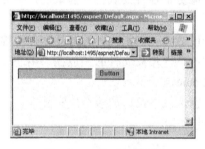

图 15.4 网页初始效果　　　　　　图 15.5 单击【Button】按钮后网页效果

不断单击【Button】按钮，两种效果轮换显示。

15.2.1 操作步骤

1. 创建主题目录结构

(1) 新建 ASP.NET 空网站。以下几个步骤将新建两套主题。

(2) 在【解决方案资源管理器】窗口内右击网站目录，选择【添加 ASP.NET 文件夹】|【主题】命令。系统将会在应用程序的根目录下自动生成一个专用目录"App_Themes"，并且在这个专用目录下新建了一个默认名为"主题 1"的子目录，即主题目录，这里给该主题目录改名为"Themesl"。

(3) 右击主题目录"Themesl"，选择【添加新项】命令，在弹出的【添加新项】窗口中选择【外观文件】(也称为皮肤文件)命令，名称改为"SkinFile1.skin"，然后单击【添加】按钮。系统将在主题目录"Themesl"下创建皮肤文件 "SkinFile1.skin"。同时，主工作区内将自动打开文件"SkinFile1.skin"以供编辑。

(4) 右击专用目录"App_Themes",选择【添加 ASP .NET 文件夹】|【主题】命令,将默认主题目录名改为"Themes2",然后单击【添加】按钮。

(5) 右击主题目录"Themes2",选择【添加新项】|【外观文件】命令,名称改为"SkinFile2.skin",然后单击【添加】按钮。系统将在主题目录"Themes2"下创建皮肤文件"SkinFile2.skin",同时自动打开。

步骤(2)、(3)新建了第一套主题,步骤(4)、(5)又建了另一套主题,每个主题目录下各有一个皮肤文件。皮肤文件可以改名,但是文件的扩展名必须是.skin。最终的主题目录结构如图 15.6 所示。

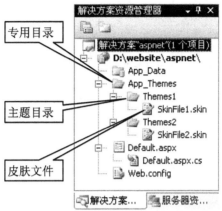

图 15.6 主题目录结构

2. 编写代码

(1) 在主工作区内删除两个皮肤文件(这里是 SkinFile1.skin 和 SkinFile2.skin)中的代码。

(2) 为皮肤文件 SkinFile1.skin 输入如下代码。

```
<asp:Button
BackColor="Orange"
ForeColor="DarkGreen"
Font-Bold="true"
Runat="server"/>
<asp:TextBox BackColor="Orange" ForeColor="DarkGreen" Runat="server" />
```

说明:

以上代码设置了 TextBox 和 Button 两种控件的背景色为 Orange,前景色定义为 DarkGreen。对 Button 控件的字体定义为粗体。

(3) 为皮肤文件 SkinFile2.skin 输入如下代码。

```
<asp:Button
BackColor="Blue"
ForeColor="White"
Font-Italic="true"
Runat="server"/>
<asp:TextBox BackColor="Blue" ForeColor="White" Runat="server" />
```

说明：

以上代码设置了 TextBox 和 Button 两种控件的背景色为 Blue，前景色定义为 White。对 Button 控件的字体定义为斜体。

(4) 打开 Default.aspx 网页的设计视图，从工具箱中拖入一个 TextBox 控件和一个 Button 控件。

(5) 单击【解决方案资源管理器】窗口中的【查看代码】按钮，进入代码视图，在类"public partial class _Default : System.Web.UI.Page"的一对{ }之间输入如下代码。

```
protected void Page_PreInit(object sender, EventArgs e)
{
   if (Session["status"] == null)
   {
      Page.Theme = "Themes1";
      Session["status"] = "set";
   }
   else
   {
      Page.Theme = "Themes2";
      Session["status"] = null;
   }
}
```

添加代码后如图 15.7 所示。

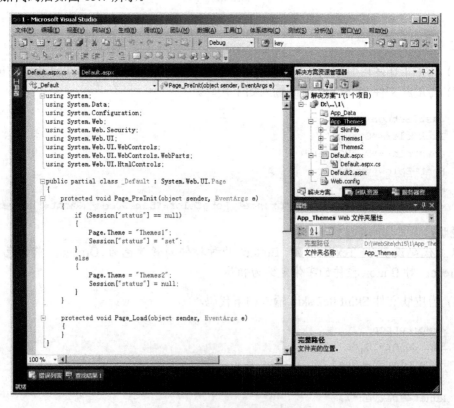

图 15.7　在代码视图添加程序

(6) 运行网站，即得到图 15.4 和图 15.5 所示效果。

15.2.2 本节知识点

1. 主题使用中的几个注意事项

(1) 不是所有的控件都支持使用主题和皮肤定义外貌，有的控件(如 LoginView, User Control 等)不能用.skin 文件定义。

(2) 能够定义的控件也只能定义它们的外貌属性，其他行为属性(如 AutoPostBack 属性等)不能在这里定义。

(3) 在同一个主题目录下，不管定义了多少个皮肤文件，系统都会自动将它们合并成一个文件。

(4) 项目中凡需要使用主题的网页，有两种设置方式。

一种是通过在程序中对 Page.Theme 进行赋值进行动态更改主题，需要注意的是，只能在 Page_PreInit 事件中对 Page.Theme 进行赋值。

另一种是在设计中，单击网页空白处，选择 DOCUMENT 对应的【属性】窗口，为 Theme 属性选择对应的主题。对应的源代码是在网页首行定义语句中增加"Theme="主题目录""的属性。例如，<%@ Page Theme="Themes1"%>。

(5) 在设计阶段，看不出皮肤文件中定义的作用，只有当程序运行时，在浏览器中才能够看到控件外貌的变化。

2. 同一控件多种定义的方法

有时需要对同一种控件定义多种显示风格，此时可以在皮肤文件中，在控件显示的定义中用 SkinID 属性来区别。例如，若在主题 Theme1 的皮肤文件 TextBox.skin 中，对 TextBox 的显示定义了 3 种显示风格。

```
<asp:TextBox BackColor="Green" Runat="Server"/>
<asp:TextBox SkinID="BlueTextBox" BackColor="Blue" Runat="Server"/>
<asp:TextBox SkinID="RedTextBox" BackColor="Red" Runat="Server"/>
```

其中第一个定义为默认的定义，中间不包括 SkinID。该定义将作用于所有不注明 SkinID 的 TextBox 控件。第二和第三个定义中都包括 SkinID 属性，这些定义只能作用于 SkinID 相同的 TextBox 控件。

在网页中为了使用主题，应该做出相应的定义(注意其中的加粗属性)。例如：

```
<%@ Page Language="C#" AutoEventWireup="true" CodeFile="Default2.aspx.cs" Inherits="Default2" Theme=" Theme1" %>
<!DOCTYPE html PUBLIC "-//W3C//DTD XHTML 1.0 Transitional//EN" "http://www.w3.org/TR/xhtml1/DTD/xhtml1-transitional.dtd">
<html xmlns="http://www.w3.org/1999/xhtml" >
<head runat="server">
    <title>无标题页</title>
</head>
<body>
    <form id="form1" runat="server">
```

```
            <asp:TextBox ID="TextBox1" runat="server"></asp:TextBox><br />
            <asp:TextBox ID="TextBox2" runat="server" SkinID="BlueTextBox"></asp:TextBox>
            <br />
            <asp:TextBox ID="TextBox3" runat="server" SkinID="RedTextBox"></asp:TextBox>
        </form>
    </body>
</html>
```

程序运行中 3 个 TextBox 控件分别显示不同的风格。效果如图 15.8 所示。

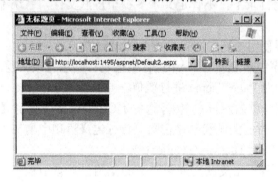

图 15.8　不同定义下的 3 个 TextBox 控件

大部分控件都有一个 SkinID 的属性，可以在设计视图的【属性】窗口中选择相应皮肤。

3. 将主题文件应用于整个网站

为了将主题文件应用于整个网站，可以在根目录下的 web.config 中进行定义。例如，要将 Theme1 主题目录应用于网站所有页面，在 web.config 文件中定义如下。

```
<configuration>
  <system.web>
    <pages Theme=" Theme1" />
  </system.web>
</configuration>
```

这样就不必在每个网页中分别定义了。

15.3　"网站版权"案例

【案例说明】

本案例由一个首页和一个用户控件组成，用户控件内容是"版权所有 2008—2010，建议使用 800*600 分辨率观看(换行)本站技术支持微软学生中心"，单击链接可转到相应网站。原首页只有文字"我是首页中的内容"，经调用用户控件，首页最终显示效果如图 15.9 所示。

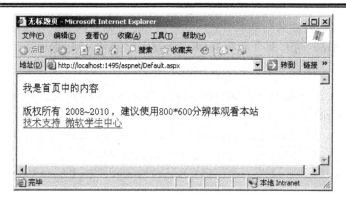

图 15.9 首页调用用户控件的显示效果

15.3.1 操作步骤

（1）创建一个 ASP .NET 网站。

（2）右击网站中目录，选择【添加新项】命令，在弹出的对话框中选择【Web 用户控件】选项，将默认名称"WebUserControl.ascx"修改为"copyright.ascx"，再单击【添加】按钮。

（3）系统自动创建用户控件 copyright.ascx，并在主工作区打开。

（4）切换到用户控件 copyright.ascx 的设计视图，从工具箱拖入一个 Label 控件。通过【属性】窗口设置 Label 控件的 Text 属性值为"版权所有 2008—2010，建议使用 800*600 分辨率观看本站"，并设置 Width 属性值为"500px"；再从工具箱拖入一个 HyperLink 控件，设置 Width 属性值为"300px"。设计效果如图 15.10 所示。

图 15.10 用户控件 copyright.ascx 设计效果

（5）双击该页面空白处，在代码视图的页载入事件"protected void Page_Load(object sender, EventArgs e)"一对 { } 之间输入下面的程序代码。

```
HyperLink1.Text = "技术支持 微软学生中心";
HyperLink1.NavigateUrl = "http://www.msuniversity.edu.cn/";
```

（6）打开 Default.aspx 页，切换到设计视图，输入文字"我是首页中的内容"，再从【解决方案资源管理器】窗口中将用户控件文件 copyright.ascx 拖到下一行的位置。

（7）启动 Default.aspx 页，即得到如图 15.9 所示效果。

15.3.2 本节知识点

1. 使用用户控件

用户控件只能在同一应用程序的网页中共享。也就是说，应用项目的多个网页中可以使用相同的用户控件，而每一个网页可以使用多种不同的用户控件。如果一个网页中需要使用多个用户控件时，最好先进行布局，然后再将用户控件分别拖到相应的位置。

在设计阶段，有的用户控件并不会充分展开，而是被压缩成小长方形，此时它只起占位的作用。程序运行时才会自动展开。

　　用户控件与标准 aspx 网页非常类似，查看用户控件 copyright.ascx 的源视图，代码如下。

```
<%@ Control Language="C#" AutoEventWireup="true" CodeFile="copyright.ascx.cs" Inherits="copyright" %>
    <asp:Label ID="Label1" runat="server" Text="版权所有 2008~2010，建议使用 800*600 分辨率观看本站" Width="500px"></asp:Label><br />
    <asp:HyperLink ID="HyperLink1" runat="server" Width="300px">HyperLink</asp:HyperLink>
```

　　可以看到，代码中没有标准 aspx 网页那么多的结构标签，如<html>、<head>、<body>、<form>等，内容直接就放在<%@ Control Language="C#" AutoEventWireup="true" CodeFile="copyright.ascx.cs" Inherits="copyright" %>的下面就可以了。

　　另外，用户控件也支持各种事件程序的编写。

2. 代码分析

　　进入 Default.aspx 网页的源视图，可以看到用户控件的相关代码如下。

```
<%@ Page Language="C#" AutoEventWireup="true" CodeFile="Default.aspx.cs" Inherits="_Default" %>
    <%@ Register Src="copyright.ascx" TagName="copyright" TagPrefix="uc1" %>
    <!DOCTYPE html PUBLIC "-//W3C//DTD XHTML 1.0 Transitional//EN" "http://www.w3.org/TR/xhtml1/DTD/xhtml1-transitional.dtd">
    <html xmlns="http://www.w3.org/1999/xhtml" >
    <head runat="server">
        <title>无标题页</title>
    </head>
    <body>
        <form id="form1" runat="server">
        <div>
            我是首页中的内容<br />
            <br />
            <uc1:copyright ID="Copyright1" runat="server" />
        </div>
        </form>
    </body>
    </html>
```

　　代码中粗体为用户控件的相关部分。其中以下语句代表用户控件已经在.aspx 中注册。

```
<%@ Register Src="copyright.ascx" TagName="copyright" TagPrefix="uc1" %>
```

语句中各个标记的含义如下。

（1）TagPrefix：代表用户控件的命名空间(这里是 uc1)，它是用户控件名称的前缀。如果在一个.aspx 网页中使用了多个用户控件,而且在不同的用户控件中出现了控件重名的现象时,命名空间是用来区别它们的标志。

(2) TagName:用户控件的名称,其与命名空间一起来唯一标识用户控件,如代码中的"uc1:copyright"。

(3) Src:用于指明用户控件的虚拟路径。

语句<uc1:copyright ID="Copyright1" runat="server" />即是用户控件本身的标签。

3. 将 Web 窗体页转换为用户控件

将 Web 窗体页转换为用户控件的目的,是为了将该窗体转换成为可重用的控件。由于两者原本采用的技术就非常相似,因此只需要做一些较小的改动即能将 Web 窗体改为用户控件。

由于用户控件必须嵌套于网页中运行,因此在用户控件中就不能包括<html>、<body>和<form>等结构标签,否则将会产生代码重复的错误。转换中必须移除窗体页中的这些标记。除此以外,还必须在 Web 窗体页中将 ASP .NET 指令类型从"@Page"更改为"@Control。"

具体转换的步骤如下。

(1) 在代码(隐藏)文件中将类的基类从 Page 更改为 UserControl 类。这表明用户控件类是从 UserControl 类继承的。

例如,在 Web 窗体页中,类 welcome 是从 Page 类继承的,语句如下。

```
public partial class welcome: System.Web.UI.Page
```

现在改为从 UserControl 类继承,语句如下。

```
public partial class welcome: System.Web.UI.UserControl
```

(2) 在.aspx 文件中删除所有<html>、<head>、<body>和<form>等标记。
(3) 将 ASP .NET 的指令类型从"@Page"更改为"@Control"。
(4) 更改 Codebehind 属性来引用控件的代码(隐藏)文件(ascx.cs)。
(5) 将.aspx 文件扩展名更改为.ascx。

15.4 "学习资源网页"案例

【案例说明】

本案例制作的网页由两个网页合成,一个是共用的母版页(名为 MasterPage.master,包含上方的草原图片和左侧登录框),另一个是具体的内容页(名为"article.aspx",包含中间的工具图片和超链接文字),浏览时输入的是内容页的网址(article.aspx),显示则为合成页的效果(MasterPage.master + article.aspx),如图 15.11 所示。

图 15.11　调用内容页实际显示效果

15.4.1　操作步骤

1. 创建母版页

(1) 创建 ASP.NET 网站。

(2) 右击【解决方案资源管理器】窗口中网站目录，在弹出的菜单中选择【添加新项】命令，在弹出的对话框中选择【母版页】选项，并使用默认名称【MasterPage.master】(可改名，但扩展名不能改)，然后单击【添加】按钮，系统创建该页 MasterPage.master，并在工作区自动打开。

(3) 切换到设计视图，可以看到在界面中出现一个"ContentPlaceHolder-ContentPlaceHolder1"方形窗口，该方形窗口是配置网页的地方。应先对网页进行布局，然后再将这个窗口移动到合适的地方。

选择【布局】|【插入表】命令，在【插入表】对话框中选择【模板】选项，然后在下拉列表中选择【页眉和边】样式，然后单击【确定】按钮生成布局表格。

(4) 单击表格右下角的空间，在【属性】窗口中将它的 VAlign 属性值设置为"Top"，再将 ContentPlaceHolder 拖入到右下角的窗口中。

(5) 分别选择左下角的空间和上侧空间，输入相应图片和控件等，并调整好位置。

(6) 由此形成的母版页如图 15.12 所示。

2. 创建内容页

(1) 右击母版页 ContentPlaceHolder 窗口，选择【添加内容页】命令，系统自动生成一个新的内容页(本例中名为 Default2.aspx)，并自动打开。

(2) 在【解决方案资源管理器】窗口修改内容页名称为"article.aspx"。

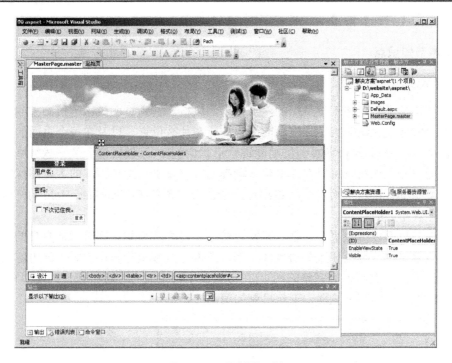

图 15.12　母版页示例

(3) 切换到内容页的设计视图，在 ContentPlaceHolder 窗口的内容区中输入信息，如图 15.13 所示。

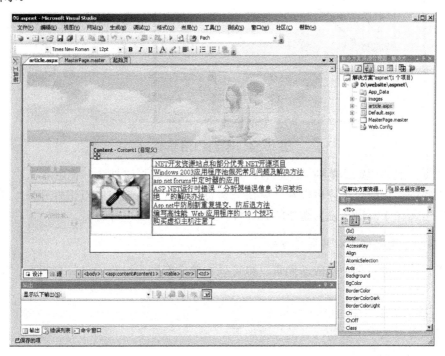

图 15.13　为内容页输入信息

(4) 在【解决方案资源管理器】窗口中右击内容页 article.aspx，选择【设为起始页】命令，然后单击【启动】按钮▶，即显示图 15.11 效果。

15.4.2 本节知识点

1. 母版页的工作机制

母版页定义了所有基于该页面的网页使用的风格。它是页面风格的最高控制，指定了每个页面上的标题应该多大、导航功能应该放置在什么位置，以及在每个页面的页脚中应该显示什么内容(类似地将各页面按功能进行形状切割)。母版页包含了一些可用于站点中所有网页的内容，如所有可以在这里定义标准的版权页脚，站点顶部的主要图标等。一旦定义好母版页的标准特性后，然后将添加一些内容占位符(ContentPlaceHolder)，这些内容占位符将包含不同的页面。

每个内容页都以母版页为基础，开发人员将在内容页为每个网页添加具体的内容。内容页可以包含文本、标签和服务器控件。当某个内容页被浏览器请求时，该内容页将和它的母版页组合成一个虚拟的完整的网页(在母版页中特定的占位符中包含内容页内容)，然后将完整的网页发送到浏览器，工作机制如图 15.14 所示。

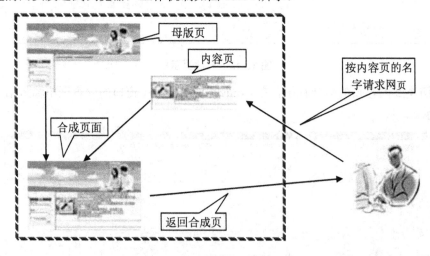

图 15.14　母版页工作机制

母版页不能被浏览器单独调用查看，只能在浏览内容页时被合并使用。

如果要编辑母版页，除可以在【解决方案资源管理器】窗口中双击打开外，还可以在内容页右击选择【编辑主表】命令的方式打开对应的母版页进行编辑。

2. 在母版页中放入新网页的方法

可以直接在母版页中生成新网页，也可以在建立新网页过程中选择母版页。案例中使用的是第一种方式。

1) 直接从母版页中生成新网页

直接从母版页中生成新网页的步骤如下。

(1) 打开母版页。

(2) 右击 ContentPlaceholder 控件，在弹出的菜单中选择【添加内容页】命令。

(3) 为内容页重新命名为合适的名称。

(4) 为新生成的内容页添加信息内容。

2) 在创建新网页中选择母版页

在创建新网页中选择母版页的步骤如下。

(1) 在网站中创建一新网页。此时，在网页名的右方提供了两项选择，可以从中选择一项或两项，或者两项都不选择。两种选择项的含义："将代码放在单独的文件中"选项代表采用代码分离方式，"选择母版页"选项代表将新网页嵌入到母版页中。

如果两项都不选择时，系统将创建一个单文件模式的独立网页，此网页将独立于母版页。

(2) 选择"选择母版页"选项，将弹出一个文件列表，提供一个或多个"母版页"文件以供选择。当选择其中之一后，新网页就会嵌入到指定的母版页中而成为内容页。母版页与内容页将构成一个整体成为一个新的网页，新网页仍使用内容页的网页名。

3. 将已建成的网页放入母版页中

为了将已经建成的普通 ASP.NET 网页嵌入母版页中，需要在已经建成的网页中用手工方法增加或更改某些代码。

(1) 打开已建成的网页，进入它的源视图，在页面指示语句中增加与母版页的联系。为此，需增加以下属性。其中"MasterPageFile="~/MasterPage.master""代表母版页名。

```
<%@ Page Language="C#" MasterPageFile="~/MasterPage.master" AutoEventWireup="true"%>
```

(2) 由于在母版页中已经包含有 html、head．Body 和 form 等标记，因此在网页中要删除所有这些标记，以避免重复。

(3) 在其余内容的前后两端加上 Content 标记，并增加 Contentr 的 ID 属性、Runat 属性以及 ContentPlaceholder 属性。ContentPlaceholder 属性的值(这里是 ContentPlaceholde1)应该与母版页中的网页容器相同。修改后的语句结构如下。

```
<asp:Content ID="Content1" ContentPlaceHolderID="ContentPlaceHolder1" Runat="Server">
    ...
</asp:Content>
```

修改后的代码中除页面指示语句以外，所有语句都应放置在<asp:Content……>与</asp:Content>之间。

本 章 小 结

为了使得网站中一批网页的显示风格保持一致，ASP.NET 2.0 提供了主题、用户控件和母版页技术。主题、用户控件和母版页虽然都是对控件显示的定义，但是它们定义的层次和影响的范围不同。

主题是利用皮肤文件对一批单个控件显示的定义，皮肤文件必须放在主题目录之下，而主题目录又必须放在专用目录"App_Themes"下。用户控件与母版页都是由设计者自行创建的组合控件，用户控件只能作用于网页的局部，而母版页是对整体布局的定义。

恰当地将三者结合，就可以使网站的多个网页之间，从单个控件到局部、再到整体布局方面在显示风格上取得一致。

习　题

1. 填空题

(1) 皮肤文件是以.skin 为扩展名的文件，用来定义_____的样式。

(2) 下面是一段皮肤文件中的定义：

```
<asp:TextBox BackColor="Orange" ForeColor="DarkGreen" Runat="server"/>
```

代码将_____服务器控件的底色定义为_____色，将控件中的字符定义为_____色。

(3) 下面是.aspx 网页中的一段代码：

```
<%@ Register TagPrefix="uc1" TagName="WebUserControl1" Src ="WebUserControl1.ascx"%>
```

其中 uc1 字符串代表_____。

2. 选择题

(1) 当一种控件有多种定义时，用(　　)属性来区别它们的定义。
　　A. ID　　　　B. Color　　　　C. BackColor　　　　D. SkinID

(2) 用户控件是扩展名为(　　)的文件。
　　A. .master　　B. .asax　　　　C. .aspx　　　　　　D. .ascx

(3) 母版页是扩展名为(　　)的文件。
　　A. .master　　B. .asax　　　　C. .aspx　　　　　　D. .ascx

(4) 下面是 .aspx 网页中的一段代码：

```
<%@Page Language="C#" MasterPageFile="~/MasterPage.master" AutoEventWireup="...">
```

其中 MasterPage.master 代表_____。
　　A. 母版页的路径　　　　　　B. 用户控件的路径
　　C. 用户控件的名字　　　　　D. 母版页的名字

3. 判断题

(1) 利用主题可以为一批服务器控件定义样式。　　　　　　　　　　　　　　(　　)

(2) 主题目录必须放在专用目录"App_Themes"下，而皮肤文件必须放在主题目录下。
　　　　　　　　　　　　　　　　　　　　　　　　　　　　　　　　　　　(　　)

(3) 用户控件是一种自定义的组合控件。　　　　　　　　　　　　　　　　　(　　)

(4) 用户控件不能在同一应用程序的不同网页间重用。　　　　　　　　　　　(　　)

(5) 使用母版页是为了多个网页在全局的样式上保持一致。 （　）

4. 简答题

(1) 为了保持多个网页显示风格一致，ASP .NET 2.0 使用了哪些技术？每种技术是如何发挥作用的？

(2) 简述将.aspx 网页转换成用户控件的方法。

(3) 简述将已经创建的.aspx 网页放进母版页的方法。

5. 操作题

将主题、用户控件及母版页技术相结合创建风格一致的多个网页。

第 16 章 综合实例:"新闻发布系统"网站

16.1 实训目的

通过一个后台功能较为完备的"新闻发布系统"网站的制作,使学生了解 ASP .NET 项目开发的完整过程,提高对前几章知识点的综合运用能力,进一步加深对所学知识的理解。首页效果如图 16.1 所示。

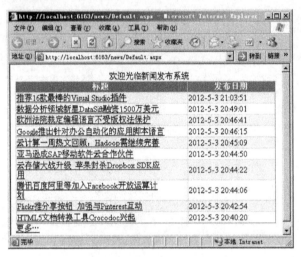

图 16.1 新闻发布系统首页

16.2 实训内容

利用 ASP .NET 技术开发一个具有后台管理功能的"新闻发布系统"网站,该网站应具备如下功能。

(1) 管理员输入用户名和密码,登录成功后可以进入网站后台对新闻进行管理。

(2) 管理员能发布新闻,发布的新闻包括标题、内容、提交时间、新闻图片、附件。

(3) 管理员能够根据新闻的标题或者新闻的发布时间查找新闻,并能对查找到的新闻进行修改或者删除等操作。

(4) 管理员可以修改密码。

(5) 用户访问网站首页,可以浏览网站上的所有新闻。

(6) 网站要求有较为统一的风格。

网站结构如图 16.2 所示。网站操作流程如下。

(1) 用户访问网站首页,出现如图 16.1 所示的页面。

第 16 章 综合实例："新闻发布系统"网站

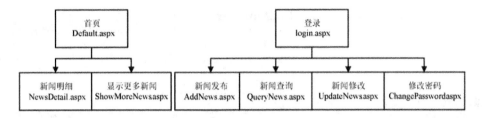

图 16.2 网站结构

(2) 单击【更多】链接，出现如图 16.3 所示的更多新闻页面。
(3) 单击第一条新闻的链接，出现如图 16.4 所示的新闻明细页面。

图 16.3 显示更多新闻

图 16.4 新闻明细页面

(4) 管理员访问如图 16.5 所示的登录页面，输入正确的用户名和密码，进入后台管理界面，默认显示的是新闻发布页面，如图 16.6 所示。
(5) 选择【新闻查询】选项，出现如图 16.7 所示的新闻查询页面。
(6) 单击【修改】链接，跳转到如图 16.8 所示的新闻修改页面。
(7) 选择【修改密码】选项，出现如图 16.9 所示的修改密码页面。

图 16.5 用户登录页面

图 16.6 新闻发布页面

图 16.7 新闻查询页面

图 16.8 新闻修改页面

图 16.9 修改密码页面

16.3 实训过程

16.3.1 设计"新闻发布系统"程序前的思考

设计"新闻发布系统"前需要思考如下问题。

(1) 如何合理地设计网站目录结构，使得信息能够被有效地分类，同时访问控制又比较方便。由于需要保存新闻的图片和附件，因此需要在网站根目录下分别创建文件夹来保存这两类文件。另外由于本系统存在"管理员"和"用户"两种角色，因此需要把只有管理员才能访问的页面放到同一文件夹中，统一进行权限设置。

(2) 如何合理地设计数据库字段，使得信息维护和检索都较为方便。由于新闻发布系统涉及的信息项比较少,因此只需要建一张表来保存新闻标题、新闻内容、附件、图片,另外为了保证每条记录的唯一性,需要在表中建自动编号字段。

(3) 采用怎样的导航方式,使得操作界面清晰,便于用户操作。由于本系统涉及页面较少、目录结构比较简单,因此采用导航控件中的 Menu 控件、SiteMapPath 控件、TreeView 控件都可以轻松地实现导航功能,其中 Menu 控件使用较为方便。

(4) 采用怎样的设计方法,使得页面风格统一。为了使页面风格统一,ASP .NET 提供了多种方法如用户控件、母版页、主题、皮肤。在本案例中,为了统一后台界面的风格,采用母版页技术,为了让控件有统一的风格采用主题技术。

(5) 采用怎样的开发方法,开发效率高,程序又不失灵活性。逻辑较为简单的显示部分采用数据访问控件 SqlDataSource,结合具有内置分页功能的 GridView 控件,新闻发布和修改等逻辑较为复杂的部分采用代码实现。

16.3.2 有关"新闻发布系统"程序开发的预备知识

开发一个"新闻发布系统"网站,开发者需要具备如下知识。

(1) 掌握 TextBox、Label、DropDownList、Image、FileUpload、HyperLink 等常用 ASP .NET 标准控件的属性、方法和用法。相关知识可参考第 5 章内容。

(2) 掌握验证控件的知识,特别是 RequiredFieldValidator 控件的用法。相关知识可参考第 6 章内容。

(3) 了解导航控件,掌握 Menu 控件的用法。相关知识可参考第 8 章内容。

(4) 熟悉 SQL Server,能够在 SQL Server 中创建数据库和表。相关知识可参考第 9 章内容。

(5) 掌握数据访问控件 SqlDataSource 以及数据显示控件 GridView、FormView 的用法。相关知识可参考第 10 章内容。

(6) 熟悉 ADO .NET 编程技术,熟练掌握 SqlConnection、SqlCommand、SqlDataReader、DataSet、SqlDataAdapter 等对象的属性、方法以及用法。相关知识可参考第 11 章内容。

(7) 掌握 web 站点配置文件 web.config 的设置方法。相关知识可参考第 12 章内容。

(8) 掌握登录控件,特别是 Login、ChangePassword 控件的用法。相关知识可参考第 13 章内容。

(9) 掌握 ASP .NET 的 5 大对象,特别是 Request 对象的用法。相关知识可参考第 14 章内容。

(10) 掌握主题和母版页的使用方法,能够用主题统一的网站风格。相关知识可参考第 15 章内容。

16.3.3 实现"新闻发布系统"的开发过程

1) 数据库设计

打开 SQL Server 企业管理器,新建一个 aspnetdb 数据库。新建一张 news 表,设置完字段及数据类型后的表设计器如图 16.10 所示。创建一个名为 jiaocai 的登录名,设置密码为 123,并将登录名 jiaocai 映射到 aspnetdb 数据库,该用户对 aspnetdb 数据库拥有 db_owner 和 public 权限。

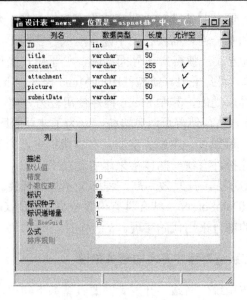

图 16.10 news 表结构

2) 网站目录结构

打开 Visual Studio .NET 2010 开发环境，选择【文件】|【新建网站】命令，在弹出的【新建网站】对话框中，在左侧已安装的模板中选择【Visual C#】选项，右侧选择网站类型为【ASP.NET 空网站】，输入网站的保存路径。右击【解决方案资源管理器】项目目录，选择【新建文件夹】命令，依次新建 3 个文件夹，名称分别为 picture、attachment、admin。

3) 创建母版页

(1) 在【解决方案资源管理器】项目目录中右击 admin 文件夹，选择【添加新项】命令，从【添加新项】对话框中选择【母版页】选项，如图 16.11 所示，单击【添加】按钮。

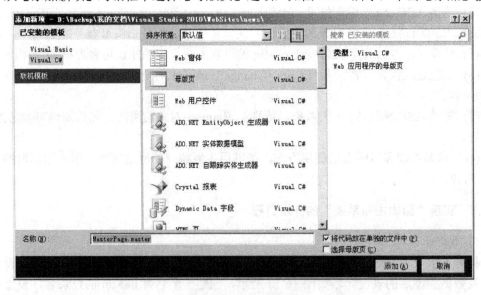

图 16.11 添加母版页

(2) 打开 MasterPage.master 页面，单击按钮 切换到设计界面，选择【表】|【插

入表】命令，弹出【插入表格】对话框，在【大小】选项组中将【行数】文本框的值修改为 2，【列数】文本框的值修改为 1，如图 16.12 所示。

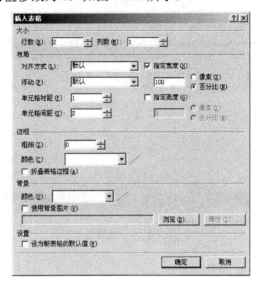

图 16.12　添加表格

(3) 拖动 ContentPlaceHolder1 控件到表格的第 2 行。从工具箱中拖动 Menu 到表格的第一行，单击控件右上方的箭头，选择【编辑菜单项】选项。在弹出的【菜单项编辑器】对话框中单击按钮添加根项，Text 属性值设置为"新闻发布"，NavigateUrl 属性值设置为"~/admin/AddNews.aspx"。单击按钮添加根项，Text 属性值设置为"新闻查询"，NavigateUrl 属性值设置为"~/admin/QueryNews.aspx"。单击按钮添加根项，Text 属性值设置为"修改密码"，NavigateUrl 属性值设置为"~/admin/ChangePassword.aspx"。单击按钮添加根项，Text 属性值设置为"首页"，NavigateUrl 属性值设置为"~/Default.aspx"，如图 16.13 所示。

图 16.13　菜单项编辑器

(4) 单击菜单控件，将【属性】窗口的 BorderStyle 属性值修改为"Dotted"，将 Orientation 属性值修改为"Horizontal"，将 Target 属性值修改为"_self"，母版页的设计界面如图 16.14 所示。

图 16.14 母版页

4) 发布新闻

(1) 在【解决方案资源管理器】项目目录中右击 admin 文件夹,选择【添加新项】命令,在【添加新项】对话框中输入文件名 "AddNews.aspx",选中【选择母版页】复选框,单击【添加】按钮,在【选择母版页】对话框中选择 admin 文件夹下的 MasterPage.master。

(2) 从工具箱中拖动 A Label 到中心工作区,将【属性】窗口的 Text 属性值修改为"标题"。

(3) 从工具箱中拖动一个 TextBox 到中心工作区,将【属性】窗口的 ID 属性值修改为"txtTitle",MaxLength 属性值修改为"50"。

(4) 从工具箱中拖动 RequiredFieldValidator 到中心工作区,将【属性】窗口的 ID 属性值修改为"rfvTitle",ControltoValidate 属性值修改为"txtTitle",ErrorMessage 属性值修改为"标题不能为空",将 ForeColor 属性值修改为"Red"。

(5) 从工具箱中拖动 A Label 到中心工作区,将【属性】窗口的 Text 属性值修改为"内容"。

(6) 从工具箱中拖动一个 TextBox 到中心工作区,将【属性】窗口的 ID 属性值修改为"txtContent",MaxLength 属性值修改为"255",TextMode 属性值修改为"MultiLine"。

(7) 从工具箱中拖动 A Label 到中心工作区,将【属性】窗口的 Text 属性值修改为"图片"。

(8) 从工具箱中拖动 FileUpload 到中心工作区,将【属性】窗口的 ID 属性值修改为"fupPicture"。

(9) 从工具箱中拖动 A Label 到中心工作区,将【属性】窗口的 Text 属性值修改为"附件"。

(10) 从工具箱中拖动 FileUpload 到中心工作区,将【属性】窗口的 ID 属性值修改为"fupAttachment"。

(11) 从工具箱中拖动 Button 到中心工作区,将【属性】窗口的 ID 属性值修改为"btnAdd",Text 属性值修改为"添加"。

(12) 从工具箱中拖动 A Label 到中心工作区,将【属性】窗口的 ID 属性值修改为"labMsg",将 ForeColor 属性值修改为"Red",清空 Text 属性的内容。

最终界面如图 16.15 所示。

第 16 章 综合实例："新闻发布系统"网站

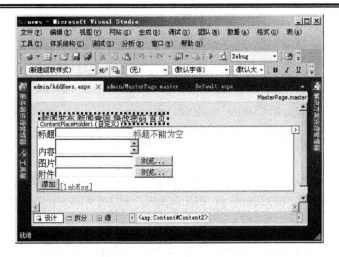

图 16.15 AddNews.aspx 界面

(13) 双击【添加】按钮，进入 AddNews.aspx.cs 页面，在命名空间的引用部分加入 using System.Data.SqlClient; using System.Data; using System.Configuration;。

在"protected void btnAdd_Click(object sender, EventArgs e)"下的一对花括号{}之间输入如下代码。

```
try
{   //获取连接字符串
    string connectionString = ConfigurationManager.ConnectionStrings
["aspnetdbConnectionString"].ToString();
    SqlConnection  conn = new SqlConnection(connectionString);
    conn.Open();   //打开连接
    SqlDataAdapter  oda = new SqlDataAdapter("SELECT title,content,
submitdate,picture,attachment FROM news ", conn);
    DataSet ds = new DataSet();
    oda.Fill(ds, "news");
    conn.Close();

    DataRow dr = ds.Tables["news"].NewRow();  //新建一个数据行

    string fileAttention = System.IO.Path.GetExtension (fupPicture.
PostedFile.FileName);//获取图片文件的扩展名
    DateTime submitDate = System.DateTime.Now;
    string currentDate = submitDate.ToString("yyyyMMddHHmmssFFFF");//格式化日期
    string pictureFileName = "~/picture/" + currentDate + fileAttention;
    // 获取附件的扩展名
    fileAttention= = System.IO.Path.GetExtension(fupAttachment.PostedFile
.FileName);
    string attachmentFileName = "~/attachment/" + currentDate + fileAttention;
    dr["title"] = txtTitle.Text;
    dr["content"] = txtContent.Text;
```

```csharp
            dr["submitDate"] = submitDate.ToString();
            if (fupPicture.HasFile)  //判断有没有附件
            {
                dr["picture"] = pictureFileName;
            }
            if (fupAttachment.HasFile)
            {
                dr["attachment"] = attachmentFileName;
            }
            ds.Tables["news"].Rows.Add(dr);//将数据行添加到表中
            SqlCommandBuilder ocb = new SqlCommandBuilder(oda);
            oda.Update(ds, "news");  //提交更改

            fupPicture.SaveAs(Server.MapPath(pictureFileName));  //上传图片
            fupAttachment.SaveAs(Server.MapPath(attachmentFileName));//上传附件
            labMsg.Text = "新闻发布成功！";
        }
        catch
        {
            labMsg.Text = "新闻发布失败！";
        }
```

5) 显示新闻

(1) 在【解决方案资源管理器】项目目录中右击，选择【添加新项】命令，在【添加新项】对话框中输入文件名"Default.aspx"，取消选中【选择母版页】复选框，单击【添加】按钮。

(2) 拖动一个 SqlDataSource 到中心工作区，在【属性】窗口将 ID 属性值修改为"sdsQueryNews"。单击控件右上角的箭头，选择【配置数据源】命令，弹出【配置数据源】对话框，单击【新建连接】按钮，弹出【选择数据源】对话框。从数据源列表中选择"Microsoft SQL Server"选项，单击【继续】按钮，弹出【添加连接】对话框，在【服务器名】文本框中输入服务器的名字，选中【使用 SQL Server 身份认证】单选按钮，在【用户名】文本框中输入"jiaocai"，在【密码】文本框中输入"123"，在【选择或输入一个数据库名】下拉列表框中选择"aspnetdb"选项，单击【确定】按钮，再单击【下一步】按钮，弹出【配置数据源】对话框，选中【是，将此连接另存为】单选按钮。在下面的文本框中输入"aspnetdbConnectionString"，单击【下一步】按钮，选中【指定自定义 SQL 语句或存储过程】单选按钮，如图 16.16 所示。单击【下一步】按钮，在出现的【SQL 语句】文本框中输入"SELECT TOP 10 id,title,submitDate FROM news　ORDER BY　submitDate DESC"，如图 16.17 所示。单击【下一步】按钮，再单击【完成】按钮。

(3) 从工具箱中拖动 GridView 到中心工作区，在【属性】窗口中将 DataSourceID 属性值修改为"sdsQueryNews"，单击控件右上角的箭头，从弹出的菜单中选择【编辑列】命令，弹出【字段】对话框。

(4) 从选定的字段列表中选择默认出现的字段，单击右侧按钮，依次删除 id，title，submitDate 三个字段。

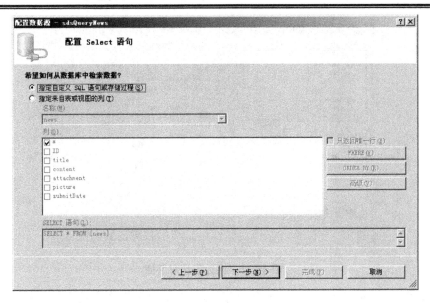

图 16.16 配置数据源

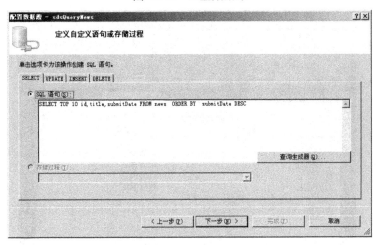

图 16.17 定义 SELECT 语句

(5) 选择 HyperLinkField 选项，单击【添加】按钮，将【属性】窗口中的 DataNavigateUrlFields 属性值修改为 "ID"，DataNavigateUrlFormatString 属性值修改为 "NewsDetail.aspx?id={0}"，DataTextField 属性值修改为 "title"，HeaderText 属性值修改为 "标题"，展开 ItemStyle 属性列表，将 Width 属性值修改为 "300px"。

(6) 选中 BoundField 下面的 "submitDate" 字段，单击【添加】按钮，将【属性】窗口的 HeaderText 属性值修改为 "发布日期"，展开 ItemStyle，将 Width 属性值修改为 "150px"，如图 16.18 所示。

(7) 从工具箱中拖动 HyperLink 到中心工作区，将【属性】窗口的 NavigateUrl 属性值修改为 "~/ShowMoreNews.aspx"，将 Text 属性值修改为 "更多…"。

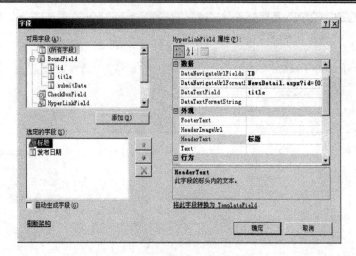

图 16.18 字段设置对话框

(8) 在 GridView 控件上方输入一行文字"欢迎光临新闻发布系统"。最终界面如图 16.19 所示。

图 16.19 Default.aspx 页面

6) 显示更多新闻

(1) 右击【解决方案资源管理器】项目目录,选择【添加新项】命令,在【添加新项】对话框中输入文件名"ShowMoreNews.aspx",选中【选择母版页】单选按钮,在【选择母版页】对话框中选择 admin 文件夹下的"MasterPage.master"。

(2) 拖动一个 SqlDataSource 到中心工作区,将【属性】窗口中的 ID 属性值修改为 "sdsMoreNews",在【属性】窗口中找到 ConnectionString 属性,单击右侧的按钮,选择【aspnetdbConnectionString】选项。在【属性】窗口中找到 SelectQuery 属性,单击右侧的按钮,弹出【命令和参数编辑器】对话框,在【SELECT 命令】文本框中,输入"SELECT ID,title,submitDate FROM news ORDER BY submitDate DESC",单击【确定】按钮。

(3) 从工具箱中拖动 GridView 到中心工作区,单击控件右上角的箭头,从弹出的菜单中选择【编辑列】命令，弹出【字段】对话框。

(4) 选择 BoundField 选项，单击【添加】按钮，在【属性】窗口中将 DataField 属性值修改为"ID"，HeaderText 属性值修改为"编号"，Visible 属性值修改为"False"。

(5) 选择 HyperLinkField 选项，单击【添加】按钮，在【属性】窗口中将 DataNavigateUrlFields 属性值修改为"ID"，DataNavigateUrlFormatString 属性值修改为"NewsDetail.aspx?id={0}"，DataTextField 属性值修改为"title"，HeaderText 属性值修改为"标题"，展开 ItemStyle 属性列表，将 Width 属性值修改为"300px"。

(6) 选择 BoundField 选项，单击【添加】按钮，将 DataField 属性值修改为"submitDate"，HeaderText 属性值修改为"发布日期"，展开 ItemStyle 属性列表，将 Width 属性值修改为"150px"。

(7) 取消选中【自动生成字段】复选框，单击【确定】按钮。

(8) 在右下角的【属性】窗口中找到 DataSourceID 属性，其值修改为"sdsQueryNews"，AllowPaging 属性值修改为"True"，PageSize 属性值修改为"20"。

最终界面如图 16.20 所示。

图 16.20　ShowMoreNews.aspx 页面

7）查询新闻

(1) 在【解决方案资源管理器】项目目录中右击 admin 文件夹，选择【添加新项】命令，在【添加新项】对话框中输入文件名"QueryNews.aspx"，在【选择母版页】对话框中选择 admin 文件夹下的"MasterPage.master"。

(2) 从工具箱中拖动 GridView 到中心工作区，在【属性】窗口中将 DataSourceID 属性值修改为"sdsQueryNews"，将 DataKeyNames 属性值修改为"ID"，单击控件右上角的箭头，从弹出的菜单中选择【编辑列】命令，弹出【字段】对话框。选择 BoundField 选项，单击【添加】按钮，将 DataField 属性值修改为"ID"，HeaderText 属性值修改为"编号"。选择 HyperLinkField 选项，单击【添加】按钮，将 DataNavigateUrlFields 属性值修改为"ID"，

DataNavigateUrlFormatString 属性值修改为"~/NewsDetail.aspx?id={0}",DataTextField 属性值修改为"title",HeaderText 属性值修改为"标题",展开 ItemStyle 属性列表,将 Width 属性值修改为"300px"。选择 BoundField 选项,单击【添加】按钮,将 DataField 属性值修改为"submitDate",HeaderText 属性值修改为"发布日期",展开 ItemStyle 属性列表,将 Width 属性值修改为"150px"。选择 HyperLinkField 选项,单击【添加】按钮,将 DataNavigateUrlFields 属性值修改为"ID",DataNavigateUrlFormatString 属性值修改为"UpdateNews.aspx?id={0}",Text 属性值修改为"修改",HeaderText 属性值修改为"修改",展开 ItemStyle 属性列表,将 Width 属性值修改为"150px"。选择 CommandField 选项,单击【添加】按钮,将 HeadText 属性值修改为"删除",取消选中【自动生成字段】复选框,单击【确定】按钮。

(3) 拖动一个 SqlDataSource 到中心工作区,将【属性】窗口中的 ID 属性值修改为"sdsQueryNews",在【属性】窗口中找到 ConnectionString 属性,单击右侧的按钮,选择"aspnetdbConnectionString"选项,在【属性】窗口中找到 SelectQuery 属性,单击右侧的按钮,弹出【命令和参数编辑器】对话框,在【SELECT 命令】文本框中,输入"SELECT ID, title, content, attachment, picture, submitDate FROM news ORDER BY submitDate DESC",单击【确定】按钮。在【属性】窗口中找到 DeleteQuery 属性,单击右侧的按钮,弹出【命令和参数编辑器】对话框,在【DELETE 命令】文本框中,输入"DELETE FROM news WHERE (ID = @ID)",单击【刷新参数】按钮,从【参数源】下拉列表框中选择"control"选项,从【ControlID】下拉列表框中选择"GridView1"选项,单击【确定】按钮,如图 16.21 所示。

(4) 从工具箱中拖动 A Label 到中心工作区,在【属性】窗口中将控件的 Text 属性值修改为"查询类别"。

(5) 从工具箱中拖动 DropDownList 到中心工作区,在【属性】窗口中将控件的 ID 属性值修改为"ddlQueryItem",在【属性】窗口中找到 Items 属性,单击右侧的按钮,弹出【ListItem 集合编辑器】对话框。单击【添加】按钮,添加一个成员,将成员的 Text 属性值修改为"标题",Value 属性值修改为"title"。单击【添加】按钮,添加成员,将 Text 属性值修改为"发布日期",Value 属性值修改为"submitDate",单击【确定】按钮。

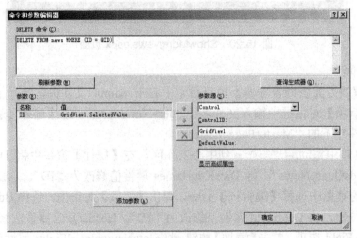

图 16.21 设置 DeleteQuery 属性

第 16 章 综合实例："新闻发布系统"网站

(6) 从工具箱中拖动 Button 到中心工作区，在【属性】窗口中将控件的 ID 属性值修改为"btnQuery"，Text 属性值修改为"查询"。

(7) 从工具箱中拖动 TextBox 到中心工作区，在【属性】窗口中将控件的 ID 属性值修改为"txtValue"。

最终界面如图 16.22 所示。

单击【查询】按钮，进入 QueryNews.aspx.cs 页面。

在"protected void btnQuery_Click(object sender, EventArgs e)"下的一对花括号{}之间输入如下代码。

```
string sql = "SELECT * FROM news ";
if (txtValue.Text.Trim().Length != 0)
    sql = sql + " WHERE " + ddlQueryItem.SelectedValue + " like '%" + txtValue.Text + "%'";
sdsQueryNews.SelectCommand = sql;
sdsQueryNews.Select(DataSourceSelectArguments.Empty);
```

图 16.22 QueryNews.aspx 页面

8) 新闻明细

(1) 在【解决方案资源管理器】项目目录中右击，选择【添加新项】命令，在【添加新项】对话框中输入文件名"NewsDetail.aspx"，取消选中【自动生成字段】复选框，单击【添加】按钮。

(2) 拖动一个 SqlDataSource 到中心工作区，在【属性】窗口中将 ID 属性值修改为"sdsNewsDetail"，在【属性】窗口中找到 ConnectionString 属性，单击右侧的按钮，选择"aspnetdbConnectionString"选项。在【属性】窗口中找到 SelectQuery 属性，单击右侧的按钮，在弹出的【命令和参数编辑器】对话框中，输入"SELECT ID, title, content, attachment, submitDate, picture FROM news WHERE ID=@ID"，如图 16.23 所示。单击【刷新参数】按钮，从【参数源】下拉列表框中选择"QueryString"选项，在【QueryStringField】文本框中输入"ID"，单击【确定】按钮。

(3) 从工具箱中拖动 FormView 到中心工作区,,将【属性】窗口中的 DataSourceID 属性值修改为 "sdsNewsDetail",单击控件右上角的箭头,从弹出的菜单中选择【编辑模板】命令。

(4) 从工具箱中拖动 A Label 到 FormView 控件的模板,将该控件的 ID 属性值修改为 "labTitle",清除该控件的 Text 属性,单击 labTitle 右上角的箭头,选择【编辑 DataBindings】命令,弹出如图 16.24 所示的【labTitle DataBindings】对话框,在【代码表达式】中输入 "Bind("title")"。

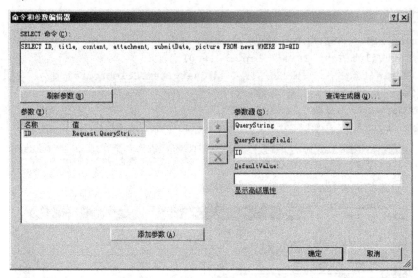

图 16.23 命令和参数编辑器

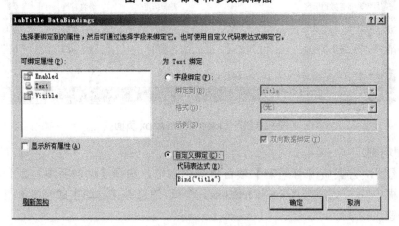

图 16.24 字段绑定

(5) 从工具箱中拖动一个 TextBox 到 FormView 控件的模板,在【属性】窗口中将控件的 ID 属性值修改为 "txtContent",MaxLength 属性值修改为 "255",TextMode 属性值修改为 "MultiLine",单击 txtContent 右上角的箭头,选择【编辑 DataBindings】命令。在【代码表达式】中输入 "Bind("content")"。

(6) 从工具箱中拖动一个 Image 到 FormView 控件的模板,选择【编辑 DataBindings】命令,在【代码表达式】中输入 "Bind("picture")",单击 FormView1 右上角的箭头。

(7) 从工具箱中拖动一个 A HyperLink 到 FormView 控件的模板，在【属性】窗口中将控件的 Text 属性值修改为"点击此处下载附件"，选择【编辑 DataBindings】命令，从可绑定属性列表中选择 NavigateUrl，在【代码表达式】中输入"Bind("attachment")"，单击 FormView1 右上角的箭头，从弹出的菜单中选择【结束模板编辑】命令。

最终界面效果如图 16.25 所示。

9) 修改新闻

(1) 在【解决方案资源管理器】项目目录中右击 admin 文件夹，选择【添加新项】命令，在【添加新项】对话框中输入文件名"UpdateNews.aspx"，选中【选择母版页】单选按钮，在【选择母版页】对话框中选择 admin 文件夹下的"MasterPage.master"。

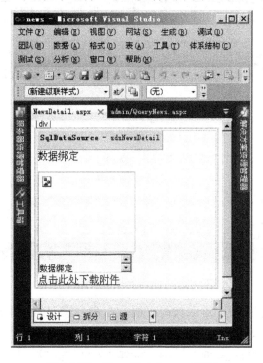

图 16.25　NewsDetail.aspx 页面

(2) 从工具箱中拖动 A Label 到中心工作区，将【属性】窗口的 Text 属性值修改为"标题"。

(3) 从工具箱中拖动一个 abl TextBox 到中心工作区，将【属性】窗口的 ID 属性值修改为"txtTitle"，MaxLength 属性值修改为"50"。

(4) 从工具箱中拖动 RequiredFieldValidator 到中心工作区，将【属性】窗口的 ID 属性值修改为"rfvTitle"，ControltoValidate 属性值修改为"txtTitle"，ErrorMessage 属性值修改为"标题不能为空"，将 ForeColor 属性值修改为"Red"。

(5) 从工具箱中拖动 A Label 到中心工作区，将【属性】窗口的 Text 属性值修改为"内容"。

(6) 从工具箱中拖动一个 abl TextBox 到中心工作区，将【属性】窗口的 ID 属性值修改为"txtContent"，MaxLength 属性值修改为"255"，TextMode 属性值修改为"MultiLine"。

(7) 从工具箱中拖动 A Label 到中心工作区，将【属性】窗口的 Text 属性值修改为"图片"。

(8) 从工具箱中拖动 FileUpload 到中心工作区，将【属性】窗口的 ID 属性值修改为"fupPicture"。

（9）从工具箱中拖动 A Label 到中心工作区，将【属性】窗口的 Text 属性值修改为"附件"。

（10）从工具箱中拖动 FileUpload 到中心工作区，将【属性】窗口的 ID 属性值修改为"fupAttachment"。

（11）从工具箱中拖动 Button 到中心工作区，将【属性】窗口的 ID 属性值修改为"btnAdd"，Text 属性值修改为"添加"。

（12）从工具箱中拖动 A Label 到中心工作区，将【属性】窗口的 ID 属性值修改为"labMsg"，将 ForeColor 属性值修改为"Red"，清空 Text 属性的内容。

界面的最终效果如图 16.26 所示。

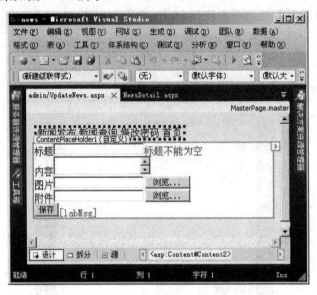

图 16.26 UpdateNews.aspx 页面

（13）双击【保存】按钮，进入代码页面，在命名空间的引用部分加入 using System.Data.SqlClient; using System.Configuration;。

在"protected void Page_Load(object sender, EventArgs e)"下的一对花括号{}之间输入如下代码。

```
        if (!Page.IsPostBack)
        {
            string connectionString = ConfigurationManager.ConnectionStrings["aspnetdbConnectionString"].ToString();
            SqlConnection conn = new SqlConnection(connectionString);
            conn.Open();
            string sql = "SELECT * FROM news WHERE  id=" + Request.QueryString["id"].ToString();
            SqlCommand odc = new SqlCommand(sql, conn);
            SqlDataReader odr = odc.ExecuteReader();
            odr.Read();
            txtTitle.Text = odr["title"].ToString();
            txtContent.Text = odr["content"].ToString();
            Session.Add("pictureFilePath", odr["picture"].ToString());
```

```
            Session.Add("attachmentFilePath", odr["attachment"].ToString());
            odr.Close();
            conn.Close();
        }
```

在"protected void btnSave_Click(object sender, EventArgs e)"下的一对花括号{}之间输入如下代码。

```
            //修改
            string connectionString = ConfigurationManager.ConnectionStrings
["aspnetdbConnectionString"].ToString();
            SqlConnection conn = new SqlConnection(connectionString);
            conn.Open();
            string sql = " UPDATE news SET title='" + txtTitle.Text + "', content='"
+ txtContent.Text + "'  WHERE id=" + Request.QueryString["id"].ToString();
            SqlCommand odc = new SqlCommand(sql, conn);

            odc.ExecuteNonQuery();
            conn.Close();
            if (fupPicture.HasFile)        //图片改变,重新上传图片
            {
    fupPicture.SaveAs(Server.MapPath(Session["pictureFilePath"].ToString()));
            }
            if (fupAttachment.HasFile)     //附件改变,重新上传附件
            {
    fupAttachment.SaveAs(Server.MapPath(Session["attachmentFilePath"].ToString()));
            }
            Response.Redirect("QueryNews.aspx");
```

10) 登录

(1) 在【解决方案资源管理器】项目目录中右击，选择【添加新项】命令，在【添加新项】对话框中输入文件名"Login.aspx"，取消选中【选择母版页】复选框。

(2) 从工具箱中拖动 Login 到中心工作区，单击控件右上角的箭头，选择【自动套用格式】命令，弹出【自动套用格式】对话框，选择"传统型"选项，单击【确定】按钮。最终界面如图 16.27 所示。

11) 修改密码

(1) 在【解决方案资源管理器】项目目录中右击 admin 文件夹，选择【添加新项】命令，在【添加新项】对话框中输入文件名"ChangePassword.aspx"，选中【选择母版页】复选框，单击【添加】按钮，在【选择母版页】对话框中选择 admin 文件夹下的 MasterPage.master。

(2) 从工具箱中拖动 ChangePassword 到中心工作区。单击控件右上角的箭头，选择【自动套用格式】命令，弹出【自动套用格式】对话框，选择"传统型"选项，单击【确定】按钮。设计界面如图 16.28 所示。

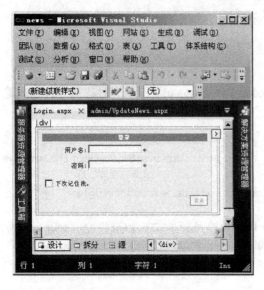

图 16.27　Login.aspx 页面　　　　　图 16.28　ChangePassword.aspx 页面

12) 权限设计

ASP .NET 4.0 中基于角色的安全技术默认使用的是 SQL Server2008 Express 特定数据库，通常命名为 ASPNETDB.MDF，以文件的形式保存在系统目录 App_Data 内。本例不使用该默认的 Express 版本，而使用 SQL Server 2000 Server 版本。

在进行下面的配置之前请确认已经设置使用了 SQL Server 2000 Server 作为默认数据库，相关操作可参照第 13 章内容进行配置。

选择【网站】|【ASP .NET 设置】命令，打开【ASP .NET Web 应用程序管理】界面，如图 16.29 所示。选择【安全】选项卡，单击【选择身份验证类型】链接，选择【通过 Internet】选项，单击【确定】按钮。单击【创建用户】链接，如图 16.30 所示。输入用户信息，单击【创建用户】按钮，如图 16.31 所示，在出现的页面中单击【上一步】按钮。

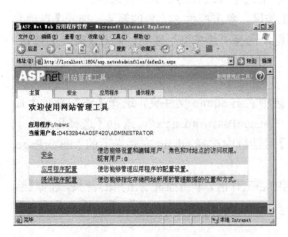
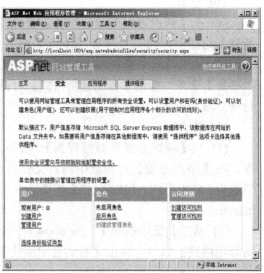

图 16.29　ASP .NET 设置界面　　　　　图 16.30　安全设置界面

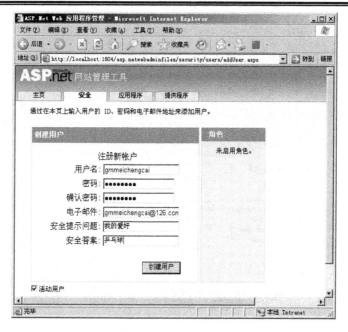

图 16.31 注册新账户

单击【创建访问规则】链接,在【为此规则选择一个目录】列表框中,单击 admin 目录,选中【匿名用户】和【拒绝】单选按钮,单击【确定】按钮,如图 16.32 所示。单击【创建访问规则】链接,选中【用户】单选按钮,在【用户】文本框中输入创建好的用户名"gmmeichengcai",选中【允许】单选按钮,再单击【确定】按钮,如图 16.33 所示。

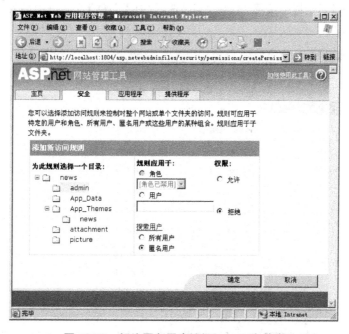

图 16.32 拒绝匿名用户访问 admin 文件夹

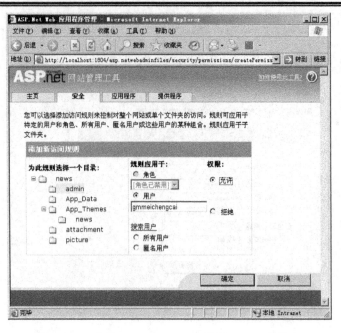

图 16.33　允许 gmmeichengcai 访问 admin 文件夹

13) 主题设置

右击【解决方案资源管理器】项目目录，选择【添加 ASP.NET 文件夹】|【主题】命令，将主题命名为"news"。

在 news 主题上右击，从弹出的快捷菜单中选择【添加新项】命令，在弹出的如图 16.34 所示的【添加新项】对话框中选择"外观文件"选项，在【名称】文本框中输入"GridView.skin"，单击【添加】按钮。

图 16.34　添加外观文件

单击 GridView.skin 文件，在文件最末端的空白处输入如下代码。

```
        <asp:GridView runat="server" Height="131px"
            Width="525px" >
        <FooterStyle BackColor="#507CD1" Font-Bold="True" ForeColor="White" />
            <RowStyle BackColor="#EFF3FB" />
            <EditRowStyle BackColor="#2461BF" />
            <SelectedRowStyle BackColor="#D1DDF1" Font-Bold="True" ForeColor
= "#333333" />
            <PagerStyle BackColor="#2461BF" ForeColor="White" HorizontalAlign=
"Center" />
            <HeaderStyle BackColor="#507CD1" Font-Bold="True" ForeColor="White" />
            <AlternatingRowStyle BackColor="White" />
        </asp:GridView>
```

注意：该样式实际上是 GridView 预设的样式的"传统型"，可以先在页面上设置好该样式，然后从源代码中复制该样式的代码。

单击 web.Config 文件，找到<system.web>标签，按 Enter 键，输入"<pages theme="news"></pages>"，结果如图 16.35 所示。

图 16.35 在 web.Config 文件中设置主题

本 章 小 结

通过本次实训完成了一个"新闻发布系统"网站。这个新闻发布系统规模比较小，但是具备了"新闻发布系统"一些最核心的功能，如新闻发布、新闻查询、新闻修改等。通过控件结合代码方式实现新闻发布系统的所有功能，代码量比较少，实现简单，容易掌握。

但是这个新闻发布系统也存在着如下一些需要改进的地方。

(1) 新闻是全部显示的，没有进行分类。

(2) 新闻只支持单个附件，不支持多个附件。

(3) 系统没有对上传的图片的格式和附件大小进行严格的限制。

(4) 系统的界面比较简单，需要进一步调整，使其更加美观。

(5) 后台添加信息只能在 TextBox 控件中输入，不能像 Word 软件那样编排格式。常用的办法是使用第三方的"HTML 编辑器"代替 TextBox 控件。常用的"HTML 编辑器"有"WebNoteEditor"、"FCKEditor"、"eWebEditor"等。

以业界比较流行的 HTML 编辑器"WebNoteEditor"为例,不但可以像 Word 软件那样所见即所得的编排样式,还支持多个附件的上传,并对上传文件的大小和格式进行设定,同时也可以出色的对正文内容进行分页的编辑。更多的功能可以查看在线演示地址 http://www.webnoteeditor.com/WebNoteEditor_sample/,如图 16.36 所示。

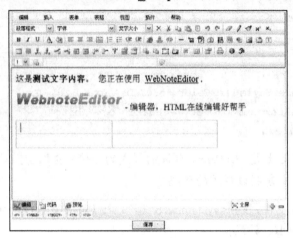

图 16.36 "WebNoteEditor"编辑器

在实际应用中,可以结合所学知识,进一步完善现有的新闻发布系统,使其功能更为强大、实用。

习 题

操作题

仔细研究本章的案例,利用学过的 ASP.NET 知识重新开发一个功能更为全面的新闻发布系统网站。该网站应具备如下功能。

(1) 有完善的权限管理。合法用户输入正确的用户名和密码,登录成功后可以进入新闻发布系统的后台发布新闻。管理员可以设置允许发布新闻的用户,并对其进行管理。

(2) 发布的新闻包括标题、主题、内容、提交时间、新闻图片、附件。一条新闻的附件可以有多个。新闻的主题默认包括教育、科技、经济、政治 4 类,但新闻的主题不限于上述 4 项,管理员可以对主题信息进行维护。

(3) 管理员能够浏览全部新闻。

(4) 管理员能够按照标题、发布时间、主题、内容查找新闻,并对查找到的新闻进行修改和删除等操作。

(5) 管理员可以修改自己的密码,也可以添加其他用户。

(6) 用户访问网站首页,看到目前网站上的所有新闻,所有的新闻分类显示在主页的不同栏目中。

(7) 系统能够对每条新闻的被访问次数进行记录。

参 考 文 献

[1] 陈承欢．XHTML+CSS 网页布局与美化案例教程．北京：高等教育出版社，2010．
[2] 程不功．ASP.NET 2.0 动态网站开发教程．北京：清华大学出版社，2006．
[3] 段克奇．ASP.NET 基础教程．北京：清华大学出版社，2009．
[4] 顾兵．XML 实用技术教程．北京：清华大学出版社，2007．
[5] 胡静．ASP.NET 动态网站开发教程．2 版．北京：清华大学出版社，2009．
[6] 李贺．SQL Server 2000 应用与开发范例宝典．北京：人民邮电出版社，2006．
[7] 李勇平．ASP.NET 2.0(C#)基础教程．北京：清华大学出版社，2008．
[8] 刘甫迎，刘枝盛，王蓉．Web 编程实用技术教程(ASP.NET+C#)．北京：高等教育出版社，2009．
[9] 张晓景，李晓斌．xHTML+CSS+Dreamweaver CS3 标准网站构建实例详解．北京：电子工业出版社，2007．
[10] 张跃廷．ASP.NET 开发典型模块大全．北京：人民邮电出版社，2009．
[11] 张正礼．ASP.NET4.0 从入门到精通．北京：清华大学出版社，2011．
[12] 赵增敏．ASP 动态网页设计．北京：电子工业出版社，2003．
[13] 周绪．SQL Server 数据库基础教程与上机指导.北京：清华大学出版社，2004．
[14] 翁健红．基于 C#的 ASP.NET 的程序设计．北京：机械工业出版社，2007．
[15] [美]George Shepherd．ASP.NET4 从入门到精通．张大威，译．北京：清华大学出版社，2011．
[16] [美]Scott Mitchell．ASP.NET4 入门经典．陈武，袁国忠，译．北京：人民邮电出版社，2011．
[17] [美]Stephen Walther．ASP.NET4 揭秘(卷 2)．谭振林，译．北京：人民邮电出版社，2011．

全国高职高专计算机、电子商务系列教材推荐书目

【语言编程与算法类】

序号	书号	书名	作者	定价	出版日期	配套情况
1	978-7-301-13632-4	单片机C语言程序设计教程与实训	张秀国	25	2012	课件
2	978-7-301-15476-2	C语言程序设计(第2版)(2010年度高职高专计算机类专业优秀教材)	刘迎春	32	2013年第3次印刷	课件、代码
3	978-7-301-14463-3	C语言程序设计案例教程	徐翠霞	28	2008	课件、代码、答案
4	978-7-301-16878-3	C语言程序设计上机指导与同步训练(第2版)	刘迎春	30	2010	课件、代码
5	978-7-301-17337-4	C语言程序设计经典案例教程	韦良芬	28	2010	课件、代码、答案
6	978-7-301-20879-3	Java程序设计教程与实训(第2版)	许文宪	28	2013	课件、代码、答案
7	978-7-301-13570-9	Java程序设计案例教程	徐翠霞	33	2008	课件、代码、习题答案
8	978-7-301-13997-4	Java程序设计与应用开发案例教程	汪志达	28	2008	课件、代码、答案
9	978-7-301-10440-8	Visual Basic程序设计教程与实训	康丽军	28	2010	课件、代码、答案
10	978-7-301-15618-6	Visual Basic 2005程序设计案例教程	靳广斌	33	2009	课件、代码、答案
11	978-7-301-17437-1	Visual Basic程序设计案例教程	严学道	27	2010	课件、代码、答案
12	978-7-301-09698-7	Visual C++ 6.0程序设计教程与实训(第2版)	王丰	23	2009	课件、代码、答案
13	978-7-301-15669-8	Visual C++程序设计技能教程与实训——OOP、GUI与Web开发	聂明	36	2009	课件
14	978-7-301-13319-4	C#程序设计基础教程与实训	陈广	36	2012年第7次印刷	课件、代码、视频、答案
15	978-7-301-14672-9	C#面向对象程序设计案例教程	陈向东	28	2012年第3次印刷	课件、代码、答案
16	978-7-301-16935-3	C#程序设计项目教程	宋桂岭	26	2010	课件
17	978-7-301-15519-6	软件工程与项目管理案例教程	刘新航	28	2011	课件、答案
18	978-7-301-12409-3	数据结构(C语言版)	夏燕	28	2011	课件、代码、答案
19	978-7-301-14475-6	数据结构(C#语言描述)	陈广	28	2012年第3次印刷	课件、代码、答案
20	978-7-301-14463-3	数据结构案例教程(C语言版)	徐翠霞	28	2009	课件、代码、答案
21	978-7-301-18800-2	Java面向对象项目化教程	张雪松	33	2011	课件、代码、答案
22	978-7-301-18947-4	JSP应用开发项目化教程	王志勃	26	2011	课件、代码、答案
23	978-7-301-19821-6	运用JSP开发Web系统	涂刚	34	2012	课件、代码、答案
24	978-7-301-19890-2	嵌入式C程序设计	冯刚	29	2012	课件、代码、答案
25	978-7-301-19801-8	数据结构及应用	朱珍	28	2012	课件、代码、答案
26	978-7-301-19940-4	C#项目开发教程	徐超	34	2012	课件、代码、答案
27	978-7-301-15232-4	Java基础案例教程	陈文兰	26	2009	课件、代码、答案
28	978-7-301-20542-6	基于项目开发的C#程序设计	李娟	32	2012	课件、代码、答案

【网络技术与硬件及操作系统类】

序号	书号	书名	作者	定价	出版日期	配套情况
1	978-7-301-14084-0	计算机网络安全案例教程	陈昶	30	2008	课件
2	978-7-301-16877-6	网络安全基础教程与实训(第2版)	尹少平	30	2012年第4次印刷	课件、素材、答案
3	978-7-301-13641-6	计算机网络技术案例教程	赵艳玲	28	2008	课件
4	978-7-301-18564-3	计算机网络技术案例教程	宁芳露	35	2011	课件、习题答案
5	978-7-301-10226-8	计算机网络技术基础	杨瑞良	28	2011	课件
6	978-7-301-10290-9	计算机网络技术基础教程与实训	桂海进	28	2010	课件、答案
7	978-7-301-10887-1	计算机网络安全技术	王其良	28	2011	课件、答案
8	978-7-301-12325-6	网络维护与安全技术教程与实训	韩最蛟	32	2010	课件、习题答案
9	978-7-301-09635-2	网络互联及路由器技术教程与实训(第2版)	宁芳露	27	2012	课件、答案
10	978-7-301-15466-3	综合布线技术教程与实训(第2版)	刘省贤	36	2012	课件、习题答案
11	978-7-301-15432-8	计算机组装与维护(第2版)	肖玉朝	26	2009	课件、习题答案
12	978-7-301-14673-6	计算机组装与维护案例教程	谭宁	33	2012年第3次印刷	课件、习题答案
13	978-7-301-13320-0	计算机硬件组装和评测及数码产品评测教程	周奇	36	2008	课件
14	978-7-301-12345-4	微型计算机组成原理教程与实训	刘辉珞	22	2010	课件、习题答案
15	978-7-301-16736-3	Linux系统管理与维护(江苏省省级精品课程)	王秀平	29	2013年第3次印刷	课件、习题答案
16	978-7-301-10175-9	计算机操作系统原理教程与实训	周峰	22	2010	课件、答案
17	978-7-301-16047-3	Windows服务器维护与管理教程与实训(第2版)	鞠光明	33	2010	课件、答案
18	978-7-301-14476-3	Windows2003维护与管理技能教程	王伟	29	2009	课件、习题答案
19	978-7-301-18472-1	Windows Server 2003服务器配置与管理情境教程	顾红燕	24	2012年第2次印刷	课件、习题答案

【网页设计与网站建设类】

序号	书号	书名	作者	定价	出版日期	配套情况
1	978-7-301-15725-1	网页设计与制作案例教程	杨淼香	34	2011	课件、素材、答案
2	978-7-301-15086-3	网页设计与制作教程与实训(第2版)	于巧娥	30	2011	课件、素材、答案

序号	书号	书名	作者	定价	出版日期	配套情况
3	978-7-301-13472-0	网页设计案例教程	张兴科	30	2009	课件
4	978-7-301-17091-5	网页设计与制作综合实例教程	姜春莲	38	2010	课件、素材、答案
5	978-7-301-16854-7	Dreamweaver 网页设计与制作案例教程(2010年度高职高专计算机类专业优秀教材)	吴鹏	41	2012	课件、素材、答案
6	978-7-301-11522-0	ASP .NET 程序设计教程与实训	方明清	29	2009	课件、素材、答案
7	978-7-301-21777-1	ASP .NET 动态网页设计案例教程(C#版)(第2版)	冯涛	35	2013	课件、素材、答案
8	978-7-301-10226-8	ASP 程序设计教程与实训	吴鹏	27	2011	课件、素材、答案
9	978-7-301-13571-6	网站色彩与构图案例教程	唐一鹏	40	2008	课件、素材、答案
10	978-7-301-16706-9	网站规划建设与管理维护教程与实训(第2版)	王春红	32	2011	课件、答案
11	978-7-301-17175-2	网站建设与管理案例教程(山东省精品课程)	徐洪祥	28	2010	课件、素材、答案
12	978-7-301-17736-5	.NET 桌面应用程序开发教程	黄河	30	2010	课件、素材、答案
13	978-7-301-19846-9	ASP .NET Web 应用案例教程	于洋	26	2012	课件、素材
14	978-7-301-20565-5	ASP.NET 动态网站开发	崔宁	30	2012	课件、素材、答案
15	978-7-301-20634-8	网页设计与制作基础	徐文平	28	2012	课件、素材、答案
16	978-7-301-20659-1	人机界面设计	张丽	25	2012	课件、素材、答案

【图形图像与多媒体类】

序号	书号	书名	作者	定价	出版日期	配套情况
1	978-7-301-09592-8	图像处理技术教程与实训(Photoshop 版)	夏燕	28	2010	课件、素材、答案
2	978-7-301-14670-5	Photoshop CS3 图形图像处理案例教程	洪光	32	2010	课件、素材、答案
3	978-7-301-12589-2	Flash 8.0 动画设计案例教程	伍福军	29	2009	课件
4	978-7-301-13119-0	Flash CS 3 平面动画案例教程与实训	田启明	36	2008	课件
5	978-7-301-13568-6	Flash CS3 动画制作案例教程	俞欣	25	2012年第4次印刷	课件、素材、答案
6	978-7-301-15368-0	3ds max 三维动画设计技能教程	王艳芳	28	2009	课件
7	978-7-301-18946-7	多媒体技术与应用教程与实训(第2版)	钱民	33	2012	课件、素材、答案
8	978-7-301-17136-3	Photoshop 案例教程	沈道云	25	2011	课件、素材、视频
9	978-7-301-19304-4	多媒体技术与应用案例教程	刘辉珞	34	2011	课件、素材、答案
10	978-7-301-20685-0	Photoshop CS5 项目教程	高晓黎	36	2012	课件、素材

【数据库类】

序号	书号	书名	作者	定价	出版日期	配套情况
1	978-7-301-10289-3	数据库原理与应用教程(Visual FoxPro 版)	罗毅	30	2010	课件
2	978-7-301-13321-7	数据库原理及应用 SQL Server 版	武洪萍	30	2010	课件、素材、答案
3	978-7-301-13663-8	数据库原理及应用案例教程(SQL Server 版)	胡锦丽	40	2010	课件、素材、答案
4	978-7-301-16900-1	数据库原理及应用(SQL Server 2008 版)	马桂婷	31	2011	课件、素材、答案
5	978-7-301-15533-2	SQL Server 数据库管理与开发教程与实训(第2版)	杜兆将	32	2012	课件、素材、答案
6	978-7-301-13315-6	SQL Server 2005 数据库基础及应用技术教程与实训	周奇	34	2013年第7次印刷	课件
7	978-7-301-15588-2	SQL Server 2005 数据库原理与应用案例教程	李军	27	2009	课件
8	978-7-301-16901-8	SQL Server 2005 数据库系统应用开发技能教程	王伟	28	2010	课件
9	978-7-301-17174-5	SQL Server 数据库实例教程	汤承林	38	2010	课件、习题答案
10	978-7-301-17196-7	SQL Server 数据库基础与应用	贾艳宇	39	2010	课件、习题答案
11	978-7-301-17605-4	SQL Server 2005 应用教程	梁庆枫	25	2012年第2次印刷	课件、习题答案

【电子商务类】

序号	书号	书名	作者	定价	出版日期	配套情况
1	978-7-301-10880-2	电子商务网站设计与管理	沈凤池	32	2011	课件
2	978-7-301-12344-7	电子商务物流基础与实务	邓之宏	38	2010	课件、习题答案
3	978-7-301-12474-1	电子商务原理	王震	34	2008	课件
4	978-7-301-12346-1	电子商务案例教程	龚民	24	2010	课件、习题答案
5	978-7-301-12320-1	网络营销基础与应用	张冠凤	28	2008	课件、习题答案
6	978-7-301-18604-6	电子商务概论（第2版）	于巧娥	33	2012	课件、习题答案

【专业基础课与应用技术类】

序号	书号	书名	作者	定价	出版日期	配套情况
1	978-7-301-13569-3	新编计算机应用基础案例教程	郭丽春	30	2009	课件、习题答案
2	978-7-301-18511-7	计算机应用基础案例教程(第2版)	孙文力	32	2012年第2次印刷	课件、习题答案
3	978-7-301-16046-6	计算机专业英语教程(第2版)	李莉	26	2010	课件、答案
4	978-7-301-19803-2	计算机专业英语	徐娜	30	2012	课件、素材、答案
5	978-7-301-21004-8	常用工具软件实例教程	石朝晖	37	2012	课件

电子书(PDF 版)、电子课件和相关教学资源下载地址：http://www.pup6.cn，欢迎下载。
联系方式：010-62750667，liyanhong1999@126.com，linzhangbo@126.com，欢迎来电来信。